0°
Atlantic Ocean
Indian Ocean
Pacific Ocean
Southern Ocean
Southern Ocean
AFRICA
SOUTH AMERICA
AUSTRALIA
NEW ZEALAND
Antarctica
South Georgia
Falkland Is
Weddell Sea
Antarctic Peninsula
Ross Sea
40°S
60°S
90°W
90°E
180°
1
2
3
4
5
6
7
8
9
10
11
12
13
14
16
17
18
19
20
21
22
23
24
25
26
27
28
29
30
31
32
33
34
35

ペンギン大図鑑

デイビッド・サロモン
出原速夫・菱沼裕子 訳
［ペンギン基金］

河出書房新社

Contents

一休みするジェンツーペンギン（ピーターマン島）

謝辞

本書は、17 種のペンギンすべての協力がなければ決して生まれなかっただろう。「はるばる地球の反対側まで出かけていって、もしペンギンがいなかったら？」と、何度不安に思ったことか……。しかしどの目的地でも、ペンギンたちは必ず私を出迎えてくれ、ありのままにふるまい、何度となく、まるでモデルのように私に向かってポーズをとってくれた。もしかするとペンギンたちは、本書の出版を応援してくれていたのではないだろうか。

各章を批評し、内容を確認する労をとって下さった、ペンギンを愛する多くの研究者と科学者のみなさまに深謝し、ここにお名前を挙げて御礼の言葉に代えさせていただきたい。ミカエル・ボーリュー博士（アデリー、エンペラー、ペンギンのからだ）、ジェシカ・ケンパー博士（アフリカ）、アンドレス・バルボサ博士（ヒゲ）、デイブ・ヒューストン博士（シュレーター、スネアーズ）、ジャン・ムーリー博士（フィヨルドランド）、ヘルマン・バルガス博士（ガラパゴス）、ヘザー・リンチ博士（ジェンツー）、ロバート・ウォレス博士（フンボルト）、クレメンス・ピュッツ博士（キング、イワトビ）、フィリップ・セダン博士（コガタ）、ジョナサン・グリーン博士（マカロニ）、マルチェロ・ベルテロッティ博士（マゼラン）、ロリー・ウィルソン博士（マゼラン）、シンディー・ハル博士（ロイヤル）、ヒルトラン・ラッツ博士（キガシラ）。

また、調査や写真撮影にご協力いただき、多くの貴重な情報を提供して下さった次の方々と団体にも深謝したい。ロバート・クロフォード博士、ピーター・ダン博士、エリック・ヴォーラー博士、ファン・モレノ博士、南アフリカ沿岸鳥類保護財団（SANCCOB）のヴァネッサ・シュトラウス氏とリチャード・シャーリー博士、ジャクソンビル動植物園、デトロイト動物園、インディアナポリス動物園のカレン・ウォーターフォール博士、テネシー水族館のエイミー・グレーブス氏、ダラスワールドアクアリウムのジェニー・バーンズ氏とアーデン・リチャードソン氏、エジンバラ動物園。

写真を含め、各章の編集や構成を補佐し、出版社に届けられる魅力的な原稿に仕上げてくれた私の息子オレンとミーガン・ドーハム氏、ブラッド・ウォーカー氏にも心から感謝したい。

さらに、出版社ブラウンブックスのジェシカ・キンケル氏をはじめ、熱心な編集チームの方々とその素晴らしい共同作業にも謝意を表したい。最後になったが、いくら感謝してもしきれないのはアシスタントのキャロライン・ブラウン氏である。本書が出版できたのは、彼女が手間隙を惜しまず、ペンギンとペンギン研究者に関する様々な情報やデータを収集してくれたおかげである。

南極半島スノーヒル島のはずれで

ペンギン目ペンギン科の仲間たち

属

大型（Large）：エンペラーペンギン属（アプテノディテス／ *Aptenodytes*）
ブラシ状の尾羽（Brush Tailed）：アデリーペンギン属（ピゴスケリス／ *Pygoscelis*）
胸の帯（Banded）：フンボルトペンギン属（スフェニスクス／ *Spheniscus*）
冠羽（Crested）：マカロニペンギン属（エウディプテス／ *Eudyptes*）
黄色い目（Yellow-eyed）：キガシラペンギン属（メガディプテス／ *Megadyptes*）
小型（Little）：コガタペンギン属（エウディプトゥラ／ *Eudyptula*）

最新推定個体数
個体数：5500 万～ 6000 万羽
繁殖つがい：2300 万～ 2650 万組

デイビッドの観察：人間はペンギンが大好き

なんの苦もなく私たちの心をとらえ、目を釘付けにするペンギン！　一体なぜ、ペンギンがそれほど愛されているのだろう。もちろん、ペンギンが好きな理由は人それぞれだ。2本足で立っている姿がまるで人間のようだから、という人もいる。ペンギンの愛嬌あふれる歩き方が好きだという人も、ペンギンの動作は優雅で気品があると言う人もいる。ペンギンが立ってよちよち歩いている様子は、やっと歩き始めたばかりの赤ん坊を思い起こさせる。赤ん坊を可愛いと思わない人はいないのではないだろうか？

白と黒のなんともおしゃれなタキシード姿……。だが、それだけではない。ペンギンは過酷な環境に適応し、多くの困難を乗り越えて懸命に生きている。それを知った人々もまたペンギンを称賛する。

ペンギンの一生は愛と献身にあふれている。一方ペンギンは、離婚もすれば、嫉妬にかられてけんかをし、相手に怪我を負わせることもある。そんなペンギンたちの共同体での暮らしや行動に驚嘆する人々も少なくない。

ペンギンが暮らすコロニーの多くは、遠くて容易にはたどり着けない所にある。しかしコロニーまで行きさえすれば、ペンギンたちは間違いなくそこにいて（例外もないわけではないが）、自分たちの様子をゆっくり観察させてくれるだろう。ペンギンは飛び去ったりしない。よほど近づかないかぎり走って逃げ出すこともない。だから、ペンギンの陸上での暮らしぶりは誰でも知ることができる。ペンギンは1羽1羽、明らかに性格が異なり、それぞれ自分の家をもち、配偶者や子どもがいる。よく見ると、ペンギンの地上での生活は、様々な面で私たち人間の生活によく似ている。私たちがペンギンに感心したりペンギンを好きになったりするのは、ごく当たり前のことなのだ。

私が初めて野生のペンギンを見たのはパタゴニア南部の海岸だった。その時、私はペンギン社会の仕組みと、ペンギンたちの豊かな感情表現に強く心を揺さぶられた。コロニーを何時間も歩き回り写真を撮り続け、ニコンのレンズを通して彼らをじっくり観察した。

海岸に集まって言葉を交わしたり、ふざけ合ったり、中にはけんかをしているペンギンもいた。海から上がってくると、混雑した海岸で仲間と待ち合わせて「ただいま」と声を上げて挨拶し、やがて配偶者と子どもたちの待つわが家へと帰って行く。ペンギンの夫婦が互いに示す愛情と思いやりにも驚かされた。カップルは互いのからだに優しく触れ合い、抱き合うようにフリッパーを動かした。その様子はまるで若い恋人同士のようだった。

私はすっかりペンギンの虜になった、と言っても決して大袈裟ではない。私には、ペンギンの群れは、小さな人間が大勢でにぎやかに集まっているように見えた。彼らはまったく安心しきって、まるで大勢の友人のように私をぐるりと取り囲んでいた。

仲睦まじいヒゲペンギンのカップル

大型のペンギン：エンペラーペンギン属（アプテノディテス／*Aptenodytes*）			
種名	学名	IUCN カテゴリー	平均体長
エンペラーペンギン	*Aptenodytes forsteri*	軽度懸念（LC）	120cm
キングペンギン	*Aptenodytes patagonicus*	軽度懸念（LC）	89cm

胸に帯のあるペンギン：フンボルトペンギン属（スフェニスクス／*Spheniscus*）			
種名	学名	IUCN カテゴリー	平均体長
アフリカペンギン	*Spheniscus demersus*	絶滅危惧 IB 類（EN）	71cm
ガラパゴスペンギン	*Spheniscus mendiculus*	絶滅危惧 IB 類（EN）	55cm
フンボルトペンギン	*Spheniscus humboldti*	絶滅危惧 II 類（VU）	67cm
マゼランペンギン	*Spheniscus magellanicus*	準絶滅危惧（NT）	71cm

黄色い目のペンギン：キガシラペンギン属（メガディプテス／*Megadyptes*）			
種名	学名	IUCN カテゴリー	平均体長
キガシラペンギン	*Megadyptes antipodes*	絶滅危惧 IB 類（EN）	74cm

小型のペンギン：コガタペンギン属（ エウディプトゥラ／*Eudyptula*）			
種名	学名	IUCN カテゴリー	平均体長
コガタペンギン	*Eudyptula minor*	ハネジロ以外：軽度懸念(LC) ハネジロ：絶滅危惧 IB 類(EN)	41cm

ブラシ状の尾羽のあるペンギン：アデリーペンギン属（ピゴスケリス／*Pygoscelis*）			
種名	学名	IUCN カテゴリー	平均体長
アデリーペンギン	*Pygoscelis adeliae*	軽度懸念（LC）	71cm
ヒゲペンギン	*Pygoscelis antarctica*	軽度懸念（LC）	74cm
ジェンツーペンギン	*Pygoscelis papua*	準絶滅危惧（NT）	81cm

冠羽のあるペンギン：マカロニペンギン属（エウディプテス／*Eudyptes*）			
種名	学名	IUCN カテゴリー	平均体長
シュレーターペンギン	*Eudyptes sclateri*	絶滅危惧 IB 類（EN）	64cm
フィヨルドランドペンギン	*Eudyptes pachyrhynchus*	絶滅危惧 II 類（VU）	58cm
マカロニペンギン	*Eudyptes chrysolophus*	絶滅危惧 II 類（VU）	71cm
イワトビペンギン	*Eudyptes chrysocome*	ミナミイワトビ：絶滅危惧II類(VU) キタイワトビ：絶滅危惧IB類(EN)	53cm
ロイヤルペンギン	*Eudyptes schlegeli*	絶滅危惧 II 類（VU）	72cm
スネアーズペンギン	*Eudyptes robustus*	絶滅危惧 II 類（VU）	58cm

＊訳注　IUCN（国際自然保護連合）の「絶滅のおそれのある種」の分類：(LC) Least Concern (NT) Near Threatened (VU) Vulnerable (EN) Endangered
日本語による分類は、IUCN 日本委員会発行「レッドリスト 2010　生命の多様さとその危機」による。

ペンギンとはなにか？　ペンギンは鳥

生物学者は、何の疑いもなく、ペンギンを鳥類に分類する。しかしペンギンほど鳥らしくない鳥もいないだろう。ペンギンは空を飛べない。潜水が得意で、地上では立って歩く……。とはいえ、ペンギンのからだは羽毛で覆われている。卵を産み、巣をつくる。温血動物である。ペンギンは渡り鳥のように何千キロも移動する。ただしもっぱら海を泳いで移動する。ペンギンが鳥類であることにまだ疑問があるのなら、どこかの大きなコロニーを歩き回ってみるとよい。膨大な量の糞のにおいが鼻をつく地面には、抜け落ちた無数の羽が散らばっている。それを見れば、ペンギンは間違いなく鳥だと実感できるだろう。ペンギンは他のどの鳥とも違う奇妙な鳥だ。しかし、まぎれもなく鳥類である。

『ペンギン大図鑑』とは？

チリ領パタゴニアから帰宅した私は、突然「ペンギン熱」にとりつかれた。ペンギンと友達になりたいという思いはどうにも断ちがたく、ついに、ペンギン探しの長い旅に出る決心をした。それにはまず、ペンギンのイロハから学ばなければならない。ペンギンはどこから来たのだろう？　一体どんな生き物なのだろう？　どんな暮らしをしているのだろう？　ペンギンに会いたい一心で、私はほぼ丸２年かけて、はるばるフォークランド諸島やガラパゴス諸島まで出かけ、大小様々な船に乗って南極海を航海した。自らに課した使命は、17 種のペンギンすべてを自分の目で見て写真に収めること。そして、これらの優美な鳥たちのことを直接知ることだった。

１つの疑問がまた別の疑問を生み、ペンギンについて知れば知るほど驚きと感動はふくらんだ。しかし、疑問に対する

答えを見つけることは決して容易ではなかった。その時ふと、ペンギンに関する情報や写真を集めた総合解説書があったらよいと、『ペンギン大図鑑』の執筆を思い立った。知ることは救うための第1歩、と考えたからである。いくつかの種は、すでに深刻な状況に追い込まれている。彼らを救いたければ、まず私たち自身が学び、ペンギンとはどんな生き物でどんな暮らしをしているのか、そしてなぜ困難に直面しているのかを知らなければならない。『ペンギン大図鑑』は、そのために私ができるささやかな手助けにすぎないが、多くの人々、特に若い世代の人々が、ペンギンについて知り、今ペンギンが何を必要とし、どんな脅威に直面しているのかを理解することに、本書が少しでも役立つことを期待している。

私はカメラを構えながら、ペンギンの美しさはもちろん、ペンギンの気持ちまで撮影するように心がけた。ペンギンたちの過酷な生活を理解する上で役立つ写真も撮ったつもりである。ペンギンについて関心をもち知識を広げること、それが、これほどまでに愛らしくけなげな生き物を救うための最初の小さな1歩になるだろう。

本書の出版と併せて、ウェブ上に www.Penguin-Pedia.com を立ち上げた。このサイトでは、ペンギンの写真や最新のニュース、興味深い研究、またペンギングッズの情報などを継続的に更新している。Facebook（www.Facebook.com/PengiunPedia）や YouTube（www.yutube.com/PenguinDavid14）でも、多くの情報を提供している。

私たちはみなペンギンが大好きだ。本書とウェブサイトが、私たちとこの素晴らしい鳥たちとの距離を少しでも近づけてくれることを願ってやまない。

海に向かって行進するキングペンギン（フォークランド諸島）

絆を確かめ合う２組のキングペンギン（マックォーリー島）

マゼンランペンギンの親と２羽のヒナ

エンペラーペンギンのヒナたち

どこでペンギンに会えるのか？―ダラス発のペンギン旅行―

ペンギンに会うのは簡単だ。野生のペンギンは南半球に住んでいる。北半球に住む人々は、ペンギンのための住居が用意されている、世界各地の動物園や水族館に出かければよい。そこで、可愛いペンギンたちへの愛を十分に確かめることができるだろう。だがもし読者が、本当の楽しさは野生のペンギンに出会うことだと思っているのなら、その選択肢も豊富にある。簡単で費用のあまりかからない方法もあれば、実行が難しく、かなりの勇気と資金が必要な方法もある。

ではさっそく、ペンギンに会うための様々なルートと費用を紹介しよう。旅の起点はテキサス州のダラスフォートワース空港である。1人1週間分の旅費の見積もりを記載しておくが、特に断らない限り、旅費には、2月（南半球の真夏）の航空運賃と5泊分の平均的なホテルの宿泊料、小型レンタカーの費用とその他の交通費、そしてペンギンのコロニーへの入場料が含まれている。

◑飛行機に乗ってペンギンに会いにいこう

ここで紹介する目的地へは、航空各社の定期便で行くことができる。着陸した都市から車か船でたった1、2時間。そこにはもうペンギンたちが待っている。

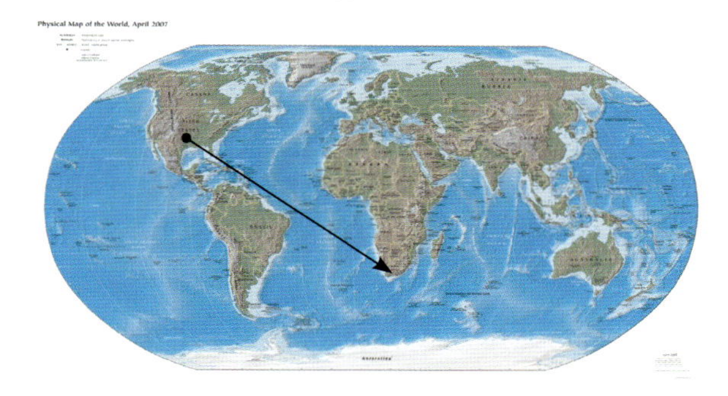

一番簡単：

ダラス→南アフリカのケープタウン

アメリカから一番楽にいける目的地は、南アフリカのボルダーズビーチだ。飛行機でケープタウンまでいき、レンタカーで30kmほど南下する。ボルダーズビーチのモーテルにチェックインすれば、アフリカペンギンが通りの向こうで出迎えてくれるはずだ。

費用：$2,900（¥261,000）※1ドル＝90円で換算。以下同様。

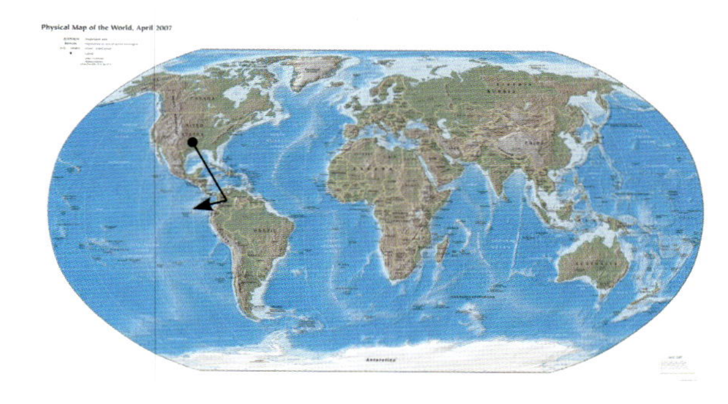

一番近い：

ダラス→エクアドルのキト→ガラパゴス諸島のバルトラ島

アメリカから一番近くに住んでいる野生のペンギンはガラパゴスペンギンだ。エクアドルのキトから直行便でガラパゴス諸島のバルトラ島へ飛ぶ。バルトラ島からは、2時間ほどの船旅でガラパゴス最大の島であるイサベラ島に着く。港で小型ボートを1時間30ドルでチャーターすれば、ガラパゴスペンギンはすぐそこにいる。

費用：$2,000（¥180,000）（レンタカーは不要）

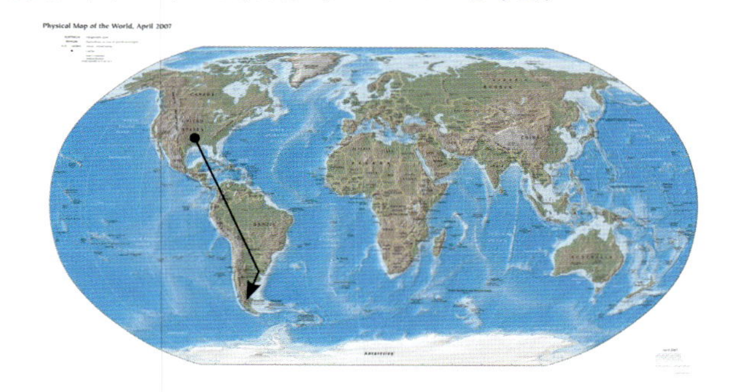

南米最大のコロニー：

ダラス→アルゼンチンのブエノスアイレス→アルゼンチンのトレリュー

簡単にいける最大規模のコロニーは、アルゼンチン領パタゴニアにあるプンタトンボだ。そこにはなんと、20万つがい以上のマゼランペンギンが暮らしている。ブエノスアイレスからトレリューまで国内線で飛び、レンタカーでプンタトンボまで国道を南下する。パタゴニアに行くなら、途中、プンタトンボの数時間ほど北にあるバルデス半島に立ち寄らない手はない。そこにもマゼランペンギンのコロニーがいくつかあるが、写真撮影に最適なのはサンロレンソだ。道路は未舗装だが、バルデス半島には道は数本しかないので迷う心配はない。注意：マゼランペンギンは定住性ではないので、1年中コロニーにいるわけではない。旅程をペンギンの予定に合わせること。

費用：$2,800（¥252,000）（プンタトンボとサンロレンソの入場料、アルゼンチンへの入国料＄100を含む）

足を温めるエンペラーペンギン

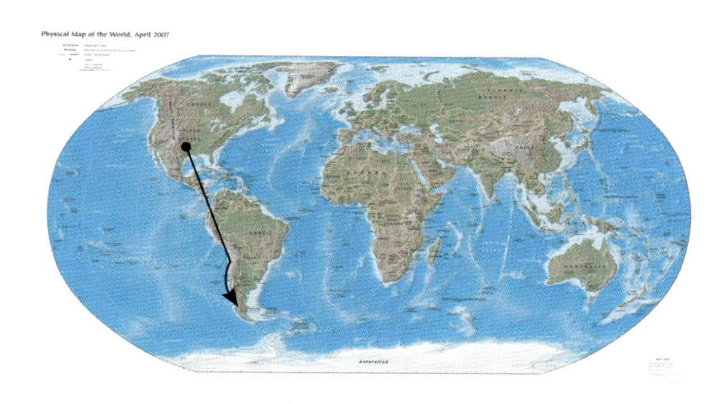

簡単にいけるが迫力に欠ける：

ダラス→チリのサンティアゴ→チリのプンタアレナス

行くのは楽だがやや迫力に欠けるのは、チリ領パタゴニアにある、マゼランペンギンのコロニーだ。チリのサンティアゴから国内線に乗り継ぎプンタアレナスへ。レンタカーで比較的小規模な複数のコロニーへ向かう。一番行きやすいのはセノオトウェイのコロニーだ。船に乗れば、5万つがいが営巣する美しいマグダレーナ島に行くこともできる。

費用：$2,800（¥252,000）（チリへの入国料 $100 を含む）

せっかくチリまで行ったのなら、さらに北部に生息するフンボルトペンギンを探しに行くこともできる。ただし、コロニーのほとんどは小さな島にあるため、島まで行くのは容易ではない。

追加費用：$1,200（¥108,000）

陽射しを楽しむヒゲペンギン

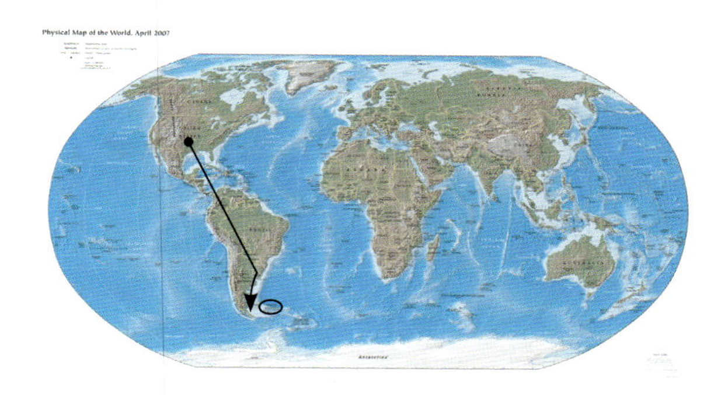

困難で危険：

ダラス→チリのサンティアゴまたはアルゼンチンのブエノスアイレス→アルゼンチンのウシュアイア→船で沿岸の島々

チリ領とアルゼンチン領からなるティエラデルフエゴ諸島は、行くのもたいへんだが危険も多い。この地域の島々には、マゼランペンギンの他にも、イワトビペンギンやマカロニペンギンなど数種が繁殖している。最果ての地への上陸はきわめて困難である。この地域に行くためには周到な準備が必要で、常に、天候次第で計画が台無しになる可能性がある。

費用：最低 $5,000（¥450,000）（チャーターするのが船かヘリコプターかにより費用は変わる）

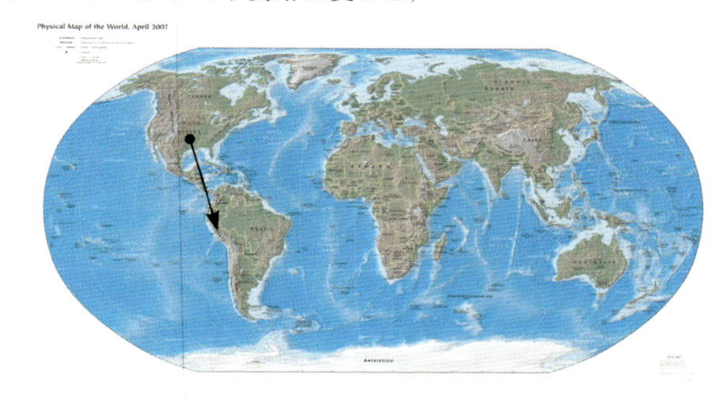

近くて美しい：

ダラス→ペルーのリマ→車でパラカス→船でバジェスタス島

距離が近く簡単にいけて、しかも美しい目的地、それはフンボルトペンギンが暮らすペルーのバジェスタス島だ。ペルーのリマに着いたらレンタカーを借りる。5時間ほど南へドライブするとパラカスの街に着く。そこからバジェスタス島へのツアーがいくつか出ている。島への上陸は禁止されているが、船長は、ペンギンのすぐ目の前まで船を近づけてくれるだろう。ペンギン以外の海鳥の種類と数の多さにも目を奪われる。パラカスからさらに南にプンタサンファンの保護区がある。通常は立ち入り禁止なので、そこでフンボルトペンギンを見るためには事前の手続きが必要だ。雄大で魅力的な観光スポットにも恵まれたペルーは、旅行先としても申し分ない。

費用：$2,000（¥180,000）

ペンギンファンの聖地：

ダラス→チリのサンティアゴ→プンタアレナス→東フォークランド島のスタンリー→小型飛行機で周辺の島々

ペンギンに会いに行くなら、最高の場所は間違いなくフォークランド諸島である。チリのプンタアレナスから週1便だけ定期便が飛んでいる。島と島の往来には、地元の航空会社の小型のプロペラ機を使う。小さな島々には小ぢんまりとしたロッジがある。費用と快適さの両面で、また収穫が多く胸躍る出会いがあることでも、フォークランド諸島は抜群の目的地だ。何しろマゼラン、イワトビ、キング、ジェンツー、4属4種のペンギンを一度に見られる場所は、フォークランド諸島以外、地球上どこにもない。しかもコロニーは大きく、訪問者の数は少ない。ペンギンの写真を撮るなら、フォークランド諸島以上の場所はないだろう。Sally Ellis（se.itt@horizon.co.fk）は最高のトラベルエージェントだ。

費用：$4,900（¥441,000）（フォークランドでの7泊と往復の3日間を含む）

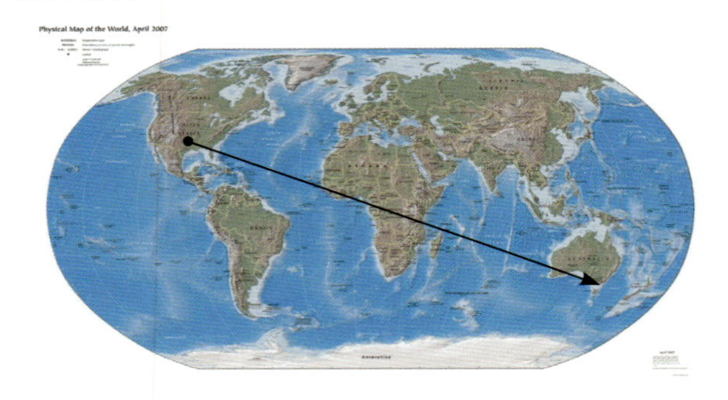

簡単に行ける：

ダラス→オーストラリアのメルボルン

簡単にいけるオーストラリアでも、野生のコガタペンギンに会える。メルボルンに到着したら、フィリップ島のコロニーをめざそう。コガタペンギンは他のペンギンほど愛想はよくない。日中は巣に隠れているし、明け方暗いうちに隠れるように走って海に向かい、夕方暗くならないと海から帰ってこないため、写真撮影も難しい。日中は会えないので、何か他にすることを決めておいた方がよいだろう。夜、コガタペンギンに会うということは、昼間、美しいオーストラリアを楽しむ時間がたっぷりあるということだ。

費用：$2,500（¥225,000）

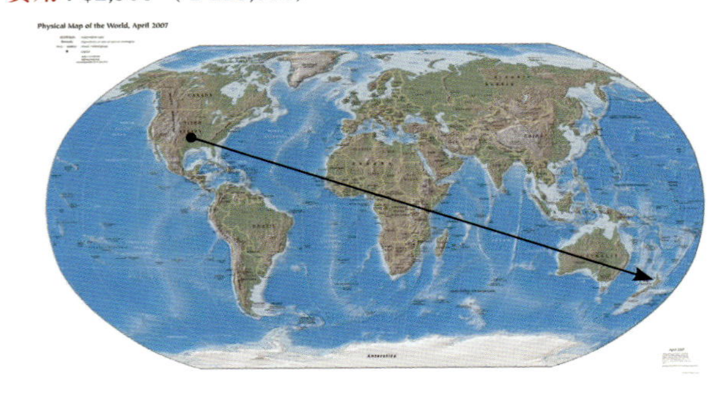

簡単に行けて盛りだくさん：

ダラス→ニュージーランド北島のオークランド→南島のダニーデン

行くのが簡単でしかも夢中になれるのは、ニュージーランド南島の旅だ。オークランド経由でダニーデンに飛ぶ。そこでレンタカーを借りてペンギン3種に会いに行こう。コガタペンギンはオアマルで見られる。キガシラペンギンはオタゴ半島のペンギンプレースで会える。そこから西海岸まで5時間ほどドライブすれば、フィヨルドランドペンギンにも出会えるだろう。どのペンギンもとても臆病なので、写真を撮るのはかなり難しい。旅に出る前に、どの時期にフィヨルドランドペンギンが上陸しているのか確認しておくことが大切だ。時期を外せば会えるチャンスはまったくない。ニュージーランドは実に美しい国だ。行けば必ずもっと長く滞在したくなる。

費用：$2,900（¥261,000）（3種のペンギンすべてに会うためには、ニュージーランドで最低5泊は必要）

エキゾチックだが困難：

ダラス→南アフリカのヨハネスブルク→ナミビアのウィントフック→車でリューデリッツ→船でハリファックス島

ナミビアのアフリカペンギンを見る旅はエキゾチックだが困難を覚悟しなければならない。南アフリカのヨハネスブルクで飛行機を乗り継ぎ、ナミビアの首都ウィントフックまで行く。そこからレンタカーで800km南のリューデリッツまで運転する。リューデリッツに着いたら、ハリファックス島に案内してくれる船乗りを２人探す。ハリファックス島への上陸は禁止されているので、船の上からコロニーを眺めるだけだ。アフリカ南部のサファリ旅行に参加中なら、途中で立ち寄るだけの価値はあるだろう。

費用：$3,900（¥351,000）

◑ １週間の船旅で、氷上のペンギンに会いに行こう

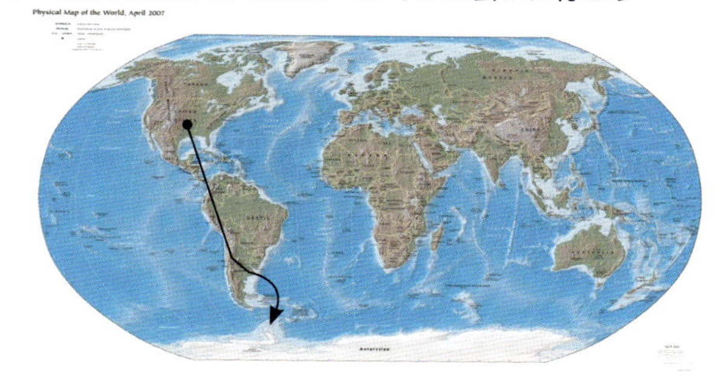

南極クルーズ：

ダラス→チリのサンティアゴまたはアルゼンチンのブエノスアイレス→アルゼンチンのウシュアイア→ウシュアイアから南極クルーズに乗船

南極クルーズは、氷上のペンギンを見るために地球の「底」、世界の果てまで連れていってくれるツアーである。かつてはほんの少数の人しか行くことのできなかった贅沢な船旅も、ソ連邦の崩壊後は、庶民にも手の届く人気のバケーションになった。北極圏航路で使われていたロシア船が、今では豪華客船に改造されて南極海を往き来している。複数の目的地を含むツアーが多く、その寄港先の多くがペンギンの生息地だ。船を所有またはリースしている会社がいくつもあり、目的地、期間、サービス、そしてもちろん料金の異なる様々なツアーを提供している。最も人気が高く、短期間で、しかも安価な「南極クルーズ」は、実際には南極大陸まで行くことはなく、サウスシェトランド諸島に行くだけだ。

南極に行かない南極クルーズなんて、と言うなかれ。サウスシェトランド諸島にはジェンツーペンギンが多数営巣している。アデリーペンギンやヒゲペンギンも見ることができる。より長期間のクルーズは南極半島まで連れていってくれる。余裕があれば、南極大陸を１周し実際に南極に上陸するクルーズもある。ただし南極まで遠征するには、世界一荒れ狂う海、ドレーク海峡を通過しなければならない。また上陸には、ゾディアックと呼ばれるゴムボートを使うことも知っておくべきだろう。船会社の運航スケジュールが常に天候に左右されることも覚悟しなければならない。体力に自信があるなら、南極クルーズは間違いなく生涯最高の冒険旅行になるだろう。ペンギンに関しては、サウスジョージア島とフォークランド諸島に立ち寄るクルーズを選べば、種の異なるたくさんのペンギンに会うことができる。

費用：$5,000 ～ 40,000（¥450,000 ～ 3,600,000）（２等船室とチリまたはアルゼンチンまでの航空運賃を含む）

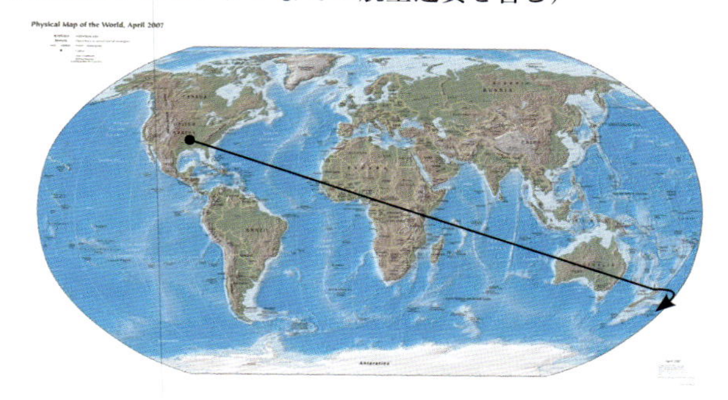

亜南極クルーズ：

ダラス→ニュージーランド北島のオークランド→南島のインバーカーギル→亜南極の島々を巡るクルーズに乗船

ニュージーランドの南にある亜南極の島々を巡るクルーズには、オークランド諸島とキャンベル島（キガシラペンギン）、スネアーズ諸島（スネアーズペンギン）、アンティポデス諸島とバウンティ諸島（シュレーターペンギンとイワトビペンギン）、さらにマックォーリー島（ロイヤル、キング、ジェンツー、イワトビの４種）などのうちいくつかの島がコースに含まれる。大部分の島はニュージーランドが領有しているが、マックォーリー島だけはオーストラリア領である。亜南極諸島を訪れるクルーズ船に乗るなら、ニュージーランド南端のブラフに行くとよい。ヘリテージ・エクスペディション社は様々なクルーズを用意しているので、ペンギンが暮らすほとんどすべての島に立ち寄ることができる。料金は１人8000ドルから２万5000ドル（¥720,000 ～ 2,250,000）。残念だが、ニュージーランド政府はスネアーズ、バウンティ、アンティポデスの島々への上陸を許可していないため、スネアーズペンギンとシュレーターペンギンの写真は、海上に浮かぶ、激しく揺れるゾディアックから撮るしかない。南極クルーズと同様、この海域でも大嵐に見舞われる可能性があるが、亜南極の島々は、南極大陸に比べ気候も地形も変化に富んでいる。

費用：$5,000 ～ 12,000（¥450,000 ～ 1,080,000）（２等船室とニュージーランドまでの航空運賃を含む）

ジェンツーペンギンの散歩

ペンギンの歴史と研究

分類学による属と種

ペンギン類全体を表す科学的、分類学的名称はペンギン科(Spheniscidae：スフェニスキダエ）である。本書ではこの科に属す鳥をペンギンと呼び、それらの鳥に対して抱くほとんど抑えようのない愛情を「ペンギンマニア」と呼んでいる。読者の便宜を図るために、初めにペンギン全種の一覧表を載せ、今日認められている種の生物学的名称を記載した。本書の中では、キング、エンペラー、ジェンツーなど、一般的に広く用いられている名称を用いることにする。種ごとの学名は各章の初めにも記載してある。

ペンギン科の鳥は、明らかに異なる6つの属と17の種に分類される。種の分類については研究者により異論もあるが、本書では17種という説に従う。

ペンギンという名前の由来

遺伝的系譜の有無は別として、ウミスズメ科の仲間がペンギンに似ていることは確実である。特に、かつて北半球に生息していたオオウミガラスはよく似た特徴をもっていたが、残念なことに、乱獲により絶滅した。オオウミガラスの最後の1羽は、1844年に捕えられバーベキューにされてしまったが、その少し前まで使われていたペンギンという名称は、実はこのオオウミガラスを表していたのである。

「ペンギン」という名前は、ラテン語の「太った」を意味するピングィス（pinguis）から派生したと考えられている。かつて 北大西洋に生息し絶滅したオオウミガラスは、現在のペンギンと同じく飛べない鳥で、極端に太っていた。オオウミガラスはピングィヌス・インペニス（*Pinguinus impennis*）という学名を与えられ、大航海時代の船乗りから「ペンギン」というニックネームで呼ばれていた。船乗りたちの中で、後に南の海へと冒険に出かけた者たちがフォークランド諸島などに上陸した際、一見オオウミガラスによく似た鳥を見つけ、「ペンギン」という同じニックネームで呼んだのである。

船乗りたちは、北方のオオウミガラスと同様、このかわいそうな南の鳥たちも乱暴に扱った。最初は卵を盗み、やがて肉も好んで食べるようになった。

生物史

私のペンギンに関する情報探索は、トニー・D・ウィリアムズが執筆し、オックスフォード大学出版局から1995年に出版された『The Penguins（邦題「ペンギン大百科」)』というきわめて有益な著書から始まった。

この本が長い間、ペンギンの「バイブル」と考えられてきたことも知った。その中でウィリアムズは、ペンギンの起源について、ペンギンの祖先は数千万年もの間、南半球で繁栄していた古代鳥類である、と書いている。ウィリアムズの指摘によると、シーモア島をはじめ、ニュージーランドやオーストラリアで発見された化石は、検証の結果、約4 000万

一番乗りのヒゲペンギンたち

からだを乾かすジェンツーペンギン（フォークランド諸島）

年前に遡る古い化石であることが明らかになった（Jenkins 1974）。それより以前にトニー・D・ウィリアムズやジョージ・G・シンプソンによって認められていた古い理論によると、ペンギンはさらに古い時代、恐竜時代が終わりを迎えた白亜紀（1億4000万年前から6500万年前）に進化したとされる。

仮説では、ペンギンはミズナギドリやウミガラスなど、潜水性と飛翔性を併せもつ鳥から進化したとされるが、一部には、ペンギンはむしろ飛ぶ鳥以前に発生したと主張する学者もいる（Lowe 1939）。ペンギンと飛翔性の鳥との中間に位置するであろう生物の化石は、今のところ発見されていない。すでにペンギンやペンギンの祖先と確認された化石はすべて、最古の化石も含め、飛行ではなく潜水に適したひれ状構造、すなわちフリッパーと、重く頑丈な骨格をもっている。

現存する種と絶滅した種を含めると、40種以上の異なるペンギンの存在が知られている。

シンプソン、リッチデール、ウォーラムをはじめとする古典的生物学者は、ペンギンの生物学的、生理学的、生態学的特徴を時間をかけて研究し、ウミガラス、アホウドリ、ミズナギドリ、あるいは飛べないウ類との比較情報に基づいて、進化の過程でペンギンがどこで分岐したかを推定した。

DNA研究

遺伝子の発見とコンピュータによるきわめて高度なDNA解析が進歩したことにより、ペンギンの研究も大きく前進した。この画期的な科学技術は、ペンギンの起源の研究に新たな息吹を吹き込んだ。DNA解析から、最近発見された2つの古いペンギンの化石はそれぞれ、約6000万年前と8000万年前のものであることが明らかとなった。「ペンギンゼロ」と呼べるであろうそのペンギンは、すでに飛ぶことはできず、フリッパーを支える頑丈な骨格をもっていた。つまり、その頃からすでにペンギンは潜水性の鳥類であった可能性が高い。時間軸上の比較を容易にするために指摘しておくと、最初の原始人とみられるホモハビリスの化石は、たかだか200万年から300万年前のものである。

新しいDNA技術の応用により、ペンギンの各化石サンプルには数百万年の開きがあることが分かったことで、研究者たちは、謎を解くための新たな問題に直面している。ペンギンが飛翔性の鳥類から進化したのか否か、確定的な答えはまだ得られていない。遺伝子学者もまた、ペンギンの正確な生物学的起源、すなわちペンギンがどの鳥類から進化したのかを特定するには至っていない。ペンギンの発生はおよそ7000万年も前の出来事であり、発見された化石の間には2000万年もの開きがある。私たちが確実な答えを知ることは、結局できないのかもしれない。

特筆すべき興味深い事実は、ガラパゴスペンギンがわずかに数キロ、赤道を越えて北半球に進出している場所を例外とすれば、北半球にはペンギンは生息していないことである。生きたペンギンだけではない。ペンギンの化石も北半球では発見されたことがない。つまり、現生ペンギンも古代ペンギンも、厳密には南半球だけに生息する生物である。しかし、そのような地理的限界があるのはなぜか、その正確な理由は依然として謎である。ペンギンの遺伝子研究の先駆者であるオハラが1989年に発表した論文「現生ペンギンの系統発生の推定」は、このテーマに関して、現在最も広く受け入れられている研究である。この論文には、ペンギンの原生種の進化の順序が示されている。絶滅した種の研究とは対照的に、DNAサンプルを生きている鳥から採取できるため、現生種の研究はほぼ完璧に行うことができる。オハラのこのDNA研究から、原生ペンギンは確実に同一系統種であること、すなわちペンギン全種が同一の祖先から分化したことが確認された。

系統図は、それぞれの種が他の種から分かれて進化した時期の推定に役立つ。その結果、絶滅した種も現存する種も含めたすべてのペンギンの祖先種（ペンギンゼロ）は、約7100万年前から6800万年前に、私たちがゴンドワナ大陸と呼ぶ南方の巨大大陸に棲んでいたと結論づけられた（Baker et al. 2006; Slack et al. 2006）。その時代、ゴンドワナ大陸はすでに分裂を始めていて、やがて現在のオーストラリア、ニュージーランド、南極、そして南アフリカの一部などに分かれた。

比較的大型の鳥類であった「ペンギンゼロ」の子孫である「ペンギンワン」が、原生ペンギン全種の祖先である。この祖先は約4760万年前から3420万年前に生息していた。科学者らは、約4000万年前にアプテノディテス、つまりエンペラーペンギンとキングペンギンの祖先がこの共通の祖先から分化し、その後ペンギンの様々な種の発生過程が始まったと考えている。

アプテノディテスは最初は1つの種であり、キングとエンペラーの2つの種に分かれたのはずっと後の時代である。共通の祖先からアプテノディテスが分化したのは、大量絶滅の起きた時代と一致している。地球は氷河期に入り、からだの大きな祖先は生き残ることができなかったのだと思われる。

ペンギン属の進化（現生種のみ記載）を下図に示す。

これまでのところ、ペンギンの歴史にまつわる大きな疑問は残されたままである。原始のペンギンは、飛ぶ鳥よりも古い時代から存在したのか、それとも飛ぶ鳥の子孫なのか、という疑問である。これまでのところ、化石からは、飛翔に適した骨格をもつペンギンの祖先種がいたという証拠は発見されていない。したがって私は、ペンギンがある種の飛ぶ鳥から進化したと考える他のほとんどの研究者とは意見を異にす

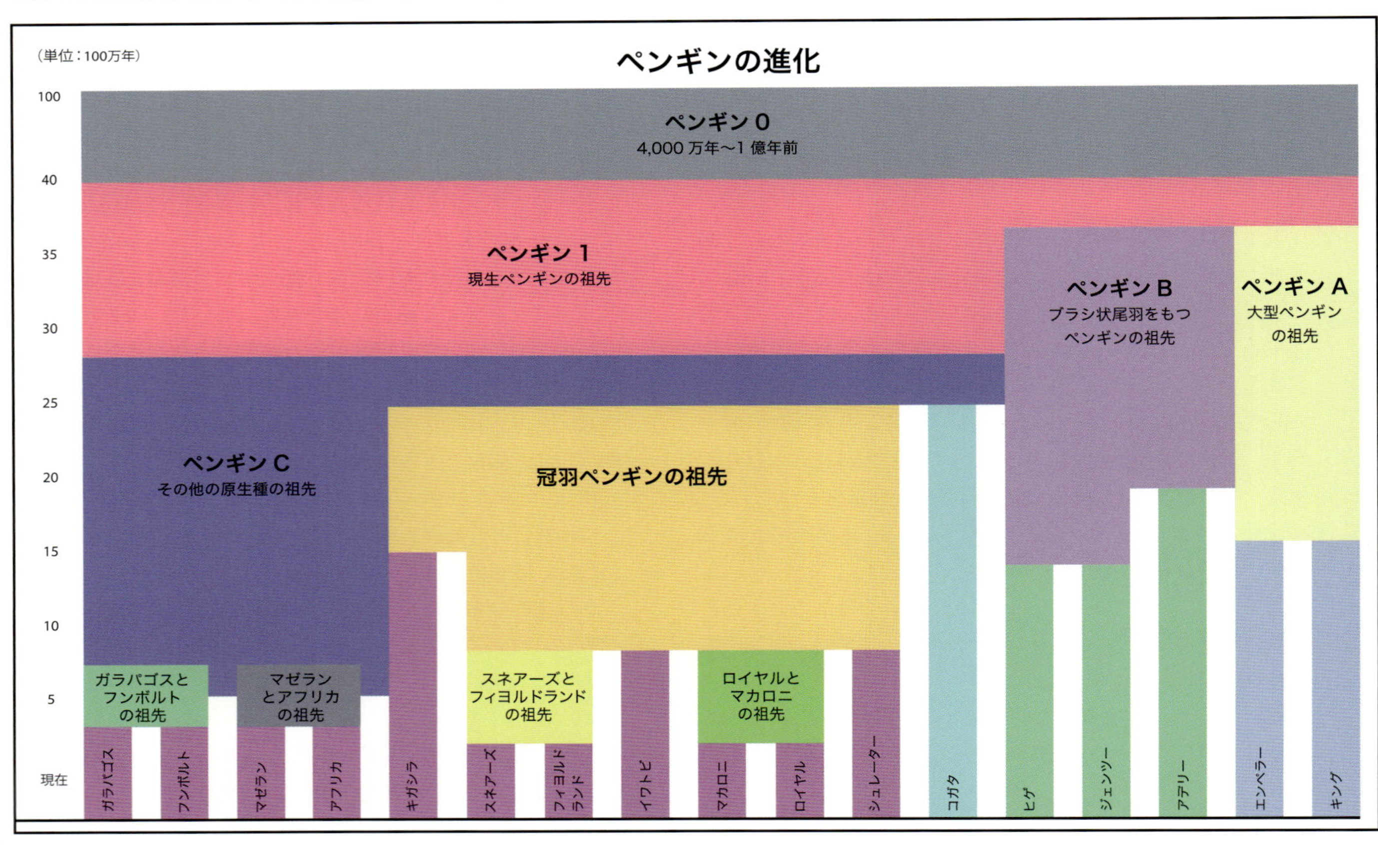

る。フリッパーとは構造の異なる翼をもつ中間的な鳥類の化石が発見されるまで、ペンギンの祖先が飛ぶことができたと仮定するのは早計であろう。現段階では、私たちは、確定的な答えがまだ明らかではないこと、そして仮に答えが見つかるとしても、まだしばらく時間がかかるということを認識すべきである。

ペンギンと人間

初めは、ペンギンとその卵が、空腹の船乗りたちの恰好の食糧として利用された。やがてペンギン、というよりもその脂肪が、木材や石炭の不足で船足が落ちた時に、急場しのぎの燃料に使えることが分かると、船員に撲殺されるペンギンの数が急増した。しかしペンギンの脂は最高品質でもなければ、たくさん搾るのも楽ではなかった。そこで、脂欲しさの人間の関心は、間もなくアザラシや他の海生哺乳類に移り、18 世紀から 19 世紀にかけてたくさんのアザラシやゾウアザラシが殺された。ペンギンの天敵でもあり採餌の競争相手でもある動物がある程度排除されたことが、実は、ペンギンの生き残りを助けたのである。

ペンギンやアザラシを殺すことが違法となり保護活動が始まると、すでに、ある種のペンギンの個体数が激減していることに気づいていた科学者たちは、南半球全体のペンギンの数を数え始めた。人間の活動が、良きにつけ悪しきにつけ、ペンギンの繁栄、そして生存にさえ影響を及ぼしてきたこと、そして今も影響を与え続けていること、それを理解するのに特別な才能など必要ではない。人間は今、ペンギンがこれまで以上に過酷な環境に適応できるか否か、厳しい試練を彼らに押し付けているのである。

ペンギンが 7000 万年以上もの間、なんらかの種として生存し続けてきたという事実は、ペンギンが生き残りの達人であり、恐竜など、地球上の大半の種が一掃されてしまったほどの大量絶滅をもくぐり抜けてきた強者（つわもの）であることを証明している。ペンギンの独特で長い歴史は、地球温暖化現象の議論の中で、ことさら注目を集めている。新たな関心を呼んでいるのは、ペンギンのいくつかの種が危機的状況に追い込まれているという事実であり、それらの種が、あるいはペンギン科のすべての種が、いつの日か絶滅する恐れがあるという懸念である。研究者たちは、今まさに起きている「地球温暖化現象」は、ペンギンの誕生した 7000 万年前からこれまでに地球上で起きたどの絶滅現象よりもはるかに深刻で、悪化の速度が速く、重大な被害をペンギンに及ぼすだろうと考え始めている。

人間は結果的に、ペンギン絶滅の最終責任を負う生き物になってしまうのだろうか？ そんな結果を招かないためには、ペンギンを人間による直接的、間接的被害から守ることが急務であるだけでなく、地球の環境を保全する努力が必要である。さもなければ私たちは、ペンギンがどこから来たかではなく、どこで消えたかを尋ねることになるかもしれない。

2 羽のアデリーペンギン

岩かげのコガタペンギン（ダラス・ワールド・アクアリウム）

エンペラーペンギンと小さなヒナ

エンペラーペンギン
Emperor Penguin
Aptenodytes forsteri

属：エンペラーペンギン属
同属他種：キングペンギン
亜種：なし
IUCN レッドリストカテゴリー：軽度懸念（LC）

最新推定生息数
個体数：47 万 5000 羽
繁殖つがい：20 万組
寿命：平均 20 ～ 25 年、まれに 40 年
渡り：あり、1 月から 4 月までコロニーを離れる
大規模コロニー：南極大陸周辺の定着氷上
クロージア岬、アデリーランド、ワシントン岬、
ビクトリアランドのコールマン島、ハリー湾、
コーツランド、クイーンモードランド
色
成鳥：黒、白、黄色、オレンジ色
くちばし：黒、ピンクがかったオレンジ色
足：黒
虹彩：暗褐色から黒
ヒナの綿羽：全身の大部分は銀色、頭部は黒と白
幼鳥：成鳥に似ているが背は濃い灰色で、黄色の斑紋は
成鳥ほど鮮やかではない
身長：112 ～ 122cm
体長：115 ～ 130cm
通常産卵数：1 卵
1 つがいが 1 年に育てるヒナの最大数：1 羽

成鳥

ヒナ

デイビッドが見たエンペラーペンギン

エンペラーペンギンの繁殖コロニーは、南極大陸周辺の氷の上にある。コロニーは数10kmも続く氷原で海から隔てられ、船が接岸できる地点からも遠く離れている。

コロニーに行くにはヘリコプターをチャーターするしかない。私が「クォーククルーズ」に申し込んだ理由は、予定上陸地点が何カ所も計画に含まれていたからだった。エンペラーペンギンだけでなく他のペンギンも写真に撮れるなら、高額な出費も決して惜しくはないと思えた。

フレーブニコフ船長が、97名の乗客と赤と青のヘリコプター2機を積み込んで錨をあげ、一路南へと出港した時、私は期待と喜びで胸がいっぱいになった。海はいつになく穏やかで、最初の数日は退屈なくらい何事もなかった。巨大な氷山のそばを何度か通過した日の夕暮れ、船の前方に、まるで1枚の白い布を広げたように、氷原が果てしなく続いているのが見えた。氷を砕きながらゆっくりと、だが数キロずつ確実に、私たちはスノーヒル島とエンペラーペンギンに近づいていった。

翌朝、日の出とともに天候が急変し、猛烈な風と雪になった。ヘリコプターを飛ばすどころではない。私たちは船に足止めされたままじっと天候の回復を待った。翌日ようやく天候は回復したが、ロシア人の船員は、ヘリコプターを飛ばすのはまだ無理だと言う。船は氷に閉じ込められて立ち往生しているとも告げられた。 それから4日目、ようやく文句のつけようのない晴天に恵まれた。ところが船員たちは、まだヘリコプターは飛ばせないと言い張る。私たち数名の乗客に、取材で同船していたＢＢＣのカメラクルーも加わり、激しい口論の末、船員たちはヘリコプターを飛ばすことにしぶしぶ同意した。南極でこれ以上素晴らしい天気は望めないだろうという日に、私たちは念願の上陸を果たした。ヘリコプターの着陸地点から徒歩でコロニーに向かったが、撮影条件は完璧だった。しかも数えきれないほどのペンギンが待っていた。日光がまぶしく、撮影中に氷の上に横になっていても、極地スーツの下が汗ばむほどだった。

その後も数日間、私たちは毎日コロニーまで遠征旅行に出かけることができた。船員たちが、船が砕氷船であることを忘れてしまったかのように、「氷に閉じ込められて動けない」と繰り返したからだ。案の定、ウシュアイアへの到着予定時刻のきっかり80時間前になると、天候にはなんの変化もないにもかかわらず、突然エンジン音が聞こえ、船は氷を切り裂いて進み始めた。だが、驚く乗客は誰ひとりいなかった。船は予定通りにウシュアイアに帰港したが、途中、予定されていた上陸地点には一度も立ち寄らなかった。結局、写真を撮ろうと期待していた他のペンギンに会うためには、もう1年待つほかはなかった。フレーブニコフ船長との確執があったとはいえ、エンペラーペンギンのコロニーをこの目で見られたことは、あらゆるトラブルや落胆を差し引いても余りある一生の宝物だった。コロニーに着くと、ペンギンたちはまるで人間同士のように、友好的な態度で出迎えてくれた。氷の上で腰を下ろしたり横になったりすれば、ペンギンたちがすぐに近づいてきて珍しそうに顔を覗き込み、時にはフリッパーでそっと私のからだに触れてみたりする。まさに夢のような瞬間だ。だが数分もするとペンギンたちは興味を失い、ふだんの暮らしに戻っていく。それでもペンギンたちは、私たちが至近距離から写真を撮ることを快く許してくれた。私は時々、ペンギンが私のためにわざわざポーズをとってくれているのではないかと思ったほどだ。

エンペラーペンギンは、私がこれまでに出会った動物の中で最も気品と優しさにあふれている。ヒナの愛らしさといったらとても言葉では表せない。地球上で一番愛らしい生き物だ。私がただ1つ気にかかったのは、明らかな餌の不足だ。ヒナも親鳥も、ひどくお腹を空かせている様子だった。氷の上のエンペラーペンギン、これ以上印象深い光景を見る機会は、もう二度とないだろう。凍てつく自然の楽園で過ごした数日間を私は永久に忘れることはない！

エンペラーのコロニー（スノーヒル島）

エンペラーペンギンの成鳥（スノーヒル島）

デイビッドとエンペラーペンギン（スノーヒル島）

エンペラーペンギンについて

生息数の動向

安定的に維持されている。繁殖中のエンペラーペンギンが耐えねばならない過酷な気象条件を考えると、これは驚くべきことといえるだろう。

生息環境

ペンギンと聞いて、氷で覆われた南極大陸にいるペンギンを思い浮かべるなら、そのペンギンはエンペラーペンギンである。エンペラーペンギンの繁殖地の大部分は、南極大陸を囲む定着氷上にある。そこは毎年秋になると海面が凍り始め、夏には気温が上昇して氷が消える。エンペラーペンギンは、地球上で最も寒く最も孤立した場所にコロニーをつくる。堅く冷たい氷の上で繁殖する鳥は、唯一エンペラーペンギンだけである。したがって、エンペラーペンギンの生活と生存は、氷の状態と海水を凍らせる気温に依存している。

エンペラーペンギンのコロニーは、南極大陸沿岸の少なくとも46カ所で確認されている（第7回国際ペンギン会議、未発表論文）。これらのコロニーのうち6カ所は、西ロス海のクロージア岬、ボーフォート島、フランクリン島、ロジェ岬、ワシントン岬、そしてコールマン島にあり、最大6万つがいが繁殖している（Kooyman and Mullins 1990）。他にもアデリーランド、ジオロジー群島、およびコルベック岬にコロニーがある。さらに、南アメリカ大陸に近いスノーヒル島の周辺でも約4000つがいが繁殖する。衛星写真を使ってエンペラーペンギンの個体数を数えた研究によると、驚くべき発見として、海岸線から遠く離れた雪と氷に覆われた内陸部にも少なくとも3つのコロニーがあることが明らかになった。

形態

エンペラーペンギンの成鳥は、ペンギン全種の中で最も優雅で威厳がある。キングペンギンと同様、いかにもペンギンらしい黒と白の2色のからだに、特徴的な黄色からオレンジ色の斑紋がある。この堂々とした鳥の最も大きな特徴は2つ。首の周りにあるソラマメ形をしたオレンジ色から黄色の斑紋とカラフルなくちばしである。頭部はほぼ黒一色だが、耳から始まり胸まで続く左右の太い曲線は、オレンジ色から黄色、そして白色へと少しずつ変化している。胸の上部には黄色の羽毛があるが、胸から下はほぼ真っ白である。くちばしは大部分が黒いが、下のくちばしにはオレンジ色からピンクの鮮やかな線が入っている。足は黒く、大きな爪があり、踵（かかと）から

エンペラーペンギンの大規模コロニー（スノーヒル島）

上には一部ピンクの斑紋が見られることがある。フリッパーの外側は縁まで黒く、内側は白い。

幼鳥も成鳥とほぼ同じ色だが、オレンジ色やピンクは成鳥ほど鮮やかではない。

ヒナ

エンペラーのヒナは生まれた時は短い産毛に包まれているが、すぐにふさふさした美しい綿羽になる。色はほぼ灰色である。綿羽を着たヒナの姿はあまりにも愛らしく、書籍や映像に最も多く登場するのはこのエンペラーペンギンのヒナである。頭部はあごの下でつながった2つの白い円形の部分とそれをとりまく黒の部分にはっきりと色分けされている。顔の白い羽毛の中につぶらな黒い目がある。ヒナは生まれて約40日間は、親の足の上にのったまま寒さから身を守ってもらうが、その後は他のヒナと一緒にクレイシ（共同保育所）をつくる。両親はそろって海に出かけ、餌を採ってヒナの元に戻る。

およそ6カ月経つと子どもたちは綿羽を脱ぎ始めるが、成鳥の羽毛に完全に生え変わる以前に巣立ちを迎える。巣立った幼鳥は繁殖地からはるか北の海まで泳いでいくが、その距離は最長2,736kmに達したとの記録もある。海に出てから最初の1カ月は特に命がけである。親鳥の助けはない。幼鳥は自分の経験だけをたよりに、より速くより深く潜水する能力を獲得し、何をどう採って食べるのかを自力で学ぶほかない（Kooyman et al. 2008）。

繁殖と育雛（いくすう）

他のすべてのペンギン同様、エンペラーペンギンも、繁殖期を通じて両親が全面的に協力する。どちらか片方の親が自ら、あるいは何らかの理由により子育てを放棄することになれば、それはヒナにとって死刑宣告に等しい。子育てをさらに困難にしているのは、エンペラーペンギンが冬に産卵する数少ない鳥だということである。それもただの冬ではない。地球上で最も過酷な冬である。

繁殖の季節になると、エンペラーペンギンは、冷たい海の中からさらに冷たい氷の上へと跳び上がり、並んで行進を始め、4月上旬までには自分の生まれたコロニーに帰ってくる。この旅に必要な時間は、海からコロニーまでの距離によって異なる。エンペラーペンギンは地上ではだいたい時速1.6kmで進むので、コロニーまで3日間歩き続けることもある。

他のほとんどのペンギンとは異なり、エンペラーペンギンは巣をつくらない。したがってなわばり意識も強くない。

給餌直後のエンペラーペンギンの親子

エンペラーペンギンの小さなクレイシ

エンペラーペンギンの場合、前年と同じ相手と夫婦になることはめったにない。したがって、配偶者を選ぶことがコロニーに到着してから最初の仕事である。配偶者選びに関してはメスの方が積極的で、オスはメスに従う傾向がある。

５月上旬、メスは卵を１つ産む。メスは生んだばかりの卵の世話をオスに託すと、すぐに海に向かう。40日間の絶食を終わらせるためである。オスが足の上で卵を温めている間、メスは65日から78日かけて採餌する。卵を孵化させるのは父親の役目である。オスは、ヒナが生まれるとすぐに、食道から分泌する白いミルクのような物質（ペンギンミルク）を与える。ヒナの誕生からまもなく、腹いっぱいに食べ物（魚類、イカ、オキアミなど）を蓄えた母鳥が戻ってくる。

卵の孵化率は約77％である。孵化しなかった卵の３分の１は無精卵である。45％は仲間同士の騒ぎに巻き込まれて壊され、残りは夫婦が卵を受け渡す時に落として割れたり、別の原因により孵化できない（Williams 1995）。

メスが戻ると、110～120日にも及ぶ絶食に耐えたオスは弱りきったからだで急いで海に向かう。24日間海に留まり、空っぽの腹を満たし体力を回復する。再びコロニーに戻るとすぐにヒナを預かり足にのせて、今度は８日間給餌を引き受ける。こうして子育てを数回交代すると、両親による保護期は終わり、ヒナはクレイシに加わる。

両親はすぐに採餌に出かけ、どちらも８日ほどで給餌に戻る。親は声だけでわが子を識別できるが、それは思うほど簡単なことではない。というのも、どのヒナもひどく空腹なため、親鳥が鳴くと一度に何十羽ものヒナがやかましく鳴いて応えるからである。親は餌をねだるヒナが間違いなくわが子であることを確認してから餌を与える。

ヒナがおよそ140日齢になると親は給餌を止め、ヒナは巣立ちに備える。独り立ちしたヒナのうち１歳まで無事に育つのは、４羽のうちわずか１羽だけである。

採餌

同じエンペラーペンギンでも、採餌旅行や採餌方法には様々な違いがみられる。オスの採餌行動はメスや若鳥とは異なる。それだけではない。コロニーが異なると採餌行動にも違いが見られる。採餌方法の多様性に関する合理的な説明として、配偶者を育雛から解放したり換羽を開始したりするためには、特定のタイミングで特定の場所に戻らなければならないという制約があることはもちろんだが、エンペラーペン

ヒナへの給餌（スノーヒル島）

トボガン滑りでコロニーに向かうエンペラーペンギン

ギンは、どうやらエネルギーの必要量を自覚していると考えられる。時間とカロリーの必要条件を満たすためには、最も効率的なルートで採餌してコロニーに戻らねばならない。

育雛中は、両親のどちらか１羽がコロニーに残りヒナの世話をするが、親鳥はコロニーから比較的近い場所に留まって採餌しようとする。メスは最初、オスよりかなり長時間採餌に費やせるため、餌を探してジグザグに進みながら約1,100km も移動する。これに対して、オスに許された漁の時間は 25 日しかないため、全行程は 560km 程度である。しかし 110 日間もの絶食に耐えたオスは、栄養不足から回復するためにメスよりも精力的に採餌する。換羽前の採餌旅行は 42 日間で、はるかに広い海域を泳ぎ回る。オスもメスも、採餌旅行中は時々氷山に上がって休息をとる。

エンペラーペンギンは非常に有能なダイバーで、餌場につくと 70%の時間は潜水と浮上を繰り返しながら餌を探す。水平に移動しながら餌を採る時間は 15%以下である。残りの 15%の時間は水面に頭を出して休息する。エンペラーペンギンは時速 15km で泳ぐことができる。

浅い潜水はたいてい２分半から４分続く。深く潜る時は、最長で 12 分間潜ることもある。その驚くべき潜水能力にもかかわらず、エンペラーペンギンはどちらかといえば水深の浅い大陸棚周辺に留まる傾向がある。180m 以上深く潜るのは、潜水回数のうちわずか 5%にすぎない（Wienecke et al. 2007）。これまでに記録されたエンペラーペンギンの最大潜水深度は 564m で、最長潜水時間は 22 分である。面白いことに、最長潜水時間は浅い潜水で記録されている。おそらく頭上の氷の割れ目を探しているうちに、やむをえず潜水時間が長くなったのだと思われる（Wienecke et al. 2007）。

エンペラーペンギンはどんな餌を探すのだろうか？ 1998 年にチェレルとコーイマンが行った詳細な研究によると、繁殖期にワシントン岬のエンペラーペンギンを調査したところ、採餌重量の 85 ～ 95%は魚類であった。２番目に多かったのはオキアミを中心とした甲殻類で 5 ～ 11%、イカは含まれていなかった。

換羽

ヒナが一定の大きさに成長すると、親たちは子どもたちだけを残し換羽前の採餌旅行に出る。親鳥は、換羽に備えて体重を 50%増やさなければならない。

この採餌旅行が終わると、大部分は繁殖地の棚氷に戻るが、氷の状態や換羽の時期によってはまったく別の場所で換羽する個体もいる。氷上での換羽にはおよそ 35 日かかり、その間に体重は 50%減少する。繁殖年齢に達していない幼鳥や繁殖に失敗した成鳥は、通常よりも早く換羽する。

営巣

エンペラーペンギンは巣をつくらない。冷たい氷の上に立ったまま、卵や孵化したヒナを足の上にのせて、抱卵嚢（ほうらんのう）（腹

両親の近くにいるエンペラーペンギンのヒナ

部にある皮膚のたるみ）で覆う。エンペラーペンギンはなわばり意識が強くないため、コロニー内の１カ所にじっとしていることはなく、ハドルの動きに応じて、卵やヒナをのせたまま、しばしば位置を変える。

相互関係

エンペラーペンギンは、過酷な環境で繁殖や換羽を行う。ハドルは群れることによって寒さから身を守る仕組みであり、ハドルを組まなければ、厳しい冬を生き抜くことはできないだろう。エネルギーを節約するために大きな輪をつくり、互いにからだを寄せ合う。その様子はアメリカンフットボールのハドルにも似ているが、大きな違いはペンギンのハドルには、少数のチームメイトだけでなく、何千羽もの鳥が参加することだ。最初にどのペンギンがなぜハドルの外側に留まることになるのかは明らかではない。けれども最初はハドルの外側にいても、数分ごとに少しずつより温かい位置へと移動する。ハドルを組んでいる間はずっと、この外側から内側への場所替えが続く。個々のペンギンの体温を全体で分かち合うことで、強風と酷寒からヒナを守り、成鳥同士もお互いを守り合っている。ハドルを組むペンギンたちは、ハドルの中で絶えず移動しているため、なわばり意識をもちようがなく、ほとんど争うことはない。おそらくそれが理由なのだろう。エンペラーペンギンは他のどの種よりも友好的で攻撃性に乏しい。エンペラーペンギンはボディランゲージを使って相互にコミュニケーションをとる。同意を示す時はくちばしを高くあげ、隣にいる鳥から離れ、フリッパーを広げる。対抗する時は、首を相手の方へのばしてくちばしをつきつけ、フリッパーをはばたかせる。

ペンギンがコロニーに到着してから最初にする仕事は配偶者選びである。メスの方が積極的で、オスはメスの誘いに従う傾向がある。パートナーと良い関係ができると、オスはメスを誘い、「よたよた歩き」をし、時々停止しては氷の上に横たわり互いに触れ合う。その後立ち上がって相互羽づくろいをしたり、あるいはパートナーの首に頭をあずけて休んだりする。これほどの愛情と慈しみを示し合っても、エンペラーペンギンの夫婦が次の繁殖期まで関係をもち越すことはなく、同じパートナーと再び交尾することはめったにない。

エンペラーペンギンは、わが子以外のヒナに給餌することが知られている。たいていは繁殖に失敗したつがいだが、とりわけ、ヒナが死んだ直後の親鳥が給餌することが多い。繁殖に失敗したペンギン、特にメスの中には、卵を盗んだりヒナを奪ったりする目的で、抱卵中や子育て中の親鳥を攻撃するものさえいる。このような攻撃的な行動は、卵の破壊やヒナの死という悲劇に終わることが多い（Angelier et al. 2006）。

氷山を背にしたスノーヒル島のサブコロニー

氷山の近くを散歩するクレイシのヒナたち

発声

エンペラーは２種類の異なる発声法をもつが、これは近縁種のキングペンギンと共通の特色である。エンペラーは個々に巣をつくらないため、密集したコロニーの中でヒナを見つける時も、繁殖相手を探す時も音声認識が頼りである。２つの音声システムを同時に使うことにより、音域が広がり変化が生まれ、識別に役立つと研究者は考えている。２つの音声システムは異なる周波数の音を出す。１つは遠くまで届く波長の短い音である。もう１つは近距離に届く波長の長い音で、個体が密集したコロニーでもよく声が通る。

クレイシ期のヒナは、口笛を吹くような、またはハミングするような声をたびたび出す。この歌に続けて、大袈裟にうなずくような仕草でその愛らしい頭を上下させて餌をねだる。成鳥は陸上で連絡をとり合う時は、くちばしを上に向けて、トランペットのような声を出す。また「エンペラーの歌」といわれるリズムのある短い節を繰り返すことがあり、これは恍惚感または安堵感を表す。奇妙なことに、いったん絆を結ぶと、エンペラーペンギンの夫婦は、メスが卵を産んで採餌旅行に出かけるまで、通常コロニーにいる間はほとんど声を出さない。この沈黙はおそらく、まだ配偶者を見つけられないメスが、すでに鳴き交わしを終えたオスを横取りしないようにするためではないかと推測されている。短い声を非常に複雑なパターンで繰り返すのは不快信号で、その後、すぐに相手にくちばしを向けたり、首をのばしたりなどの攻撃的な行動をとることが知られている。

危機

エンペラーペンギンは氷の上では決してか弱い生き物ではなく、差し迫った危険もない。彼らが安全な理由は３つある。からだが大きいこと、生息環境が安全なこと、そして人間との接触がほとんどないことである。エンペラーはからだが大きいため、捕食者からの攻撃を受けにくい。エンペラーが集団で暮らす氷上のコロニーは海岸線から遠く、少数の鳥類を除き、他の生物がやってくることはほとんどない。ただしオオフルマカモメは卵や小さなヒナを襲うことがある。特に、経験の浅い若いつがいが狙われやすい。

エンペラーペンギンが繁殖に失敗するのは、実は、ペンギン同士が原因のことが多い。夫婦のどちらかが不注意に卵を受け渡したり、不機嫌な隣人が暴れたせいで卵が滑り落ちたり壊れたりする。

エンペラーペンギンが直面している最大の危機は、地球温暖化がさらに深刻化し、南極大陸周辺の棚氷（たなごおり）が融けることである。氷がなくなれば繁殖はできない。繁殖周期に今後どのような変化が起こるのか、エンペラーペンギンがこれまでと

大人同士の立ち話

地球上で一番愛らしい生き物

動物の中で、最も気品と優しさにあふれている

異なる繁殖行動をとるのか、それともゆっくりと姿を消してしまうのか、誰も予測はできない。

保護活動

エンペラーペンギンは自力でうまく暮らしているし、研究データも豊富に蓄積されている。したがって将来、私たち人間の支援が必要になった時には、何らかの援助ができるだろう。今のところ、支援や保護が必要な種には分類されていない。とはいえ、南極の棚氷が融ける速度はエンペラーにとってまさに脅威であり、地球温暖化を食い止める努力はなんであれ、エンペラーペンギンに直接利益をもたらすと思われる。

興味深い研究

エンペラーペンギンのハドルは実にユニークだが、不可解なことも多い。彼らはどのようにして長期間の絶食に耐え、なおかつ必要最低限の体温を保つことができるのか、極限の繁殖環境の中でなぜ生き残ることができるのか……。それは科学者にとって長い間の謎だった。

アンセル、ギルバート、ロバートソン、ルマホ、ボーリューらの科学者グループは、アデリーランドのジオロジー岬とデュモンデュルビルで数回の越冬調査を行い、ハドルに関する論文をいくつか著した。この研究グループは、エンペラーのハドルには２つの異なる種類があることを明らかにした。１つは「ゆるい」ハドルで、エンペラー同士がお互いの背中をかばい合いながら、0.9m^{2}におよそ３羽の密度で集まる。この密度ではペンギン同士のからだが触れ合うことはなく、ただ単にお互いを風から守っているだけである。第２の「きつい」ハドルは高密度で、0.9m^{2}に最大８羽が集まる。この密度では、ペンギンたちはからだを寄せ合って直接体温を伝え合う。

多数のペンギンに計測装置を装着して調べた結果、風ではなく気温がハドルを組むきっかけとなること、また気温がハドルの種類に影響を及ぼすことが明らかになった。−10℃になると、ペンギンたちはゆるいハドルを組み始める。気温がさらに−22℃まで下がると、きついハドルを組んで体温を伝え合う。計算の結果、きついハドルを組めば、エンペラーが極寒を生き抜くために必要なエネルギーの25％を節約できることが分かった。この省エネこそが、長い絶食期間を耐え抜き、ヒナが孵化するまで抱卵を続ける能力を支えていたのである。

風はハドルが動く方向に影響を及ぼしていた。最初は、氷の丘や氷山を自然の防風壁に見たて、次に背中を風上に向けて立ち、ハドルを組んで風を防ぐ。しかし気温が高い時は、どんなに風が強くてもハドルを組むことはない。

研究者たちは、密集したハドルの中で、夫婦がなぜお互いを見失わないのかつきとめようとした。ペンギンのほとんどの種は、パートナーを確認する際、巣の位置を手がかりにしていることは疑いない。しかし、エンペラーは巣をもたない。しかもハドリング中は常に移動している。パートナーを見分けることは困難なはずだ。巣をもたないことはそれほど厄介な問題ではないとしても、問題は、エンペラーのオスとメスは絆を結ぶ前に鳴き交わすだけで、いったん夫婦になるとお互いを探すために声は使わないということだ。

繁殖期のオスの数がメスに比べ少ないため、相手を見つけられなかったメスは、すでに配偶者の決まったオスに対しても、オスが実際に抱卵を始めるまでは、あきらめずになんとかオスの気を引こうとする。これがおそらく、すでに関係を結んだカップルがじっと黙っている理由だと考えられる。メスが卵を産み、オスに卵を託して採餌に出かけるまで、夫婦は沈黙を守る。では一体どうやってつがいのペンギンは、巣ももたず、音声認識も使わずに、ハドルの中で相手を捜せるのだろうか？

研究結果から、ハドルに加わる時は主にオスがメスを誘導し、メスはただオスについて行くだけだということが明らかになった。ハドルの中にいる時は、ほぼ85％の時間、夫婦は前後に寄り添って立っているため、お互いを見失うことはない。エンペラーのオスとその配偶者は、ハドルの中では行動を同調させて、鳴き声をできるだけ使わないようにしている、というのが研究者の結論である。

エンペラーのお辞儀

日光浴を楽しむクレイシのヒナたち

[表]

重さ	資料 1	資料 2,3	資料 5
帰還時の繁殖個体　オス	36.7kg	38kg (2)	38.2kg
帰還時の繁殖個体　メス	28.4kg	31kg (2)	29.5kg
最初の絶食後　オス	24.7kg		22.8kg
最初の絶食後　メス	24.0kg		23.1kg
換羽前　オス・メス		23-39kg (3)	35.7kg
換羽後　オス・メス		16-24kg (3)	19.6kg
巣立ちビナ	13.5kg		
卵	0.47kg	0.4-0.5kg (3)	
長さ	**資料 1**	**資料 2**	**資料 5**
フリッパーの長さ　オス	36.2cm	30-40cm	35cm
フリッパーの長さ　メス	34.7cm		34.5cm
くちばしの長さ　オス	8.2cm	8.1cm	8.1cm
くちばしの長さ　メス	8.0cm		8.1cm
足指の長さ　オス	10.1cm		10cm
足指の長さ　メス	7cm		10.3cm

Source 1: Williams 1995—Pointe-Géologie, Antarctica. Source 2: Beaulieu, personal communication (2010) —Adélie Land, Antarctica. Source 3: Kooyman et al. 2004—Ross Sea, Antarctica. Source 4: Groscolas and Cherel 1992—Adélie Land, Antarctica. Source 5: Boersma and Richards 2009—Not Specified.

生態	資料 1,2	資料 3,4	資料 5,6,7,8,9,10
繁殖開始年齢 (歳)	平均 5 (1)	4-5 (3)	5 (5)
抱卵期 (日)	65 (1)	65 (3)	
育雛 (保護) 期 (日)	45-50 (1)	平均 70 (3)	40 (6)
クレイシ期 (日)	95-100 (1)	平均 70 (3)	100 (6)
繁殖成功率 (羽/巣)	0.58-0.7 (1)	0.0-0.8 (3)	
つがい関係の維持率	15% (1)	15-20% (3)	14% (5)
オスのコロニー帰還日	3月末 (1)	3月末～4月初旬(3)	3月末～4月 (6)
産卵日	5月初旬 (1)	5月初旬 (3)	5月中旬 (6)
ヒナの巣立ち日	12月下旬 (1)	12月 (3)	12月中旬 (6)
換羽前の採餌旅行の長さ (日)	45-60 (1)	29-40 (3)	22-38 (7)
成鳥の換羽開始	12月 1-11 (1)	12月 (3)	
陸上での換羽期 (日)	30-40 (1)		37 (8)
巣立ち後2年間の生存率	25-30% (1)		
繁殖個体の年間生存率	95% (1)	70-95% (3)	95% (5)
平均遊泳速度	時速 2.9-9.7km (1)	時速 3.2-10km (3)	時速 7.2km (9)
最高遊泳速度	時速 12.1km (1)	時速 14.4km (3)	時速 10.1km (9)
最深潜水記録	450m (1)		564m (7)
コロニーからの最大到達距離	4828km (1)		502km (7)
最も一般的な餌	コオリイワシ (2)	コオリイワシ (4)	オキアミ (10)
次に一般的な餌	オキアミ (2)	イカ (4)	コオリイワシ (10)

Source 1: Williams 1995—Pointe-Géologie, Antarctica. Source 2: Kooyman et al. 2004—Ross Sea, Antarctica. Source 3: Beaulieu, personal communication (2010) —Adélie Land, Antarctica. Source 4: Robertson et al. 1994—Mawson Coast, Antarctica. Source 5: Davis and Renner 2003—Various Locations. Source 6: Jouventin et al. 1995—Adélie Land, Antarctica. Source 7 (First Use) : Wienecke et al. 2004—Mawson Coast, Antarctica. Source 7 (Second Use) : Wienecke et al. 2007—Auster, Antarctica. Source 8: Groscolas and Cherel 1992—Adélie Land, Antarctica. Source 9: Sato et al. 2005—McMurdo Sound, Antarctica. Source 10: Kirkwood and Robertson 1997—Auster, Antarctica.

コロニーに帰るキングペンギン（ボランティアポイント、東フォークランド島）

キングペンギン
King Penguin
Aptenodytes patagonicus

属：エンペラーペンギン属

同属他種：エンペラーペンギン

亜種：

ヒガシキングペンギン *Aptenodytes patagonicus patagonicus*

サウスジョージア島とフォークランド諸島

ニシキングペンギン *Aptenodytes patagonicus halli*

ケルゲレン島、マックォーリー島、

クロゼ諸島、ハード島、プリンスエドワード諸島

IUCN レッドリストカテゴリー：軽度懸念（LC）

最新推定生息数

個体数：450 万羽

繁殖つがい：170 万〜 203 万組

寿命

野生：平均 20 年　飼育下：30 年以上

渡り：

大多数の個体は冬の間コロニーを離れるが、冬でも常に若干の成鳥が残っている

大規模コロニー：

亜南極のクロゼ諸島、プリンスエドワード島、サウスジョージア島、ケルゲレン島、マックォーリー島

色

成鳥：濃紺から銀色、白、オレンジ色、黄色

くちばし：黒、オレンジ色からピンク

足：黒

虹彩：明るい茶色から緑色

ヒナの綿羽：最初は茶色がかった灰色で、換羽後はチョコレート色

幼鳥：成鳥と同じだが、色は全体に薄く、成鳥ほど鮮やかではない

身長：78 〜 90cm

体長：85 〜 95cm

通常産卵数：1 卵

1 つがいが 1 年に育てるヒナの最大数：1 羽

ヒナ

成鳥

成長したヒナ

デイビッドが見たキングペンギン

私が初めてキングペンギンに出会ったのはフォークランド諸島だった。キングペンギンは美しく優雅だ。だがその性格は、一言で言い表せるほど単純ではない。キングペンギンの求愛行動はあらゆるペンギンの中で最も情熱的で、愛情表現も驚くほど開放的だ。それにもかかわらず、キングペンギンは互いにあまりに密集して暮らしているためか、仲間のちょっとした動きや鳴き声が引き金になって、くちばしでつつき合ったり、攻撃的な鳴き声をあげたりする。時にはけんかも辞さない。キングペンギンのがっしりした体型、くちばしを真っ直ぐ前に向けた堂々たる歩行は、まるで職場に向かう仕事のできるビジネスマンといった風体だ。首には黄色のタイまで締めている。

キングペンギンがコロニーから海へ向かうところを眺めているのは実に面白い。1羽が海へ向かって歩き始め、さあ、いよいよ海に入るぞという頃には、いつの間にか10羽から20羽の親しげなペンギンに取り囲まれている。コロニーにいる時は互いにどんなに邪険にふるまっていても、ひとたび海岸に立つと、彼らはまるで再会した家族のように強い絆で結ばれている。愛、闘い、そして義務。キングペンギンのすべてを見ることができた。

隣り同士の口論

つがいのキングペンギン

柔軟なからだが得意げなキングペンギン

採餌に出かけるキングペンギン（フォークランド諸島）

キングペンギンについて

生息数の動向

安定的に維持されている。デロルドらの研究により、クロゼ諸島の個体数が過去45年間に増加していることが示された。他の大きなコロニーでは必ずしも増加傾向にはなく、その規模は魚類資源の量により制限を受けている。キングペンギンはいずれの繁殖期においても、繁殖を行わない個体が3分の1いる。そのため個体数の把握は他のペンギンに比べ困難である。

生息環境

キングペンギンは、南極大陸をとりまく南大西洋と南太平洋、および南インド洋の南緯45°～55°の海域にある島々で繁殖する。よく知られたコロニーは、サウスジョージア島の45万つがい（サウスジョージア・マネジメント計画、2002)、プリンスエドワード島（およびマリオン島）の22万5000つがい、クロゼ諸島の45万つがい、ケルゲレン島の26万つがい、マックォーリー島の7万つがいである。ハード島や、これらの島々より容易に行くことのできるフォークランド諸島にもコロニーがある。

キングペンギンの遊泳海域は広大である。彼らは繁殖期以外は、南極海域を広範囲に回遊している。ノルウェーの研究グループが1936年8月に北ノルウェーで数羽のキングペンギンを放鳥した。1940年代には同じ海域で数回確認されたが、1949年以降は1羽も見られなくなった。

この色鮮やかなペンギンは動物園でも引っ張りだこで、アメリカ国内では、サンディエゴとオーランドにあるシーワールドをはじめ、インディアナポリス、デトロイト、セントルイスなどで見ることができる。また、イギリス、ドイツ、スイスなどのヨーロッパ諸国をはじめ、アジアやオーストラリアでも飼育されている。

形態

大人のキングペンギンはペンギン全種の中で2番目に大きく、1番大きな近縁種のエンペラーペンギンよりもカラフルで美しいと言う人も多い。メスの方がやや小さいことを除けば、オス・メスの外見にほとんど違いはない。キングペンギンの背中は青みがかった鋼色（はがねいろ）か鈍い灰色で、頭部は真っ黒で、背中の鋼色とはっきり異なる。側頭部の耳のそばに鮮やかなオレンジ色のカンマ形の斑紋があり、キングペンギンに高貴な風貌を与えている。下腹部は真っ白で、胸部から首にかけては明るい黄色から鮮やかなオレンジ色に染まっている。くちばしは細くやや曲線を描き、下のくちばしに優雅なオレンジ色のラインがある。くちばしの長さは現存するペンギンの中で最も長い。足はほぼ全体が黒く、フリッパーは外側が黒

キングペンギンのコロニー（ボランティアポイント、東フォークランド島）

く、内側はくすんだ白である。

幼鳥の外見は成鳥に似ているが、オレンジ色の斑紋も、くちばしのオレンジ色のラインも色が薄い。3歳になると成鳥と同じ色になる。

ヒナ

キングペンギンのヒナは生まれた時は裸同然で、孵化後10日間は体温を保つために親の足の上にのっている。やがて、くすんだ濃い灰色の綿羽が厚く生えそろうと、自分で体温を維持しやすくなる。さらに時間が経つと灰色の綿羽はチョコレート色の綿羽に生え変わり、厳しい冬の間はずっとその綿羽をまとっている。およそ30～40日齢で、ヒナたちはクレイシに移る。クレイシに移った当初は、有難いことに、両親がそれぞれ海とクレイシを頻繁に往復して餌を届けてくれる。しかしヒナの体重が増え、本格的な冬が到来する頃には、両親はそろって姿を消してしまう。ヒナたちはクレイシで身を寄せ合い、数カ月間、自分たちだけで生きていかなければならない。クレイシに集まっていた方が1羽きりでいるよりもはるかに安全だ、とこれまでずっと考えられてきた。集団でいた方が、トウゾクカモメやオオフルマカモメなどの外敵から身を守ることが容易だからである。だが実は、クレイシは捕食者から強いヒナを守っているだけらしいということが明らかになった。大きく強いヒナほど群れの中心に陣どることができるからである。クレイシの中心近くにいれば、攻撃してくる捕食者の鳥からも、過酷な天候からも身を守りやすい。天候が悪化するにつれて、クレイシの大きさも大きくなる傾向があり、ヒナ同士のけんかも増える。寒さの厳しい時期には、クレイシのヒナたちはエンペラーペンギンのハドルに似た戦略で生存のチャンスを高めようとするが、キングのクレイシは、エンペラーのそれに比べると秩序と礼儀作法に欠けている。どうやらキングのクレイシは、小さく弱いヒナの犠牲の上に、強くて大きなヒナが生き残るためにあるように思われる。

キングペンギンは、ヒナが巣立つまでの時間が最も長い。それだけに、長期間の空腹と厳しい天候に耐えて生き残ることは容易ではない。厳しい寒さを生き抜くために必要な11.3kgの体重に達するのは、2月以前に孵化したヒナだけである（Cherel and Le Maho 1985）。不運にも遅く生まれたヒナの生存率は、限りなくゼロに近い。親が戻ってくると、無事生き残ったヒナたちは、親の給餌を受けて冬の間に減った体重を取り戻し、やがて綿羽を脱いで親と同じ姿になる。

繁殖と育雛

キングペンギンの繁殖期は13～14カ月で、ペンギン全種の中で最も長く、また最も複雑である。繁殖期が長いため、毎年繁殖するわけではなく、3年に2回繁殖を試みる。成鳥

の圧倒的多数は２年おきに繁殖の成功と失敗を繰り返す。

研究者はこの繁殖パターンをＡとＢの２つの周期に分類している。例えばサウスジョージア島では、Ａ周期のつがいは10月下旬に交尾を開始するが、Ｂ周期で繁殖するつがいは３月まで求愛行動を始めない。このように繁殖周期にずれがあるため、コロニーには１年を通して若干の成鳥が残っていることになる。しかし、Ｂ周期で生まれたヒナが成鳥になるまで生き残ることはめったにない（Olsson 1996）。仮に生き残ったとしても、通常は体重が足りないため、海に入るとすぐに死んでしまう。２年に１回だけ繁殖する（Ｂ周期を飛ばす）親鳥はより生産的である。ほんの数カ月待ってＡ周期で繁殖すれば、ヒナがずっと高い確率で巣立つことができるのに、なぜわざわざＢ周期で繁殖する親鳥がいるのかは明らかになっていない。Ｂ周期の方がＡ周期より、親の投資エネルギーが少なくてすむという説もある。

キングペンギンは白色から淡い緑色の卵を１個だけ産む。最初は殻が柔らかいが、数日のうちに硬くなる。キングペンギンは巣をもたない。親は卵を足の上にのせて、下腹部の皮膚がたるんでできた抱卵嚢で覆う。卵を産んでからは、オスとメスが14～16日ずつ抱卵と採餌を交代する。孵化してから５週間から６週間の保護期には、ヒナは親鳥の抱卵嚢の中に隠れている。この時期、親が食べ物をもって帰ってくると、ヒナは口を開けて頭部を後ろへ傾ける。親はヒナの喉（のど）に魚類を吐き戻して与える。ヒナが食べ物をねだって鳴くと、隣のヒナたちもくちばしを突き出してくるので、ヒナは騒々しい混乱状態の中で食事をしなければならない。

ただ今食事中

頭隠して……

保護期が過ぎるとヒナはクレイシに加わる。初めのうちは、両親はヒナの所へ頻繁に餌を運んでくる。だが数回給餌すると、親鳥たちはコロニーから姿を消してしまうため、幼いヒナたちは何カ月も空腹のまま残される。親鳥は冬の間の５カ月間にわずか３、４回戻ってくるだけで、時には両親が連続３カ月も姿をみせないことがある。しかし気候が温暖になると、両親はそろってコロニーに帰ってくる。再びヒナに頻繁に給餌するため、ヒナの体重はみるみる増えて巣立ちを迎える。１回の繁殖で無事に巣立つのは0.3羽から0.5羽とされ、繁殖成功率は他のどの種よりも低い（Williams 1995）。

採餌

キングペンギンの食べ物と採餌習慣は十分に解明されている。彼らの採餌行動は臨機応変で、例えば、夜はあまり深く潜水しないが、夜間の潜水でほとんど獲物が得られなければ、昼には深く潜って大量に採餌する。キングペンギンは頻繁に深く潜る。同属のエンペラーペンギンが、どちらかと言えば

卵が写った貴重な１枚

キングペンギンは美しく優雅

海岸で会議中（マックォーリー島）

180 m未満の浅い潜水を好むのとは対照的である。キングペンギンが220 m以上潜ることは珍しいことではなく、平均5分から7分も潜水している。泳ぐ速度は平均時速8.4 mである（Froget et al. 2004）。暖かい季節にはコロニーの近くで採餌するが、冬には2,000km も離れた海域まで行くことがある。

おそらく、くちばしが細く長いためであろう、キングペンギンが食べる魚類はそれほど大きくはない。必要なエネルギーを摂取するために、1日に450匹も採食することがある。それほど大量の食べ物を消化するには、胃の消化速度もかなり速くなければならない（Pütz and Bost 1994）。キングペンギンは小型の魚を好み、特にハダカイワシが好物だが、必要ならイカ（頭足類）も採食する。南極海で暮らす他の捕食動物とは異なり、キングペンギンはオキアミはほとんど食べない。だが他に何もなければ、仕方なく甲殻類を食べることもある。キングペンギンのエネルギー必要量は膨大で、しかも1年中、厳しいスケジュールに追われて暮らしている。したがって必要な栄養を摂取するためには、食べられる物があればできる限りスピーディに、そして効率よく食欲を満たさねばならない。

子育て中のキングペンギンは、体重を維持し、潜水に必要なエネルギーを補給する目的だけでも1日に約2.2 kgの餌を食べなければならない。失った体重を取戻し、体力をつけ、貯蔵脂肪を回復するためには、さらに0.6 kgが必要である。それだけではない。お腹を空かせたヒナに与える分も含めると、育雛期の必要量を完全に満たすためには、毎日3.2～3.6kgの餌を採らねばならない（Halsey et al. 2007）。

換羽

他のペンギンとは異なり、キングペンギンは繁殖後ではなく繁殖前に換羽する。3年に2度の変則的な繁殖周期のため、1年おきに異なるタイミングで換羽することになる。長い冬の採餌旅行から戻ると、前年の夏に繁殖しなかったペンギンや繁殖に失敗したペンギン、まだ若い鳥たちが上陸し換羽する。繁殖に成功した親鳥の換羽の時期は、ヒナの成長次第で変わり、12月か1月、またはそれ以降の夏の月で（南半球の季節は北半球とは逆）、一定ではない。

換羽の期間も個体差が大きい。平均的な換羽の期間は18日から29日だが、時期によっては32日かかる場合もある。上陸して平均4日後から羽が抜け始める。換羽中には体重が激減し、換羽前の体重の50％以下になる。減った体重の大部分は脂肪である。換羽の後の2～3週間、回復のための採餌旅行に出かけ、再びコロニーに戻って繁殖する。

水しぶきをあげて大海へ

営巣

同属のエンペラーペンギンと同様、キングペンギンは巣を使わない。卵や孵化したばかりのヒナを足の上にのせて抱卵嚢で覆って保護する。巣をもたないにもかかわらず、なわばり意識はかなり強い。繁殖中は、目に見えない巣を守るかのように、コロニー内の半径0.46mほどの定位置に留まる。親はその特定の場所で卵とヒナを守り、オスは次の繁殖期にも同じ場所に戻ろうとする。キングペンギンにとってなわばりは非常に重要であり、果敢に、時には強引にその空間を守ろうとする。なにしろ1つのコロニーで通常は数千つがい、時には数十万つがいものペンギンが繁殖するため、その中でなわばりを守るのは並たいていのことではない。

相互関係

キングペンギンは頻繁にけんかをする。何カ月間もヒナを放っておくし、同じパートナーと再び繁殖することはめったにない。離婚率は80％以上である（Olsson 1998）。ヒナを保護する時期の親同士の争いは際限なく続き、親鳥たちはけんかに多くのエネルギーと時間を割かねばならない。繁殖期全体が、まるで、卵やヒナを抱えた何百羽もの親鳥たちの終わることのない闘争のようである。海から戻った親鳥は、ほとんど隙間のない、何百羽という親鳥たちの間を通り抜けて、配偶者とヒナが待つ場所にたどり着かねばならない。通り道に巣をかまえるすべてのペンギンからくちばしでつつかれるのは覚悟の上である。

キングペンギンの複雑なイメージをさらに複雑にしているのは、彼らがペンギン全種の中で最もロマンチックなペンギンであり、求愛に何日も費やすという事実である。しかも海に出る時は、争いなどなかったかのようにみな落ち着きはらい、力強く団結しているように見える。

メスの気を引くためのオスの求愛行動は、くちばしの先端を空に向けてフリッパーを上げる恍惚のディスプレーから始まる。メスはその気があれば頭を振って求愛に応え、２羽がそろって激しく頭をうち振る。パートナーに好印象を与えようと、オスは頭を左右に振りながらからだを揺らして歩く。メスがオスにお辞儀をするとオスもお辞儀を返し、互いにお辞儀を繰り返すが、時にはこの挨拶だけで数時間もかかる。頭を下げたり傾けたりするディスプレーは、キングペンギンの優雅さと美しさを一段とひきたてる。

オスの個体は前年とほぼ同じ繁殖場所に戻ろうとする。それが無理でも、できるだけ同じ高さの場所で繁殖しようとする。オスの求愛儀式や鳴き声はさておき、相手を選ぶのはあくまでもメスの方である。早くコロニーに戻ったメスほどヒナの生存率が高く、つがい相手を選ぶ時に、からだが大きく、

ロマンチックな２羽のお辞儀

羽が抜け換るまでじっと我慢

キングペンギンの交尾

ナの生存率が高く、つがい相手を選ぶ時に、からだが大きく、くちばしの色が鮮やかで、特に紫外線を強く反射するオスを選ぶ傾向がある（Dobson et al. 2008）。

キングペンギンは、ジェンツー、マゼラン、ロイヤルなど他のペンギンと同じ島で営巣し群れ同士が混ざった状態で暮らしている。種の異なるペンギンと出会うと、キングペンギンは頭をもち上げて相手をよけて歩き、自分より小さな仲間にことさら注意を払うことも攻撃的な態度をとることもない。

発声

エンペラーペンギンと同じく、キングペンギンも二重音声システムをもつ。波長の長い音と短い音を組み合わせることで、幅広い音域と変化に富んだ美しい声を出す。この鳴き声の違いは、パートナーが相手を識別するためにも、また親がヒナを確認するためにも必要である。14カ月に及ぶ長い繁殖周期の間、互いを認識する主な方法として音声を使っていると考えられる。この繁殖期間には、パートナー同士が互いに会うことも、ヒナに会うこともない時期が数カ月ある。

互いを認識し合うコンタクト（連絡）コールでは、頭をもち上げくちばしを真っ直ぐ上に向けて、約0.5秒から1秒ほど大きな鳴き声をあげる。性的コールは非常に長く、両方の発声システムが使われ、美しい歌声となって響きわたる。

ヒナたちは、笛を吹くように音階を変えた声を出す。それぞれのヒナが他とは異なる鳴き声を使い、通常親鳥も自分だけの鳴き声で応答する。親子は互いに鳴き交わしながら、しばらくデュエットを続ける。

敵対コールでは、神経質そうに頭を振り、くちばしを真っ直ぐ相手に向けながら、短いトランペット音を出す。この最初の警告音の後、くちばしを肩の高さまで下げ、円を描くように大きく頭を回し、最後に相手をつつく。まったく声を出さずに、頭とくちばしを動かすだけのことも多い。ボディランゲージだけで十分威嚇の意思が伝わるからである。

危機

海にいるキングペンギンを捕食するのはヒョウアザラシとシャチである。しかし他のペンギンに比べると、海で襲われることは少ない。地上では、トウゾクカモメやオオフルマカモメ、サヤハシチドリなどが絶食中の弱ったヒナを襲う。傷ついたペンギンや死にかけたペンギンを攻撃することもある。

キングペンギンは力も強く、危険から逃れる術（すべ）も知っている。したがって最も死亡する危険が高いのは、ヒナたちが、冬の間何カ月間も餌を与えられずにコロニーに置き去りにさ

れている時である。だがキングペンギンは、どうやら自然を味方につけているようで、幼鳥の生存率が低いにもかかわらず、個体数の動向は他のどの種類のペンギンと比べても最も健全である。

保護活動

キングペンギンは研究者のお気に入りのペンギンで、科学者たちはキングペンギンについてもその習性や弱点の解明にきわめて強い関心を寄せている。彼らの望みは、キングペンギンに何が必要か、どんな脅威にさらされているかを知り、市民や政府に働きかけて、この美しい鳥を被害から守る方法を見つけることである。キングペンギンの大部分は、人間があまり行くことのできない地域で暮らしているため、地球温暖化が急激に進まない限り、多くの保護プロジェクトを実施する必要は今のところない。だが、マックォーリー島だけは例外である。この島ではオーストラリア政府が大きな予算を組んで、かつての移住者やアザラシ猟師、ペンギン狩りの人々がもち込んだウサギを撲滅するプロジェクトに着手したばかりである。同政府は、ペンギンをはじめ、この島で暮らす動物たちの生活を守ろうと、島を元の状態に戻すために莫大な費用を投じている。

興味深い研究

キングペンギンはペンギン研究の花形である。今ではＧＰＳ装置を使うことにより、長期間の採餌旅行中もペンギンの位置を把握することが可能になった。キングペンギンの地上での生活は容易に観察できる。これまでにも十分な調査が行われてきた。しかし海中の行動については情報を得ることが難しい。海中のペンギンを観察することが物理的に不可能である以上、その生態に関する疑問に答えるためには、研究者は間接的だが想像力豊かな研究法を考案しなければならない。

ピュッツとボストは、キングペンギンの胃の中に測定器を入れることにした。温度センサー、時計、その他の記録計を含む装置を強制的に飲み込ませて、タグをつけて放鳥した。ペンギンは海に潜り魚類を採食する。タグをつけたペンギンが陸に戻った時に、研究者は胃の内容物を吐き出させて装置を回収し、胃に残っていた食物と装置に貯えられたデータを分析した。この調査は、魚類は冷血動物であるため、魚を採食するとペンギンの胃内の温度がわずかに下がるという仮説に基づいている。ペンギンが魚類を飲み込むたびに、胃内の温度が一時的にわずかに低下したことが記録される。飲み込んだ魚が大きければ温度の低下も大きい。このような調査方法はそれ自体きわめて興味深いが、同じぐらい興味深いのはその結果である。キングペンギンは、従来の研究結果とは異なり、日中採餌することを好み、毎日 3.6 kg の餌を食べていると推定された。もう１つの驚くべき結果として、これも従来の想定に反して、キングペンギンは大きな魚よりもむしろ小魚を好んで食べることが明らかになった。

頻繁に起こる激しいけんかに着目し、キングペンギンのなわばり争いを調査した２つの研究が報告されている。

最初の方法は、2000 年にコートが発表した「キングペンギンの繁殖状況およびなわばりと攻撃性の関係」という論文である。この中でコートは、コロニーの中央に近い場所ほど、防衛のために多くのエネルギーと闘いが必要だということを

２組の夫婦のけんか

お辞儀をするメスと邪魔者を追い払うオス

証明した。この結果から、より良い結果（巣立ちの成功）を得るために、なわばりを守ることにより多くのエネルギーが使われると推測された。また、繁殖期が進むにつれて、親鳥はヒナとなわばりを守るためにいっそう激しく争い、さらに多くのエネルギーを使うようになる。この「中央部繁殖説（Central Location Breeding Theory）」は、ペンギンのようにコロニーをつくる鳥は、中央部ほど繁殖成功率が高いため、親鳥はできるだけ群れの中央に近い場所を確保しようするのだと主張する。コートはこの研究論文で、中央に近づくにしたがい争いが激しくなるのは、育雛に最適な場所を確保しようとするためであると結論づけた。しかしこの中央部繁殖説はあくまでもコートの推論であり、彼は、ヒナの生存率を実際に確認したわけではなかった。コートは、親鳥のけんかと繁殖の成功という特定の結果とを関連づけるためには、さらに研究が必要であると指摘した。肝心な点はまだ証明されてはいなかったのである。

そこで2009年に、デカン、ルボエ、ルマホ、ジェンドナー、そしてゴーチェ・クレールらが、コートがやり残したところから研究に着手した。「キングペンギンの繁殖場所と個体数統計との関係」という論文は、コートを含む多くの科学者にとって興味深い事実を明らかにした。彼らは従来の仮説をいったん無視し、研究に新しい変数を加えた。すなわち、繁殖場所によるヒナの死亡率だけでなく、卵が孵化した日付によるヒナの死亡率も統計に含めたのである。

キングペンギンの産卵期間は長く、個体によって産卵する月が大きく違う。これは他のほとんどのペンギンとは異なる特徴である。デカンらの研究は（2009)、孵化の日付がヒナの生存可能性に影響するか否か、影響するならどのように影響するかを明らかにしようとした。その結果、ヒナの生存にとって、いつ産卵するかがどこで産卵するかよりもはるかに重要であることが明らかになった。同じ日に生まれたヒナの生存率は、コロニー全体のどの場所でもほぼ等しかったのである。

デカンらによると、キングペンギンの場合、早く繁殖することと育雛の成功には直接に相関関係がある。経験を積んだ年長のペンギンほど早い時期にコロニーに現れ、その時点ではまだ空いているコロニーの中央部を確保する。彼らが繁殖に成功する確率が高いのは、コロニーの中央に陣どるからではなく、早く繁殖を始めるからである。「中央部繁殖説」は他の鳥には適用できるかもしれないが、キングペンギンには当てはまらない。コートが自分の理論に対する検証が必要だと述べたことはまさに正しかった。だがその検証は、中央ほど縄張り争いが激しいという彼の発見が、中央ほど繁殖成功率が高いという従来の理論を裏付けるためではなく、まったく反対の事実を明らかにするために必要だったのである。デカンらの研究が発表されて以来、キングペンギンがなぜそれほど激しいなわばり争いをするのかを明らかにした研究者はいない。おそらく、単にキングペンギンの習性なのだろう。

[表]

重さ	資料 1,2	資料 3	資料 4
繁殖開始個体　オス	13.6kg（1）	14.7kg	16.0kg
繁殖開始個体　メス	11.8kg（1）	13.0kg	14.3kg
換羽前　オス		18.7kg	18.5kg
換羽前　メス		17.1kg	16.4kg
換羽前　オス・メス	16.7kg（2）		
換羽後　オス	9.6kg（1）	10.6kg	13.5kg
換羽後　メス	8.7kg（1）	9.8kg	11.6kg
巣立ち時のヒナ	9kg（2）		
卵	304g（2）	272.2-317.5g	317.5g
長さ	**資料 1,5**	**資料 2**	**資料 4**
フリッパーの長さ　オス		36.1cm	34.3cm
フリッパーの長さ　メス		35.1cm	33.1cm
くちばしの長さ　オス	12.7cm（1）	12.4cm	13.7cm
くちばしの長さ　メス	11.9cm（1）	11.9cm	13.0cm
足指の長さ　オス			18.5cm
足指の長さ　メス			17.8cm
足指の長さ　オス・メス	17.0cm（5）		

Source 1: Gauthier-Clerc et al. 2001—Possession Island, Antarctica. Source 2: Williams 1995—Crozet Islands. Source 3: Olsson, personal communication (2010) —Unspecified. Source 4: Stonehouse 1956—South Georgia Island. Source 5: Halsey et al. 2007—Possession Island, Antarctica.

生態	資料 1	資料 2,3,4	資料 5,6,7,8,
繁殖開始年齢（歳）	最多 5 +		2-8（5）
抱卵期（日）	51	54-55（2）	
育雛（保護）期（日）	30-40	38--44（2）	31（5）
クレイシ期（日）	270-350	290-350（2）	
繁殖成功率（羽／巣）	0.3-0.5	0.65（2）	0.36（6）
つがい関係の維持率	20% 以下		22%（7）
オスのコロニー帰還日			
産卵日	一定でない	11月～12月/3月～4月(2)	11 月（6）
ヒナの巣立ち日	9 月～ 10 月	12 月下旬～ 2 月（2）	12 月（6）
換羽前の採餌旅行の長さ（日）	20-30	14-21（2）	
成鳥の換羽開始	9 月～ 2 月	9 月～ 3 月（2）	10 月 17 日（6）
陸上での換羽期（日）	18-29	30-34（2）	22-31（5）
巣立ち後 2 年間の生存率	40% 以下	83%（3）	40.3-50.1%（5）
繁殖個体の年間生存率	70-98%	97.7%（3）	90.7-95.2%（5）
平均遊泳速度	時速 8-9.7km	時速 7.6km（4）	時速 5.5km（8）
最高遊泳速度	時速 10.8km	時速 9.7km（4）	時速 12.2km（8）
最深潜水記録	344.4m	304m（4）	300m（8）
コロニーからの最大到達距離			2239km（7）
最も一般的な餌	ハダカイワシ	頭足類（2）	ハダカイワシ（4）
次に一般的な餌	クロタチカマス		ノトテニア科の魚類（4）

Source 1: Williams 1995—Crozet Islands. Source 2: Stonehouse 1956—South Georgia Island. Source 3: Olsson 1996—South Georgia Island. Source 4: Kooyman et al. 1992—South Georgia Island. Source 5: Weimerskirch et al. 1992—Possession Island, Antarctica. Source 6: Descamps et al. 2002— South Georgia Island. Source 7: Bried et al. 1999—Possession Island, Antarctica. Source 8: Culik et al. 1996—Possession Island, Antarctica.

誇らしげなアフリカペンギン

アフリカペンギン
African Penguin
Spheniscus demersus

属：フンボルトペンギン属

同属他種：

マゼランペンギン、フンボルトペンギン、ガラパゴスペンギン

亜種：なし

IUCN レッドリストカテゴリー：絶滅危惧 IB 類（EN）

最新推定生息数

個体数：7 万羽

繁殖つがい：2 万 6000 組

寿命

野生：平均 10 ～ 12 年、最長記録 27 年 (Whittington et al. 2000)

飼育下：平均 25 年、最長記録 39 年（ニューイングランド水族館）

渡り：なし（定住性）

大規模コロニー

南アフリカ：セントクロイ島、ダッセン島、 ロベン島、ボルダーズビーチ

ナミビア：マーキュリー島

色

成鳥：黒、白、一部ピンク

くちばし：黒に灰色の輪

足：黒にピンクまたは白の斑点

虹彩：濃い茶色または灰色

ヒナの綿羽：茶色から灰色

幼鳥：灰色から黒、くすんだ白

身長：61 ～ 69 cm

体長：68 ～ 72 cm

通常産卵数：1 巣 2 卵

1 つがいが 1 年に育てるヒナの最大数：4 羽

別名：ケープペンギン、ジャッカスペンギン、ブラックフッテド（黒足）ペンギン

幼鳥

成鳥

デイビッドが見たアフリカペンギン

ボルダーズビーチのコロニーを訪ねた私は、アフリカペンギンはとてもほのぼのと穏やかで、幸せなペンギンだという印象を受けた。他のペンギンコロニーを訪ねた時には必ずといっていいほど目撃した仲間同士のけんかは、アフリカペンギンの間ではまれなようだ。他の種ではよく見られた空腹感も問題ではないようだ。おそらく私が訪れた年は、餌が豊富な年だったに違いない。

毎朝 20 羽から 40 羽が列になり、砂浜をよちよちと歩いて海へ向かう。そのたびにペンギンたちの共同体の絆はいっそう強まる。ペンギンたちは行進の様子を眺めている私たちのすぐ脇を通り過ぎていくが、時々カメラに向かってポーズをとるように立ち止まったりする。早朝、一斉に海に入る前に行う羽づくろいの儀式は、実に驚くべき光景だった。

アフリカペンギンは日の出とともに泳ぎ始め、日没直前に陸に戻ってくる。波打ち際まで歩いてくると、打ち寄せる高い波にのっていったんは海へと出ていく。だが 1、2 分海中に潜った後、気が変わったように、すぐに戻ってきて岩場に跳び上がる。それから 20 分ほどかけてゆっくり羽づくろいをする。海に入る前のウォーミングアップをしているようだ。再び海に入る時間がくると、なにやら非常に興奮し、岩の端まで互いに押し合いへし合いしながら進み、次々に波しぶきの上がる海へと飛び込んでいく。再び大きな波が寄せてくるのを待っているが、今度はもう陸に戻ることはなく、まるで魚雷のようにあっという間に海中に姿を消す。後には、白い泡と、最後まで迷った挙句、陸にいることに決めた若鳥だけが残される。

出発のドラマに比べると、家路につく様子はそれほどドラマチックではない。子どものために腹いっぱいの食べ物を詰め込んだアフリカペンギンたちは、羽を乾かす時間も惜しむかのように家路を急ぐ。

ボルダーズビーチの幸せなコロニーで私が感じたアフリカペンギンのはつらつとした印象は、彼らが置かれた過酷な現状や、目前に迫っている絶滅の危機とはあまりにもかけ離れている。そのことにかえって心が痛む。

朝日を浴びながら海へ（ボルダーズビーチ、南アフリカ）

採餌に出かける前のひと時

アフリカペンギンについて

生息数の動向

危機的減少にある。繁殖つがいは1930年代の130万羽から壊滅的な減少を続け、2004～2005年には5万7000つがいに、2009年にはわずか2万6000つがいにまで減少したと推計される（IUCN 2009; Crawford 2007）。アフリカペンギンは1年を通して繁殖し、1年に2度繁殖するつがいも多いため、個体数の把握は困難である。しかし研究者たちは、調査方法に改良を加え、多くの時間をかけて、正確な個体数の把握に努めている。

最も不安を感じる統計は、1910年、ダッセン島に145万羽生息していたとされるアフリカペンギンが、2000年にはおよそ5万5000羽まで減少したという記録であり、それ以来、個体数は減り続けている（Wolfaardt et al. 2009b）。ロベン島での繁殖成功率に推定寿命のグラフを合わせると、悲しいことに、繁殖つがいとなる成鳥よりも死亡するペンギンの方が多いことは明らかで、個体数の減少が裏付けられる（Crawford et al. 2006）。この傾向が続けば、50年以内に野生のアフリカペンギンは絶滅してしまうだろう。

生息環境

アフリカペンギンのコロニーは、その名が示すように、アフリカ南部とその近くの島々にある。このペンギンは喜望峰の東西両側で繁殖する。西側（大西洋側）では、かなり北の南緯24° 50′のホーラムスバード島にもコロニーがある。一方東側（インド洋側）では、南緯33°付近が北限である。知られている29カ所の繁殖地のうち、セントクロア島に最大のコロニーがあり、ダッセン島にも大規模コロニーがある。その他にも、ダイアー島、マーキュリー島、イカボー島、ポゼッション島、ハリファックス島、ロベン島、シンクレア島およびマーカス島でも繁殖している。アフリカ大陸南部のナミビア本土と南アフリカ本土にもコロニーがある。最もよく知られている繁殖地はケープタウンから32kmほど南にあるボルダーズビーチで、海沿いに開発された住宅地に、人なつっこいペンギンたちが人間と同居している。

連れ立って海岸へ向かうアフリカペンギン（ボルダーズビーチ）

今日はどの辺りまで行こうか

アフリカペンギンは飼育下にも十分順応する。寒い地域に住む他の大多数のペンギンに比べ暖かい気候に慣れているため、動物園でも比較的容易に、また安い費用で飼育施設を建設できる。そのためペンギンの中で最も人気があり、各地で多数展示されている。

形態

おとなのアフリカペンギンは、フンボルトペンギン属の他のペンギンと同様、黒と白の帯が特徴である。背側は黒く、腹側は大部分が白い。最も目立つ特徴は、2本の帯で1本は白く、黒い頭を取り囲むように胸まで続いている。もう1本は黒く、白い腹部を逆U字形に囲んでいる。

頭部はほぼ半円形の白い帯以外は大部分が黒い。頭の後ろから真っ直ぐにくちばしまで延びる黒い線が白い帯を半分に区切っている。目はピンクの斑紋で囲まれ、斑紋は涙の粒のようにくちばしまで続いている。アフリカペンギンの胸から下の白い部分には、複数の黒い斑点がある。斑点の数や位置、パターンは1羽1羽異なるため、個体の識別に利用できる。足は黒く、ピンクまたは白っぽい斑点があり、大きな爪をもつ。フリッパーは外側が黒く、先端部分にわずかに白い縁取りがあり、内側もほとんど黒いが、一部に白い斑紋が混ざる。くちばしはほぼ全体が黒く、先端から3分の1ほどの所にかすれた白っぽい輪がある。

幼鳥は、背中、首、頭が明るい灰色から茶色で、成鳥のように黒くはない。はっきりした帯も見られない。

ヒナ

誕生したばかりのヒナの体重は平均71.7gである(Williams and Cooper 1984)。ヒナはか弱く、体重が400gに達する10～14日齢までは、自分で体温を維持することさえできない(Seddon et al. 1991)。ヒナが自分で体温を維持できるようになるまで、親はヒナをからだで覆い外気から保護する。2週間もすると茶色の綿羽が完全に生えそろう。4～6週間経つと、すべてではないが大部分のヒナが集まり、

クレイシと呼ばれる集団をつくり、まだしばらく陸上に留まる。約80日齢で巣立ちを迎えるが、羽が生えそろった少数のからだの大きなヒナは、それより1週間ほど早く巣立つこともある。ヒナは明らかに死亡率の高い時期を2回経験しなければならない。最初は孵化から34日齢までで、この間、特に前半の15日間に、多くのヒナが低体温、天敵による捕食、不注意な親による事故、巣の崩壊などで死んでしまう。ヒナにとって2番目の危険な時期は42日齢から巣立ちまでで、この間、親が十分な餌を与えることができず餓死することも珍しくない（Seddon et al. 1991）。クーパー（1977）の推定によると、ヒナが標準的な大きさと体重に成長するためには、孵化してからの70日間に約22.5 kgのイワシが必要である。

繁殖と育雛

他のほとんどのペンギンとは異なり、アフリカペンギンには決まった繁殖期がなく、1年中どの時期でも繁殖する。ナミビアでは繁殖のピークは10月から12月で、この時期の繁殖成功率が最も高い（Williams 1995）。つがいの3分の1は、1年に2回繁殖を試みるが、最初の繁殖に失敗した後、2回目を試みることが最も多い。南アフリカでは繁殖開始のピークは4月と5月だが、その後冬の間も、群れの繁殖は継続的に行われる。メスは2個の白い卵を通常2日あけて産卵する。抱卵中は、両親が毎日交代で卵の上に腹ばいになって温める。巣立ちの成功は、餌の資源量次第であるため、場所によっても、また季節によっても大きく変動する。ロベン島で調べられた1989年から2004年の繁殖成功率は、史上最悪の原油流出事故が起きた2000年を除くと、年0.32羽から0.97羽（平均0.62羽）であった（Crawford et al. 2006）。セントクロア島では年0.71羽のヒナが巣立ちに成功したが、これは4個産卵したうちの3個が孵化し、孵化した3羽のうち2羽が巣立ちの前に死ぬことを意味する（Randall et al. 1987）。巣立ったヒナのうち、最初の1年をなんとか生き延びることができるのは、2羽のうち1羽だけであると推定される。クロフォードらによって（2006）、繁殖成功率が餌の資源量と直接関係があることが明らかにされた。餌が豊富な年は平均繁殖成功率は1つがい0.73羽であったが、餌の乏しい年の繁殖成功率は、1つがいで平均0.43羽であった。

採餌

アフリカペンギンは群れで泳ぎながら、アフリカ大陸の北部沿岸まで豊富な魚類を運ぶベンゲラ海流とその低水温を利用して採餌する。セグロイワシやマイワシなど、浅い海の魚類を好み、資源が豊富であれば、これらのイワシ類がペンギンの餌の3分の2を占める。アフリカペンギンのエネルギー必要量は相当に大きい。彼らにとって不運なことは、主な餌である魚類が、他の理由に加え、商業漁業のために年々減少していることである。

アフリカペンギンの成鳥は巣から比較的近い、半径40.2km

腹いっぱいに食べ物を詰め込んだアフリカペンギン

打ち寄せる波にのって採餌に出発

の範囲で採餌する傾向がある。十分な餌が採れなければ、採餌範囲を半径 80.5km まで拡大する。繁殖していない成鳥や若鳥も陸地の近くに留まる傾向があり、繁殖中の成鳥に比べると必要な餌の量が少ないため、一般に、半径 32km の範囲で採餌する（Wilson 1985）。最新の研究結果では、ダッセン島では 10km、ボルダーズビーチでは 18.5km という、さらに狭い採餌海域が明らかにされた（Peterson et al. 2006）。アフリカペンギンが 30m より深く潜水することはめったにない。ただし、これまでの最深潜水記録は 130.8m である（Wilson 1985）。ピーターソンによると、平均潜水時間は湾内では 52 秒、沖合では 48 秒で、最長潜水時間は 142 秒であった。長い潜水は、ペンギンが忙しくせっせと採食していることを示している。

アフリカペンギンの泳ぐ速度は、記録によると、短距離では最高時速 10km ほどだが、採餌場までの移動中の平均速度は平均 4.3km である（Peterson et al. 2006）。ある採餌旅行では、アフリカペンギンが合計 134 時間、すなわち 5 日半を海で費やしたことが記録され、その間に捕えた餌の量は 12.2kg、1 日平均 2.2 kg であった。

換羽

アフリカペンギンは他の大多数の種とは異なり、決まった年間スケジュールはなく、1 年中いつでも換羽する可能性がある。しかしロベン島とダッセン島で観察された換羽のピークは 12 月である（Wolfaardt et al. 2009a）。換羽と次の換羽の間隔は、5 歳か 6 歳になるまでは不規則である（Kemper et al. 2008）。コロニーでは、若く、繁殖しない鳥が早く換羽する傾向がある。換羽前と換羽後の採餌期間は 20 日から 40 日続く。この間、大部分のペンギンはほとんど毎晩陸地に戻るが、中には最高 30 日間陸に戻らない個体もいる。陸地で換羽に費やす時間はおよそ 16 日間で、海風を利用するために、多くの鳥は海辺の砂浜で換羽する。海岸で換羽している鳥の詳細な記録から、多くのアフリカペンギンが繁殖コロニーから離れた場所で換羽することが明らかになった。アフリカペンギンの生活サイクルは非常に不規則で、換羽と営巣とが近すぎて、換羽前の採餌旅行に必要な時間が十分にとれないこともある。場合によっては、換羽と採餌の期間が重なることや、繁殖期が完全に終わらないうちに換羽が始まることさえある。このような状況になると、繁殖が成功する見込みはきわめて低い。換羽が営巣にきわめて近い時期、もしくは営巣中に始まってしまうと、成鳥の健康や生存に対するリスクは高まる。

営巣

巣づくりはたいがい、低木の下や繁みの陰に巣穴を掘るか、何も遮蔽物のない地表に巣をつくるか、いずれかの方法で行

アフリカペンギンのカップル

仲よく羽づくろい

好きだから一緒にいたい

われる。巣づくりでは、ペンギンは爪やフリッパーを使って、砂やグアノ（糞化石）を掘るが、時にはコンクリートの歩道の下を掘ることさえある。

アフリカペンギンの分布域はかなり気温の高い地域であるため、育雛を成功させるためにはヒナを日射から守る必要がある。また陸上の捕食者からも隠す必要がある。利用できる草や根、小枝や葉があれば、巣に敷いたり巣を覆ったりする。巣は通常互いに１～２m 離れた場所につくる。新たにつがいとなったペンギンは、遮蔽物のない地表に営巣せざるをえない場合が多く、繁殖成功率は低い。

相互関係

アフリカペンギンの成鳥は長期間コロニーを離れることはなく、１年中いつでも繁殖を始める可能性がある。したがって、求愛行動や繁殖行動の開始に同調性はない。新しいつがいをつくる時は、オスが先に巣にやってきて、くちばしやフリッパーを動かして自分の場所を誇示し、交尾できそうな相手を誘う。メスは後からやってきて自分の配偶者として見込みのありそうなオスの周りを歩きながら品定めをする。相互ディスプレーは情熱的に高まり、「オペラ」のように歌をうたい、一緒にコロニー一帯を歩き回り始めるが、上陸した地域に留まる。２羽は互いに寄り添い、くちばしやからだに触れ合い、その愛情は繁殖期と育雛期を通じて続く。夫婦のどちらも共に生き残っていれば、毎年同じ巣に戻り、同じパートナーと繁殖する（La Cock and Hanel 1987）。

一部のアフリカペンギンはかなり攻撃的である。若い繁殖年齢前のオスは特に敵対的で、年長の鳥に敬意を払わないどころか、時にはけんかをしかけることもある。

ペンギンは鳴き声を聞いて自分の配偶者やヒナを識別する。セドンらは（1991）、「ヒナは、親鳥が自分のヒナを区別できる特徴のある鳴き声（ピーピー）を、いつ発するようになるか」調査を行った。孵化して最初の２週間は、親は別の巣のヒナと入れ替えても、よそ者とは気づかずに、自分たちの子のように餌を与えて育てた。だが研究者が、生まれて３週間経ったヒナを別の巣のヒナと入れ替えると、親鳥は自分の子ではないことに気づき、そのヒナには決して給餌しなかった。このことから研究者は、２週目から３週目までのいずれかの時点で、ヒナが固有の音声信号をもつようになると結論づけた。

発声

他の種と同様、アフリカペンギンの間のコミュニケーションと相互認識にとって鳴き声はきわめて重要である。最もよくある鳴き声は、「ジャッカスペンギン」という別名の通り、ロバのいななきによく似たやかましい声である。異なる「アクセント」のロバの鳴き声が、交尾の前、巣を離れる時の相手との挨拶、つがいの間の絆を深める時などに使われる。つ

がいの相手との絆を深める目的でロバのような声を出す時は、頭を真上に向け、ゆっくりとフリッパーを開く。鳴き声には必ず特定の姿勢あるいはディスプレーが伴う。同じ鳴き声を2羽が並んで出すことも、背中合わせに立って出すこともあり、また順番に鳴き交わすことも、一緒に声を合わせて鳴くこともある。鳴いている間はお互いを見ることも、くちばしを相手の方へ向けることもない。

さらにもう1つの頻繁に聞かれるのは、警告の音声である(「攻撃的なロバの鳴き声」とも呼ばれる)。警告音を発しても、侵入者が引き返さなかったり、宥める姿勢をとらない場合は、相手をくちばしでつつき、間違いなくけんかが始まる。咽喉を鳴らすソフトな鳴き声は、絆を強めたり、後には巣を交代する時にも使われる。採餌中に使われる「ホーホー」という声は、コンタクトコールと言われる(Thumser and Ficken 1998)。ヒナは「ピーピー」と鳴く。

危機

オットセイはアフリカペンギンの成鳥を襲う。海鳥類は卵や無防備なヒナを盗むことがある。陸上ではジャッカルやハイエナも脅威である。しかし、アフリカペンギンの個体数が、過去100年間一貫して、また急速に減少した第一の原因は、人間の活動である。

アフリカペンギンの繁殖地はアフリカでも人口の多い地域と重なっている。またペンギンの生息海域は、多数の船舶の航路である。セグロイワシやマイワシの乱獲は着実にアフリカペンギンの餌の量を減らし、またオットセイの数が増加したことにより、厳しい採餌競争にも直面している。

その上アフリカ南端で起きた原油流出事故がもたらした環境破壊が、多くのペンギンの生命を奪った。1994年と2000年にも、多くのアフリカペンギンが原油流出の犠牲になった。このような大惨事が再び起これば、種の絶滅の不安が現実の

歩道を歩くアフリカペンギン(ボルダーズビーチ、南アフリカ)

浜辺で一休みする可愛らしいアフリカペンギン

ものとなるだろう。

イヌ、野生化したネコ、ネズミ類など、人間がもち込んだ動物がしばしば巣を荒し、植生を破壊し、ペンギンを殺している。卵の採取やグアノの採掘、捕獲など、かつての人間の行為もまたペンギンに大きな犠牲を強いた。

アフリカペンギンは他のどのペンギンよりも速く減少している。1967年に卵の採取が違法とされ禁じられてからは、主な死因は飢餓と環境汚染の2つである。

脅威は現実であり、今もなおペンギンは殺され続けている。その結果、野生のアフリカペンギンの将来はきわめて危うい。

保護活動

南アフリカとナミビアは、アフリカペンギンの減少を食い止めるために積極的に活動している。政府、学術研究機関、そしてペンギンを愛する人々が力を合わせて、この種を救うための幅広い活動を展開している。例えば卵の採取を禁じる法律は、それだけでは減少傾向に歯止めをかけることはできないため、現在では、より包括的な計画が実施されている。ケープタウンにある南アフリカ沿岸鳥類保護財団（SANCCOB）は、傷ついたり油をかぶった鳥を見つけて油を洗い流し、治療し、世話をして、健康な状態に戻す取り組みを進めている。ペンギンたちは、4～5週間かけて回復し

た後、野生に返される。

2000年の悲惨な石油流出事故の直後、SANCCOBはそれまでで最も大きな動員計画を発表し、世界中からボランティアを招集した。

集まったボランティアは、油にまみれたアフリカペンギンを救うために何十時間も懸命に働いた。1万2000人のボランティアが延べ5万回のシフトでおよそ3万8500羽のペンギンの救援に従事。油にまみれた2万2000羽のペンギンとヒナが手当てを受け、多くのペンギンは油で汚れる前に海から引き上げられて、何キロも離れた安全な海に放された。

この活動により大多数のペンギンが救助され、この事故による死亡率をわずか10%に抑えることができたと推定される。しかし、SANCCOBとそのボランティアたちの最大限の努力にもかかわらず、このアフリカペンギンの減少はもはや食い止めようがないように思われる。

大多数の専門家は、より厳しい商業漁業規制が必要であると指摘し、とどまることなく拡大する漁業が、この野生種の絶滅を不可避にしていると警告している。

興味深い研究

アフリカペンギンは餌のにおいを嗅ぎ分けることができるだろうか？　ほとんどの研究者はペンギンに鋭い嗅覚はないと考えている。しかし実験では、アフリカペンギンが確かに魚のにおいを嗅ぎ分けることが示された。ただしこの結果からは、ペンギンがどのようにして餌である魚のにおいを嗅ぐのか、それとも人間が感じることのできない何かを感じとるのかは説明できない（Cunningham et al. 2008）。

別の研究では、アフリカペンギン、特に、以前人間と友好的な出会いを経験しているペンギンは、育雛中の巣に人間が接近しても、心拍数が上昇しないことが明らかになった。この結果から、人間が単にペンギンたちを眺めているだけでは、ペンギンにとって脅威にはならないことが確認されたといえる。しかし、この研究の最も興味深いところは、その科学的データの集め方である。研究者は、心拍数を計測する赤外線センサーを人工の卵に埋め込み、ペンギンが気づかないうちに、その偽卵を巣の中に置いた。本物の卵だと思い込んだ気の毒なペンギンは、偽卵を孵そうと熱心に温めたのである（Nimon et al. 1996）。

岩のぼり

[表]

重さ	資料 1	資料 2,3
繁殖個体　オス		3.31kg（2）
繁殖個体　メス		2.94kg（2）
換羽前　オス・メス	4.0kg	4.3kg（3）
換羽後　オス・メス	2.4kg	2.3kg（3）
孵化時のヒナ		73.0g（3）
第 1 卵	109.0g	
第 2 卵	104.0g	
長さ	**資料 1**	**資料 2**
フリッパーの長さ　オス	36.2cm	19.1cm
フリッパーの長さ　メス		18.0cm
くちばしの長さ　オス		6.1cm
くちばしの長さ　メス		5.6cm
くちばしの高さ オス・メス	2.3cm	
足指の長さ　オス・メス	18.5cm	

Source 1: Williams 1995—Cape Province, Dassen Island, and Marcus Island, South Africa. Source 2: Hockey et al. 2005—Robben Island, South Africa. Source 3: Cooper 1977—Dassen Island, South Africa.

生態	資料 1	資料 2,3,4,5,6	資料 7,8,9,10
繁殖開始年齢（歳）	3-6	4（2）	
抱卵期（日）	38	38（3）	
育雛（保護）期（日）	40	30（4）	
クレイシ期（日）	35-40	30（4）	
繁殖成功率（羽／巣）	0.5-2.8	0.46（2）	
つがい関係の維持率	64%	94%（2）	
オスのコロニー帰還日	1 月～ 12 月がピーク	一定でない（3）	
第 1 卵の産卵日	一定しない	一定でない（3）	
ヒナの巣立ち日	一定でない	一定でない（3）	
換羽前の採餌旅行の長さ（日）	20-30	35-63（3）	35（7）
成鳥の換羽開始	4 月から 5 月がピーク	一定でない（3）	
陸上での換羽期（日）	14-18	20（3）	18（8）
巣立ち後 2 年間の生存率	少なくとも 12.5%	51%（1 歳）（2）	32%（1 歳）（9）
繁殖個体の年間生存率	70-88%	80-82%（2）	68.6%（9）
平均遊泳速度	時速 3-6km	時速 4.8km（5）	時速 4.25km（10）
最高遊泳速度	時速 14.8km	時速 12.4km（5）	時速 10.3km（10）
最深潜水記録	130.8m	130m（5）	
コロニーからの最大到達距離	153.6km	24.2km（5）	
最も一般的な餌		カタクチイワシ（6）	カタクチイワシ（10）
次に一般的な餌		マイワシ（6）	マイワシ（10）

Source 1: Williams 1995—Crozet Island. Source 2: Crawford et al. 1999, Crawford et al. 2006—Robben Island, South Africa. Source 3: Marion 1995— Various Locations. Source 4: Seddon and Van Heezik 1993—South Africa. Source 5: Wilson 1985—Cape Province, South Africa. Source 6: Peterson et al. 2006—Boulders Beach, South Africa. Source 7: Randall 1983—St. Croix Island, South Africa. Source 8: Cooper 1977—Dassen Island, South Africa. Source 9: La Cock and Hanel 1987—Dyer Island, South Africa. Source 10: Peterson et al. 2006—Robben Island, South Africa.

ガラパゴスの夕ぐれ

ガラパゴスペンギン
Galapagos Penguin
Spheniscus mendiculus

属：フンボルトペンギン属
同属他種：
マゼランペンギン、フンボルトペンギン、
アフリカペンギン
亜種：なし
IUCN レッドリストカテゴリー：絶滅危惧ⅠB類（EN）

最新推定生息数
個体数：わずか 1000 ～ 1500 羽
※エルニーニョの影響により個体数は年ごとに大きく変動する。
寿命：平均 9.5 年、少数は 20 年
渡り：なし（定住性）
コロニーの場所：
ガラパゴス諸島（エクアドル）のイサベラ島と
フェルナンディナ島
色
成鳥：黒、白およびピンク
くちばし：黒、灰色、および白
足：黒
虹彩：茶色から赤
ヒナの綿羽：茶色から濃い灰色
幼鳥：黒、白、灰色およびピンク
身長：47 ～ 54cm
体長：50 ～ 58cm
通常産卵数：1 巣 2 卵
1 つがいが 1 年に育てるヒナの最大数：4 羽

成鳥

換羽前の幼鳥

デイビッドが見たガラパゴスペンギン

もし読者がアメリカに住んでいるのなら、一番近くに住んでいる野生のペンギンはガラパゴスペンギンだ。ガラパゴス諸島のサンタクルスまでは定期便が飛んでいる。飛行時間も短いし料金も安い。そこからイサベラ島までは2時間の静かな船旅を楽しめる。大半のガラパゴスペンギンはこのイサベラ島で繁殖している。私は港に着くとヘンリーという名の地元の操船士を雇った。埠頭からたった5分でペンギンの主要なコロニーに着いたが……。ペンギンは影も形もなかった。温度計は32.2℃を示している。熱帯のこんなに暑い日中にペンギンを探すなんておかしなことだ、と気づいた。

午後になると、湾の中央に突き出た別の火山岩の上で、数羽のペンギンが休んでいるのが見えた。やがて日が沈み始めると、50羽ほどの成鳥と数羽の若鳥がその日の採餌から戻ってきて羽づくろいを始めた。ヘンリーが巧みにボートを操り、慎重に、できるだけボートを近づけてくれた。ペンギンたちは、まったく私たちを気にしている様子も怖がっている様子もない。ガラパゴスペンギンたちはお互いにとても和やかで、人にもなれている。時折海に飛び込んではからだを冷やし、再び同じ岩場の元の場所に戻ってくる。

ヘンリーが言うように、深刻な問題は、観光客の大半がペンギンに会うことだけが目的でこの島にやってくるということなのだ。今のところペンギンたちは、岩の上で休息する姿を見せることで、島の観光に一役買ってくれている。だが、このか弱く美しい鳥に生計を頼っているヘンリーや島の住民はみな、ペンギンの数がだんだん減っていることに不安を感じている。「今日、来てくれてよかった」とヘンリーが言った。「あと5年待っていたら、ペンギンに会えなかったかもしれないから」

岩の上で休息するガラパゴスペンギンの成鳥

火山岩の上で暑さをしのぐ

幼鳥

成鳥

午後の凪を感じる成鳥と 2 羽の幼鳥

ガラパゴスペンギンについて

生息数の動向

絶滅に近い。ガラパゴスペンギンの生息数はペンギンのどの種よりも少ない。その数はなお減少傾向にあり、人間と気候の両方がもたらす悪影響から大きな被害を受けている。この種が大きな数まで回復することはおそらく不可能だと思われ、数万羽を超えるまでに回復できるかも疑わしい。ヘルナン・バルガスの推計では、2004年には1000羽から1400羽で、2009年には約1800羽であった（Vargas et al. 2005）。過去12年間にガラパゴスペンギンの個体数は少なくとも70％減少し、これ以上のいかなる減少にももはや耐えることはできない。1983年のエルニーニョの年には、77％のガラパゴスペンギンが死亡したと推定されている。ガラパゴスペンギンを救うための何か思い切った対策をとらなければ、その絶滅はもはや避けようがない。

生息環境

ガラパゴスペンギンが暮らしているのは南米のエクアドルである。ペンギンと聞いて、熱帯地方に暮らすペンギンを想像する人などまずいないだろう。ガラパゴスペンギンの繁殖地は、エクアドルの本土から845km西方に浮かぶガラパゴス諸島である。ペンギンのいずれの種よりもはるかに北の海域で生息している。大多数はイサベラ島とフェルナンディナ島で繁殖する。サンチャゴ島とバルトロメ島で繁殖するペンギンはきわめて少数である。これらの島々は赤道からほんの数km南にあり、イサベラ島自体が赤道をまたいでいるため、ガラパゴスペンギンは実際は北半球の海に潜っているといってもよい。動物園に展示されているガラパゴスペンギンは皆無だが、今後彼らが生き残るためには、動物園に収容することがどうしても必要な手段となることは明らかである。

形態

ガラパゴスペンギンの外見は、小柄な体型を除けば、同属のマゼランペンギン、アフリカペンギン、フンボルトペンギンとよく似ている。成鳥の頭部は黒く、あごの部分は白い。目の周りに細い白い帯があり、帯は耳の後ろから頭の後ろへ向かって続き、さらにおしゃれなネックレスのように首に巻きついている。顔には目の周りとくちばしの下に、羽毛がなく肌の露出した小さなピンクの斑紋がある。このピンクの部分は、繁殖期にはいっそう鮮やかになる。首は黒いが褪色（たいしょく）すると茶色になり、胸から下は白い。胸の上部にある1本の黒

35℃の暑さに耐えるガラパゴスペンギン

ガラパゴスペンギンの集会

い帯が、からだに沿って馬蹄形(ばていけい)に続いているが、縁はマゼランペンギンほど際立ってはいない。帯は縁に白と黒の羽毛が混在し、滑らかな直線ではなく、途切れ途切れにも見える。アフリカペンギンやフンボルトペンギンと同様、ガラパゴスペンギンの腹面にも黒い斑点がある。これらの黒い斑紋は1羽ずつ異なるため、研究者が個体の識別に利用している。

フリッパーの外側は黒い。内側も大部分は黒いが、ピンクがかった白い太い線が入っている。くちばしは、特に目立たないが複雑な配色である。上のくちばしは灰色で、先端が黒く鉤型(かぎがた)に曲がっている。下のくちばしは黒と灰色とピンクが交じり合い、やはり先端が曲がっている。上くちばしの黒い鉤型の部分と合わさると、先端に黒いリングをはめているようにも見える。足は黒く、わずかにピンクの斑紋が見られる。幼いガラパゴスペンギンには帯がなく、背面はほぼ黒く、頭から首にかけてはくすんだ灰色から茶色である。顔には、肌の裸出したピンクの斑紋はみられない。虹彩も色が薄く、成鳥のように茶色がかった赤というよりむしろピンクに近い赤である。

ヒナ

生まれた直後のヒナは体温を保つ能力がない。だが、他のほとんどのペンギンとは対照的に、ガラパゴスペンギンのヒナが直面する危険は寒さではなく暑熱である。その対策は他のペンギンと同じで、からだを保護する綿羽が生えそろうまで、両親がからだで覆ってヒナを暑さから守る。2週間もすると、ヒナは自分で体温をコントロールできるようになるが、その後さらに2週間は常に親の保護の下で育つ。ヒナが30日齢から35日齢に達すると、両親はそろって巣を離れるようになる。ヒナはクレイシには入らずにそれぞれの巣の近くに留まり、毎日親鳥が餌を運んでくるのを待つ。60日齢から65日齢で、ヒナは成鳥とほぼ同じ大きさまで成長し、巣立ちの準備が整う。大多数の幼鳥は親と同じコロニーに戻って換羽し、いずれ繁殖する。孵化後6カ月から12カ月で最初の換羽を行い、成鳥の羽毛に生え変わる。生まれた年にエ

ルニーニョ現象さえ起こらなければ、ガラパゴスペンギンのヒナの生存率はペンギン全種の中で最も高い。

繁殖と育雛

ガラパゴスペンギンは非常に有能な繁殖家である。アフリカペンギンやフンボルトペンギンと同様、決まった繁殖期はないが、観察によると、ピークは4月から5月までと8月から9月までである（Vargas et al. 2006）。研究によると、換羽および繁殖は海水温と関連があり、海水温が下がると繁殖活動が増加する傾向が見られる。個体数は危機的状況に瀕してはいるが、つがいの50%は1年に2回、残りの50%は15カ月間に2回繁殖する。このような忙しい繁殖スケジュールは、時には換羽の時期と重なってしまうこともあり、つがいのいずれかが換羽に入ると繁殖は延期される。

メスは重さがほぼ等しい2個の卵を産む。抱卵期間は38日から40日で、最初の卵を産んだ直後から抱卵を始める。両親は抱卵中は平等に卵の世話を分担し、通常は1日交代で抱卵を担当し、一方が抱卵中に他方が採餌に出かける。

ガラパゴスペンギンは献身的に子育てに励み、また陸上では攻撃的な捕食者もあまりいないため、育雛の成功率は通常は高い。平均すると1巣で1.3羽のヒナが育つ。多くのつがいが年に2回繁殖期があり、経験を積んだ献身的なつがい

全種の中で2番目に小さなガラパゴスペンギン

海で泳ぐ時間より休む時間がはるかに長い

の間では、1年に3羽ないし4羽のヒナが巣立つこともある。だがそれも変りやすい海水温とその影響による餌の量次第であり、季節ごとに大きく変動する。エルニーニョの影響が大きな年には、繁殖成功率が大きく低下し、ヒナが1羽も育たないほど壊滅的な被害を受けることもある。

採餌

ガラパゴスペンギンは定住性で巣の近くに留まることを好み、毎晩コロニーに帰ってくる。ペンギンたちは、発見者の名をとりクロムウェル海流と呼ばれている赤道潜流を利用して採餌する（Palacios 2004）。最も好む餌は、カタクチイワシやセグロイワシ、ボラなどの比較的浅い海の魚である。これらの魚類は海岸近くの冷たい海流を泳ぐ傾向がある。現時点における最も詳細な研究は、シュタインファルスらが2008年に行った研究であり、たいていのペンギンがコロニーから1.6km以内の近海で潜ることを明らかにした。ガラパゴスペンギンがなぜもっと遠くまで採餌にいかないのかは不明であるが、2つの推論がある。1つは、ガラパゴス諸島周辺はサメが非常に多く、その大部分が普段は深海にいるため、ペンギンは海岸近くの浅い海に留まることにより、それらの捕食動物を避けているという説。もう1つは、エルニーニョ以外の年は海水温が十分に低く海岸近くにイワシ類が豊富にいるため、わざわざ遠くまで行く必要がないという説である。

きわめて小さな共同体で暮らしていることで、通常は十分な食物供給量が保たれるため、頻繁に、あるいは遠方まで採餌に行く必要性は低い。ガラパゴスペンギンが巣から4.8km以上遠くへ、または海岸線から1.1km以上離れた場所までわざわざ採餌に出かけることはめったにない。このような数字から、ガラパゴスペンギンは、採餌に関する限り最も怠け者のペンギンという称号を贈られるだろう。潜水深度もきわめて浅く、ほとんど2.7m以下であり、7.6m以上潜ることはまれである。これまでの最も深い潜水は、メスが記録した49.4mであるが、オスはおそらく50m以上潜る能力があると推定される。これもまた、ガラパゴスペンギンが餌を探すために敢えて限界を超えて潜ろうとする必要もなければ、その気もないということを示すもう1つの確かな証拠である。

大多数のガラパゴスペンギンは午前6時頃に海岸を離れ、午後2時半頃には早々と戻ってくる。したがって採餌旅行は比較的短く平均8.4時間である。通常の採餌状況であれば、午後5時までには、ほとんどすべてのペンギンが海岸に戻り羽づくろいを始めている。羽づくろいをしてからだを清潔に保つことは、潜水するペンギンにとってきわめて重要な活動

採餌に向かうガラパゴスペンギン

である。成鳥は毎日午後の1～2時間を羽づくろいに費やし、厳しい暑さから逃れるために、ときおり水中に飛び込んではからだを冷やす。水中で向きを変えたりからだを回転させたりした後、陸に上がってさらに羽づくろいを続け、ようやく巣に帰っていく。

換羽

1年に1回の換羽などまるで問題にはならないとでもいうように、ガラパゴスペンギンの成鳥の多くは年に2回換羽する。年間スケジュールが決まっていないため、換羽に関しても一定の時期はない。換羽前に2～4週間の採餌旅行を行い、少なくとも0.45 kgは体重を増やしておく必要がある。換羽のために地上に留まる期間は平均13～14日と短いが、この間に体重は30～40%も減少する。換羽中は海に入れないため、熱帯の過酷な高温と日射に対処することはペンギンにとって難題である。そのためペンギンは、立ったまま体を震わせたり眠ったりしてほとんどの時間を過ごし、代謝を低く抑えようとする。

営巣

ガラパゴスペンギンの巣は海岸から60mほどの範囲内にある。そのため、満潮時に水をかぶることが時々ある。岩だらけの地面の上に簡単な巣をつくるか、火山岩の上に堆積したグアノの層に穴を掘る。ごつごつした火山岩の窪みをそのまま利用するつがいもいる。出来の良い巣には、海藻や木の葉や小枝、あるいは小さな骨などが敷いてある。他のペンギンとは異なり、ガラパゴスペンギンは繁殖期以外でも巣の中か巣の近くで暮らす。

相互関係

愛情豊かなガラパゴスペンギンは一夫一婦制で、営巣地の平穏な暮らしを守り、近くにいる仲間に対しても攻撃的ではない。彼らはペンギン同士で隣り合って、あるいはアオアシカツオドリと並んで、何時間も火山岩の上に立っている。繁殖つがいは相互羽づくろいをし、また親鳥はヒナに対しても長時間羽づくろいをしてやる。配偶者間の絆は強く、つがいの維持率は90%ときわめて高い。ガラパゴスペンギンはまるで抱き合うかのように、フリッパーを使って互いを軽くた

夫婦仲よく羽づくろい

たき合ったり、他のフンボルトペンギン属のペンギンが行う「くちばしならし」(2羽が互いに顔をつき合わせ、頭を振りながらくちばしの先を鳴らし合う)とは対照的に、まるでキスしているかのように、そっと互いのくちばしに触れ合ったりする。

ガラパゴスペンギンは、敵対ディスプレーとして、頭を上げて首の毛を逆立てたり、攻撃する姿勢を見せながら敵対する相手にくちばしを向けたりする。いっそう顕著な攻撃姿勢では、フリッパーを振り上げて頭部を上に向ける。

発声

ガラパゴスペンギンはあまり鳴かず、他のペンギンほど騒々しくはないが、鳴く時はロバのような大きな声を出す。その鳴き声は2つの部分からなり、まず低音で鳴き、続いてかん高い声を発する。このようなロバのような鳴き方は、つがいのオスが相手のメスを捜したり呼んだりする時に用いることが多い。これによく似たもっと短いロバのような鳴き声は、抱卵や育雛の役割りを交代する時に使われる。もう1つの鳴き声は、主に群れで海に潜る時の合図に使われる。

危機

ガラパゴスペンギンは、ほとんど捕食者のいない自然環境に恵まれているように思われる。たった1匹のアザラシがマゼランペンギンの群れに巻き起こすパニックを目撃した後、ガラパゴスペンギンのすぐ脇をまるで友達同士のようにアザラシが泳いでいるのを見ると、実に不思議な気がする。ガラパゴス諸島の動物たちが互いに優しいのは現地の住民の行動を真似るせいだと、エクアドル人は自慢げに言う。だが仲間のペンギンとの平和的な関係と天敵が少ない幸運と引き換えに、このか弱いペンギンたちを危険にさらしているのは、自然現象と私たち人間である。今も続く火山の噴火は負の連鎖を引き起こしている。またエルニーニョ現象は、ガラパゴスペンギンの主要な死因である。海水温が上昇すると、ペンギンの餌となる魚類が島の周辺からほとんど姿を消してしまう。特にひどいエルニーニョが発生すると、海水温が約5°Cも上昇し、繁殖はまったく成功せず、相当数の成鳥が死んでしまう。このような大規模な個体数の減少がひとたび起こると、回復には、餌を豊富に供給する冷たい海水温が20年以上続く必要がある。科学者たちの意見が完全に一致しているわけではないが、地球温暖化によりエルニーニョの発生頻度が増加していると主張する科学者も多い。エルニーニョの頻発は、餌の不足という、ガラパゴスペンギンにとって最も耐え難い状況をもたらす。

ガラパゴスペンギンは不安定な生息数で、このような自然

アオアシカツオドリとガラパゴスペンギン。君のように飛べたらいいのに

アオアシカツオドリとガラパゴスペンギンのすぐ近くを飛ぶペリカン

の脅威と何世紀にもわたり闘ってきた。幸運なことに、これまではなんとか絶滅を免れてきた。

しかし、近年のガラパゴス諸島への移住者の増加とそれに伴う建設ラッシュは、ガラパゴス諸島のすべての絶滅危惧種にとって大きな問題となっている。ガラパゴスペンギンも例外ではない。人口は10倍に膨れ上がり、ペットやネズミ、家畜類の増加はいうに及ばず、人間がもたらした空と海と陸の耐え難い汚染は、絶滅寸前のガラパゴスペンギンにとってこれまでにない脅威である。

保護活動

エクアドル政府の公式文書を読んだ人は、ガラパゴスに生息するすべての野生生物、特にガラパゴスペンギンが十分に保護されていると思うかもしれない。ガラパゴス諸島への旅行者は、到着時と出発時に、鞄の中まで徹底的に検査される。政府や諸団体が発表した野生生物保護の指針や対策も大量に公表されている。だがそれらの対策は、一応実施されてはいるものの、取り締まりは非常に緩やかで、ガラパゴス諸島に流入する大勢の移住者に対してはほとんど効果を上げていない。それぞれの島は大きくはないし、ペンギンのコロニーはマリーナや集落から非常に近い。多くのレジャーボートや釣り船が海を汚染し、観光客が縦横無尽に島を歩き回る。たいていの観光客は厳しいルールを忠実に守ってはいるが、中には、結果の重大さを考えずに勝手な行動をとる観光客が少なからずいるのも事実だ。予想のつかない気象条件や火山活動と闘うためには、憶測や約束だけでなく、実際にガラパゴスペンギンを人間から隔離しなければならない。

ガラパゴスペンギンに残された時間はきわめて少ない。この種を救う唯一の方法は、いくつかの繁殖地に囲いを設け保護区をつくるか、ガラパゴスペンギンだけのために巨大な自然動物園をつくるしかないということが次第に明らかになってきた。このような保全方法はペンギンの活動を制限することになり、また十分な餌を保証するためには魚類を与えることも必要になるだろう。そのような管理下で100組の繁殖ペアを飼育するとすれば、それはかつて試みられたことのない急進的な対策であり、その詳細、費用、結果は不明である。

ガラパゴスペンギンは全部合わせても 2000 羽に満たない

［表］

重さ	資料 1	資料 2,3,4
繁殖個体　オス		2.3kg (2)
繁殖個体　メス		1.9kg (2)
抱卵期　オス	2.0kg	
抱卵期　メス	1.9kg	1.6kg (2)
換羽前　オス	2.6kg	
換羽前　メス	2.5kg	2.4kg (3)
換羽期　オス	1.7kg	
換羽期　メス	1.7kg	
換羽後　オス		1.7kg (3)
巣立ちビナ		1.5kg (4)
長さ	**資料 1**	**資料 2**
フリッパーの長さ　オス	11.8cm	
フリッパーの長さ　メス	11.4cm	
くちばしの長さ　オス	5.8cm	
くちばしの長さ　メス	5.4cm	
足指の長さ　オス	10.2cm	
足指の長さ　メス	9.5cm	

Source 1: Boersma 1976—Isabela Island, Galapagos, Ecuador. Source 2: Travis et al. 1995— Isabela Island and Fernandina Island, Galapagos, Ecuador. Source 3: Marion 1995—Galapagos, Ecuador. Source 4: Williams 1995—Galapagos, Ecuador

生態	資料 1	資料 2,3,4
繁殖開始年齢（歳）	2-4	3 (2)
抱卵期（日）	38-40	38-42 (3)
育雛（保護）期（日）	30-35	
繁殖成功率（羽／巣）	0.0-1.3	1.1 (2)
つがい関係の維持率	89%	
第 1 卵の産卵日	7 月～9 月 /12 月～3 月	一定しない (3)
ヒナの巣立ち日	10 月がピーク	11月～12月がピーク(3)
換羽前の採餌旅行の長さ（日）	7-28	
成鳥の換羽開始	一定しない	一定しない (3)
陸上での換羽期（日）	10-15	10-15 (3)
巣立ち後 2 年間の生存率	0.317	
繁殖個体の年間生存率	87% (オス) 82% (メス)	90% (2)
最深潜水記録		52.1m (4)
コロニーからの最大到達距離		23.5km (4)
最も一般的な餌	ボラとマイワシ	魚類 (3)

Source 1: Williams 1995—Galapagos, Ecuador. Source 2: Parque Nacional Galapagos 2005—Galapagos, Ecuador. Source 3: Boersma 2009—Galapagos, Ecuador. Source 4: Steinfurth et al. 2008—Isabela Island, Galapagos, Ecuador.

フンボルトペンギンの成鳥と幼鳥

フンボルトペンギン
Humboldt Penguin
Spheniscus humboldti

属：フンボルトペンギン属
同属他種：
マゼランペンギン、アフリカペンギン、
ガラパゴスペンギン
亜種：なし
IUCN レッドリストカテゴリー：絶滅危惧Ⅱ類（VU）

最新推定生息数
個体数：4 万羽
繁殖つがい：1 万 5000 組
寿命
野生：最長 20 年、平均 10 ～ 12 年
飼育下：30 年
渡り：
ペルーでは定住、
チリでは 3 月から 8 月までコロニーを離れる
大規模コロニー：
チリのチャニャラール島、ペルーのプンタサンファン
色
成鳥：黒から濃い茶色、白、ピンク
くちばし：黒に灰色の輪
足：黒色で灰色またはピンクの斑紋
虹彩：成鳥は茶色に赤い輪、幼鳥は灰色
ヒナの綿羽：灰色から銀色、下部は乳白色
幼鳥：茶色から灰色、くすんだ白
身長：61 ～ 65 cm
体長：64 ～ 69cm
通常産卵数：1 巣 2 卵
1 つがいが 1 年に育てるヒナの最大数：4 羽

別名：ペルビアンペンギン

幼鳥

成鳥

デイビッドが見たフンボルトペンギン

ペルー本土でフンボルトペンギンに会うことは難しい。プンタサンファンなど、いくつかある大規模コロニーは壁で守られ、警備員が一般の人の立ち入りを禁じている。ペルーでペンギンに会う一番良い方法は、短時間船に乗り沖合の島へ行くことである。私はリマでレンタカーを借り、5時間ほど運転してパラカス市の中心部に着いた。私のもっているカメラに気づいた地元の船主が、バジェスタス島まで案内しようと申し出てくるまで、そう長くはかからなかった。30分もかけてしぶとく船賃の交渉をした後、船はたった25分で、海鳥の群がるいくつかの小さな島の前に着いた。数えきれないほどたくさんの鳥がいた。ペリカンのような大型の鳥もいれば、はるかに小さな鳥もいる。黒一色の地味な鳥もいればカラフルで派手な鳥もいる。その中に、飛ぶ羽をもたない、フリッパーしかない鳥がいることに気づくには少し時間がかかった。あまりに膨大な数の鳥たちが、島を埋め尽くしていたからだ。

ペルー人の操縦者は、岩からわずか2～3mの所まで船を寄せてくれた。驚いて飛び去った鳥もいたが、フンボルトペンギンは動かなかった。換羽中のペンギンにとって、さすがに32℃の暑さはつらそうだった。

生まれて1年目の幼鳥はあちこち歩き回っては、時々海に飛び込んだりしている。何千羽もの鳥たちが次々と離陸や着陸を繰り返している。フンボルトペンギンの遠慮がちな態度は、その騒々しさや物々しさの中で場違いな印象だった。暑く乾燥した天候の中で、ペンギンたちは痩(や)せて居心地悪そうにも見えた。ここではフンボルトペンギンは少数派で互いに離れた場所にいたが、海に入る時は群れで行動していた。ペンギンたちは、離陸したり着地したりするペリカンを時々じっと眺めていた。少しでも涼めるなら、あんな風に空を飛びたいものだとでもいうように。

数千羽の鳥とともに暮らすフンボルトペンギン（プンタサンファン、ペルー）

フンボルトペンギンについて

生息数の動向

憂慮すべき減少傾向にある。野生のフンボルトペンギンが一体何羽いるのかは大きな論争の的である。合計5000羽から8000羽というのが15年間の通説であった。しかし著名なペンギン研究者のロイド・デイビスがきわめて詳細な調査を行った結果、2003年2月の第1週の時点で、チャニャラール島には2万2000羽の成鳥と3600羽のヒナ、そして117羽の未成熟個体が生息していることが明らかになった。デイビスは、それまで実施されていた数え方では、島に生息するペンギンの個体数を正しく把握できなかったと結論づけた。北の分布域に暮らすフンボルトペンギンは繁殖に同調性がないため、ある特定の日に島で繁殖していない鳥もいれば、島を離れている鳥も多く、それが個体数の把握を複雑にしている。

だが、この劇的な生息数の増加も、1800年代には100万羽以上いたというフンボルトペンギンが激減したという事実を実質的に書き換えることにはならない。

大多数のコロニーの個体数は、過去15年間は安定していたようである。しかし再び大規模なエルニーニョが発生すれば減少する可能性がある。幸いなことに、フンボルトペンギンは、同属のアフリカペンギンやマゼランペンギンと同じように、飼育環境への適応能力が高い。現在、世界中の150以上の動物園で3万羽を超えるフンボルトペンギンが飼育されている。動物園では、アフリカペンギンに次いで多く見られるペンギンである。

生息環境

フンボルトペンギンの名前はフンボルト海流に由来する。フンボルト海流は南アメリカの西海岸に沿って深く流れるきわめて水温が低い海流で、魚類が豊富であり、南極大陸からチリ沿岸、さらにはるかペルーの沖合まで北上する。フンボルトペンギンはペルーとチリの海岸と陸地に近い島々で繁殖しているが、その繁殖環境は2つに分かれる。北の分布域はペルーとチリ北部で、南の分布域はチャニャラール島の大規模コロニーを含むチリ中部である。

北の分布域はまったくの砂漠地帯で、ペンギンが暮らしているとは想像すらできないような乾燥した大地である。チリ北部の砂漠は暑さが厳しく、夏季の気温は37.8℃に達する。極度に乾燥した一部の地域では、10年連続で雨が一滴も降

ペリカンの後をついて行く成鳥と幼鳥

成鳥と３羽の幼鳥（バジェスタ島、ペルー）

らないことさえある。南の分布域も気温は高いが、それほど極端な暑さではなく雨季もある。

ペンギン全種の中で、フンボルトペンギンほど低緯度から高緯度まで広く分布しているペンギンはいない。北は南緯5°の熱帯にあるペルーのフォカ島から、南は南緯42°にあるチリのチロエ島のプニウィルに及ぶ（Araya 1988）。フンボルトペンギンより北で繁殖するのはガラパゴスペンギンだけである。

ペルーでは、プンタサンファンに1500つがいが営巣する最大のコロニーがあり、その他にもサンフアニータ島、バジェスタス島、チンチャ諸島、パチャカマック島、およびアジア島などにもコロニーがある。チリには研究者が知る限り14カ所のコロニーがあるが、近年繁殖が確認されているのは10カ所だけである。

形態

成鳥は背中は黒く腹部は白く、同属の他のペンギンと同じように頭部は黒と白で、首によく目立つ黒と白の帯がある。フンボルトペンギンは外見も大きさもマゼランペンギンによく似ている。大きな違いはくちばしの周りのピンクの裸出部がマゼランペンギンより大きいことであり、また黒い帯が明らかに異なる。マゼランペンギンは首の下部に２本の黒い帯があるが、フンボルトは１本しかない。首から下の白い部分をとりまく黒い帯は胸の周りでは幅が広く、両側は次第に細くなり足元まで続いている。 頭部は大部分黒いが、目から首に向かって延びる半円形の白線で分断されている。目の周りをピンクのよく目立つ斑紋が囲んでいる。このピンクの肌の裸出部はくちばしのつけ根と、時には顔の他の部分にも見られる。胸部と下腹部は、くっきりと目立つ黒い帯以外はほぼ白い。アフリカペンギンやガラパゴスペンギンと同じように、フンボルトペンギンも胸部と腹部の白い羽毛には黒い斑点がある。これらの斑点は個数や場所、配置が１羽ずつ異なるため、他の特色がすべて共通でも、各個体は明確に識別できる。

くちばしはほぼ全体が黒っぽいが、一部は灰色で、先端からほぼ３分の１の位置に色の薄い輪がある。足も大部分は黒く、所々にピンクや白の斑紋が見られるが、斑紋に特定のパターンはない。フリッパーは外側が黒く、縁が灰色から白で、内側に薄く白っぽい部分がある。 虹彩は茶色から赤である。

幼鳥は、背中、頭、首が茶色から濃い灰色で帯はない。

にぎやかな鳥たちのショー（バジェスタ島、ペルー）

ヒナ

ヒナはくすんだ銀白色の羽毛をもって生まれてくる。1週間か2週間で自分で体温を維持できる、十分に厚い綿羽に生え変わる。この綿羽はヒナをチリやペルーの砂漠の猛暑から守ってくれる防護服である。4～6週間経つと綿羽が抜け始め、幼鳥の羽毛に生え変わる。

他の何種かのペンギンとは異なり、フンボルトペンギンのヒナはクレイシをつくらない。保護期を過ぎると、ヒナは巣から少し離れたところで、1羽で、あるいは兄弟と一緒に親の帰りを待つ。

ヒナは75日から85日で巣立ちを迎える。海で最初の年を生き残ることができれば、幼鳥たちは12月齢から23月齢で生まれた繁殖地に戻り、最初の換羽を経験する。換羽の後の幼鳥は、胸の黒い模様がやや異なることを除けば、親鳥とまったく同じ外見となる。これらの未成熟個体はほぼすべてが、やがて生まれたコロニーに戻って繁殖する。

繁殖と育雛

アフリカペンギンやガラパゴスペンギンなど、絶滅の危機に直面している他のフンボルトペンギン属と同様、フンボルトペンギンも特定の繁殖期をもたない。だが、繁殖のピークは4月と5月に始まる。北の分布域では、最初の繁殖や育雛に失敗したつがいのほとんどが、9月か10月に2度目の繁殖を試みる。成功した親もその半数は、1年に2回繁殖を行うことで、最大4羽のうちできる限り多くのヒナを巣立たせようとする。繁殖を行う成鳥の大多数は1月に換羽するため、11月から2月にかけては、繁殖は行われない（Paredes et al. 2002）。一方南の分布域では、たいていのつがいは1年に1度しか繁殖しない。幼鳥が巣立つと成鳥はコロニーを離れ、長期間の採餌旅行に出かける。その多くは、翌年の繁殖期が始まるまでコロニーには戻らない（Dr. Roberta Wallace からの直接取材）。

メスは通常2日か3日空けて2個の卵を産む。親鳥は毎日交代で卵を抱き、定期的に採餌に出かける。採食する魚が沖

の方へ移動すると、交代が1日か2日延びる場合もある。2個の卵は1日か2日空けて孵化する（Cooper et al. 1984）。卵からかえったヒナは3～4週間は巣の中に留まり、両親が交代で保護する。ヒナが成長すると両親が同時に巣を離れて採餌に出かけ、ほぼ毎日巣に戻って給餌する。

繁殖の成功にはかなり大きな変動があり、最大で1巣1.3羽のヒナが育つとされる。1年に2回繁殖するつがいは繁殖力が2倍になる計算だが、実際は、ペルーで1年に4羽を巣立たせることのできるつがいはまれである（Paredes et al. 2002）。海岸近くの巣は、大波や水没により卵やヒナが流出する危険性が高いため、海岸から高い場所にある巣ほど育雛の結果が良い。

厳しいエルニーニョの発生は、不運にも、コロニー全体の育雛の失敗を招き、繁殖成功率が0.1羽以下に落ち込むことさえある。エルニーニョの年は、親鳥は巣から何百キロも離れた所まで餌を探しにいかねばならず、コロニーの巣を放棄せざるをえないこともある。

フンボルトペンギンはマゼランペンギンとは遺伝的に近縁種であるためか、あるいはおそらく生き残るための圧力からか、メタルキ島ではフンボルトのオスとマゼランのメスが交雑し、2羽の幼鳥を育てたことが研究者により観察されている（Simeone et al. 2009）。

採餌

北部分布域のフンボルトペンギンは定住性で、1年を通してコロニーの近くに留まる。餌となる魚類の沖合への移動状況にもよるが、たいがいはコロニーから近い8～32kmの海で採餌する。南部分布域のフンボルトペンギンは渡り移動をするため、繁殖期が終わるとコロニーを離れる。泳ぐ速度は平均時速3.4kmであるが、スピードを出す必要があれば、イルカ泳ぎで加速し、最高時速11kmで泳ぐことが記録されている（Culik and Luna-Jorquera 1997）。

ペンギンは普通、狙った獲物を下から採る習性があるが、これは、自分の影を相手に察知されないようにするためである。大半の潜水は1分から2分半程度で、長く潜水する時ほど深く潜り、遊泳速度も速いことから、あらかじめ計画的に潜水していることが示唆される。通常の潜水はペンギンとしては浅く、27m以上潜る冒険はめったにしない。フンボルトペンギンに関して記録された最大潜水深度はわずか54mで、最長潜水時間は165秒である。これは興味深い数値である。というのも、フンボルトの潜水速度なら152m程度は潜れるはずだからである（Luna-Jorquera and Culik 1999）。

フンボルトペンギンには明確に異なる2つの採餌法がある。1つは海水温が低い年の通常の採餌法で、もう1つはエルニーニョの年の採餌法である。平年であれば、ペルーのペンギンは群れで泳ぎ、沿岸の小魚の群れを採る。主にアラウカ

浜辺のフンボルトペンギン（プンタサンファン、ペルー）

岩をのぼるフンボルトペンギン（バジェスタ島、ペルー）

ンニシン（カタクチイワシ）やトウゴロウイワシ、ダツなどである。これらの魚種を合わせるとフンボルトの餌の３分の２を占める。フンボルトペンギンにとって最大の悲劇は、彼らが好む魚は人間の好物でもあることで、南アメリカの漁師たちはペンギンとまったく同じ魚を捕る。当然ペンギンの取り分は、急速かつ劇的に減少している（Herling et al. 2005）。

エルニーニョの年には太平洋や他の海で水温が上昇するが、その原因はまだ解明されていない。この海水温の上昇はわずか数カ月続くだけであるが、世界中の気候が大きく変動し、魚類は冷たい海域を求めてより深く、あるいはより南へと移動する。好みの餌が生息域付近から姿を消すと、フンボルトペンギンは２つ目の採餌戦略を取らねばならない。コロニーやヒナたちから遠く離れた海域まで 65 ～ 80km も泳ぎ、時にはひと晩その海域に留まって採餌する。そこでも十分な魚が見つからなければ、さらに遠くまで餌を求めて泳ぎ始める。限界まで泳ぐと、もはや巣に帰ることはできなくなり、パートナーを育児から解放することは不可能になる。この場合、帰りを待っていたパートナーは、結局は子育てを断念せざるをえない。エルニーニョの起きた 1998 年には、ペルーのフンボルトペンギンが、965km も離れた遠方海域まで旅した記録が残っている。ある時、育雛中のほぼすべての親鳥が餌を求めてコロニーを離れ、親鳥は何週間も巣に戻ることができず、結局すべてのヒナが餓死した（Culik et al. 2000）。

換羽

ペルーでは、２番目のヒナが海へと巣立つと、親鳥は２～４週間、換羽前の採餌旅行に出かける。大多数のフンボルトペンギンがペルーでは１月に、チリでは２月に換羽する。１月と２月は１年で最も暑い月でもあり、換羽はペンギンにとって厳しい試練である。換羽のために陸地に留まる期間は２～３週間。換羽中は、巣の近くよりも、海風を利用するために海岸の岩の上に集まる。海岸の岩場では、換羽中の仲間のペンギンの他にも多くの飛翔性の鳥たちに囲まれている。ペンギンたちはからだの代謝を低く抑えるためにほとんどいつも眠っている。そうすることで、体重の減少を換羽前の体重の 30 ～ 55％程度にどうにか抑えている。換羽後は失った

体重を回復するために、通常２～４週間、再び広い海域に採餌に出かける。

営巣

フンボルトペンギンは岩だらけの島や海岸に巣をつくる。グアノに巣穴を掘るペンギンもいるが、これは強い日射しを遮り、ヒナにとって最適の温度を保つためである。巣穴は、卵やヒナを捕食者から守るためにも役立つ。経験豊かな親鳥は、たいがい植物や抜けた羽、海藻などを巣に敷きつめる。グアノがないと、フンボルトペンギンはやむをえず柔らかい砂地に浅い巣を作ったり、海に近い洞窟の岩場を利用したりする（Birdlife International, 2003）。グアノを利用できない巣や海に近い巣では、繁殖成功率が低下する。

相互関係

フンボルトペンギンは、他のペンギンに比べ、野生でも飼育下でも仲が良い。ほとんどすべての夫婦は、生き残ることができれば、翌年も同じ巣に戻って再び繁殖する。求愛プロセスは、メスが換羽後の採餌旅行から帰るとすぐに始まる。オスが先に鳴き、古い巣のそばに目立つように直立し、フリッパーを後ろに伸ばして、首と頭を真っ直ぐ空に向けてメスを呼ぶ。メスはほとんど同じ鳴き声を返す。気分がのると２羽は立ったまま、または横になってお互いにそっと触れ合う。相互羽づくろいを始め、やがてお互いに抱き合うような姿勢で、首と頭を相手に合わせて動かす。まるで足を使わずにダンスしているようにも見える。

やがて２羽は巣をつくる材料を探し始めるが、その間はとても興奮している。約10日間の求愛段階を経ると最初の交尾を行う。フンボルトペンギンは他の大多数のペンギンに比べると、仲間同士の攻撃性は弱い。フンボルトペンギンのコロニーには、交尾の始まる時期のマゼランペンギンのコロニーに見られる、まるで戦場のような騒々しさはない。しかし、けんかやくちばしつつきがまったく起こらないわけではなく、少数ではあるが、時には血まみれの争いに発展することもある。

求愛段階の鳴き声とボディランゲージの多くはよく似ていて、遠目には、闘う時に使われる声やサインと同じように見える。その違いは動きの激しさと２羽の鳥の距離、そしてくちばしと視線の方向である。くちばしを直接相手に向けることは攻撃の意思を表す警告であり、相手とは違う方向を指すことは宥めを意味する。

発声

フンボルトペンギンが声を使うのは、ほとんどが相手を確認する時や求愛する時、あるいは巣の交代や協調的な潜水など、主に平和的な行動の時である。最もはっきりした鳴き声は、アフリカペンギンの鳴き声に似たロバのいななくような声で、オスもメスも使う。神経質になっている時や怖がっている時は、お互いにからだを寄せ合い、低く弱いロバのような声を出す。海で泳いでいる間は、より短いロバの鳴き声をコンタクトコールに使う。

争う時は、互いにくちばしを相手の方に向け、一方が相手に近づきながら叫ぶように鳴く。

危機

フンボルトペンギンが直面している最大の脅威は人間である。人間の居住地の近くに住んでいる他の野生種と同様、フンボルトペンギンは人間の活動から直接また間接に大きな被

換羽中のペンギン（中央）

海岸に向かうフンボルトペンギン

暑さと乾燥で、痩せて居心地悪そうに見えた

害を受けている。卵の採取、グアノの採掘、魚の乱獲、そして殺害により、フンボルトペンギンは絶滅に追い込まれようとしている。近年、チリでもペルーでも、ペンギン狩りや卵の採取は重罪として取り締まりの対象になってはいるが、いくつかの地域では、上等な肥料となる肥沃で貴重なグアノの採取はいまだに合法的である。ペンギンコロニーのグアノの採取は、たとえそれがペンギンあるいはヒナを直接殺さないとしても、繁殖の成功率を50%も低下させる。

商業漁業はフンボルトペンギンにとってもう1つの死活問題である。まず何よりも、漁網にかかって窒息死する物理的な危険性がある。しかも、人間とペンギンが同時に同じ魚種を捕り続ける限り、餌の量が減り、ペンギンに重大な被害を及ぼすことは避けられない。

北に住む近縁種のガラパゴスペンギンと同様、フンボルトペンギンもエルニーニョから甚大な影響を受けている。過酷なエルニーニョは繁殖成功率を低下させ、成鳥の個体数も著しく減少させる。それらの危険に加えて、フンボルトペンギンの巣、とりわけ卵と生まれたばかりのヒナは、カモメなど他の鳥類からの攻撃にもさらされる。人口の多い地域では、野生化したネコやネズミ、イヌも大きな脅威である。海ではアシカがフンボルトペンギンを襲う。

保護活動

フンボルトペンギンが野生で生き残るためには支援が必要である。過去数年にわたり、多数の大学や動物園がこの絶滅危惧種を救うために懸命に活動している。セントルイス動物園、シカゴ動物学協会、ブルックフィールド動物園、イリノイ大学獣医学部、環境保全センター（CSA）、ペルーのカジェタノ・エレディア大学などが協力し、フンボルトペンギンを救うための研究を行っている。

ペルーのプンタサンファンのコロニーでは、観光客や人間がもち込んだ有害動物からペンギンを守るために、周囲に壁が張りめぐらされた。この種を保護する最も困難な闘いは、集団繁殖地の周辺を漁業制限海域に指定することである。餌となる魚類の供給量の減少はペンギンの長期的な生存を脅かし、エルニーニョ現象の起きた年には特に深刻な打撃となる。相当広い範囲で漁業制限区域を設定し徹底的に規制しない限り、フンボルトペンギンを救うことはできないと主張する研究者もいる。

一方で、フンボルトペンギンが直面する危機に関する理解を深めようと、研究者たちは日夜研究を続けている。例えば、大半の幼鳥が最初の数年で死んでしまう理由が具体的に解明されれば、幼鳥の生存率を高めることに役立つかもしれない。

グアノに巣を掘る

興味深い研究

シュワルツ、ボーネス、シェフ、マジュルフ、ペリー、フライシャー（1999）の著した「フンボルトペンギンにおけるメスのつがい外交尾はつがい外受精とはならない」という論文がある。この論文で著者らは、配偶者以外との交尾関係を含むフンボルトペンギンの生殖行動を解明した。その驚くべき発見は、フンボルトペンギンの配偶者関係の形成と維持は、メスが主導権をもつことを示唆している。オスがメスの上にのる交尾の最も決定的な瞬間でさえも、オスは単にメスの希望に従っているにすぎないという。その証拠に、メスが交尾の継続を望まなければ、オスはその努力を中断し、次の然るべき機会を待つ。

メスは、夫婦が生涯にわたる絆を維持する力ではあるが、同時にフンボルトペンギンの間でよく見られる「浮気」の3分の2はメスに責任があるという。メスは配偶者をめぐってメス同士で争い、勝ち取ったオスといったん親密な絆を結んでも、すぐに他の巣に立ち寄って別のオスと再び交尾する。メスはその後、そしらぬ顔で自分の巣に戻り、生涯の配偶者と暮らすというのである。だがこの研究の本当に興味深い部分は、シュワルツらが、親鳥とヒナの両方の遺伝子解析を行い、どちらのオスがヒナの父親であるかを確認したことである。卵を産む前に巣の50％でメスの浮気が発覚したが、遺伝子検査の結果、「配偶者以外の」オスから生まれたヒナは１羽もいなかったのである。検査したすべてのヒナは、彼らを育てているオスが実父であった。では一体メスの不貞の目的は何か、という大きな疑問はいまだ解けない。

フンボルトペンギンの夫婦

フンボルトペンギンの幼鳥

[表]

重さ	資料 1	資料 2	資料 5
平均体重　オス	4.9kg	4.7kg	4.8kg
平均体重　メス	4.5kg	4.0kg	4.3kg
長さ	**資料 2**	**資料 3**	**資料 4**
フリッパーの長さ　オス	15.6cm	17.4cm	21.7cm
フリッパーの長さ　メス	14.9cm	16.6cm	20.9cm
くちばしの長さ　オス	6.5cm	6.4cm	6.5cm
くちばしの長さ　メス	6.1cm	6.1cm	6.1cm
くちばしの高さ　オス	2.6cm	3.0cm	2.8cm
くちばしの高さ　メス	2.3cm	2.7cm	2.5cm
頭の長さ　オス	13.5cm	14.2cm	
頭の長さ　メス	12.7cm	14.0cm	

Source 1: Williams 1995—Captivity. Source 2: Zavagala and Paredes 1997—Punta San Juan, Peru. Source 3: Zavagala and Paredes 1997—（Captivity）Metro Washington Park Zoo, Portland, Oregon. Source 4: Wallace et al. 2008—Islote Pájaro Niño, Chile.

生態	資料 1	資料 2	資料 3,4,5
繁殖開始年齢（歳）		2-5	
抱卵期（日）	42	42	42（3）
育雛（保護）期（日）		25	
クレイシ期（日）		50	
繁殖成功率（羽／巣）	1.3	0.62-1.31	0.94（3）
つがい関係の維持率	60%	90%（飼育下）	
オスのコロニー帰還日	3 月中旬		3 月（3）
産卵日	4 月と 9 月がピーク		3 月末～ 12 月（3）
ヒナの巣立ち日		8 月がピーク	12 月と 7 月がピーク(3)
換羽前の採餌旅行の長さ（日）		14-21	14（3）
成鳥の換羽開始	1 月～ 3 月		1 月～ 3 月（3）
陸上での換羽期（日）	21		21（3）
巣立ち後 2 年間の生存率		0.2	
繁殖個体の年間生存率		0.7	
平均遊泳速度		時速 3.7-10.5km	時速 6.1-6.9km（4）
最高遊泳速度		時速 10.5km	
最深潜水記録		53.9m	53m（4）
コロニーからの最大到達距離		901.2km	68.7km（4）
最も一般的な餌		カタクチイワシ	魚類（5）
次に一般的な餌		マイワシ	甲殻類（5）

SSource 1: Paredes et al. 2003—Punta San Juan, Peru. Source 2: Williams 1995—Various Locations. Source 3: Zavalaga and Paredes 1997—Punta San Juan, Peru. Source 4: Luna-Jorquera and Culik 1999—Pan de Azúcar, Chile. Source 5: Herling et al. 2005 -Pan de Azúcar, Chile.

ビーチパーティのまっ最中

マゼランペンギン
Magellanic Penguin
Spheniscus magellanicus

属：フンボルトペンギン属
同属他種：
フンボルトペンギン、アフリカペンギン、
ガラパゴスペンギン
亜種：なし
IUCN レッドリストカテゴリー：準絶滅危惧(NT)

最新推定生息数
個体数：350万〜400万羽
繁殖つがい：130万〜160万組
寿命
野生：平均10年、15〜20年生きた例もある
飼育下：最長35年
渡り：あり、4月から8月までコロニーを離れる
大規模コロニー：
アルゼンチンのプンタトンボ、サンロレンソ、カボビルヘネス、チリのマグダレーナ島、フォークランド諸島
色
成鳥：黒、白、一部ピンク
くちばし：黒、先端に近い部分に灰色から白っぽい輪
足：黒、ピンクの斑紋
虹彩：茶色で時に赤い輪
ヒナの綿羽：茶色
幼鳥：黒、灰色、白およびピンクの斑紋
身長：61〜66cm
体長：65〜72cm
通常産卵数：1巣2卵
1つがいが1年に育てるヒナの最大数：2羽

別名：パタゴニアペンギン

ヒナ
幼鳥
成鳥

デイビッドが見たマゼランペンギン

私が人生で最初に出会った野生のペンギンはマゼランペンギンだった。チリのプンタアレナスから車を運転して64kmほど、セノオトウェイのコロニーでマゼランペンギンに出会った私は、すぐさまこの素晴らしい鳥たちの虜になった。

その後、アルゼンチンのトレリューまで飛んで、車でプンタトンボの広大なコロニーにも行った。その地域に滞在中、実はクジラの写真を撮っていたのだが、私はサンロレンソにもペンギンのコロニーがあることを知った。バルデス半島にある私有地内の牧場で、ぬかるみにはまって何時間も立ち往生した挙句、ようやく牧場のオーナーに拾ってもらった私は、彼の案内でペンギンツアーに行くことができた。マゼランペンギンと間近に出会えたことは、牧場のオーナーの心のこもったもてなし（と美味しい食事）とともに、他のどこでも経験したことのないほど楽しいペンギン観察の旅となった。

同じ年でも、どの時期にコロニーを訪ねるかにより、コロニーを去る時にマゼランペンギンに対して抱く印象はまったく違うものになるだろう。ヒナの保護期に行くと、コロニーは地球上で最も平和で穏やかな場所に見える。だが同じ年の9月下旬に再び訪れると、同じコロニーがまるで混乱した戦場のようになっていた。いたる所で闘いが起こり、ペンギンたちは顔から血を流し、気がたっていて、パートナーを奪い取られたたくさんのペンギンがやかましく鳴き叫んでいる。早春のコロニーは闘争がメインテーマだ。

繁殖期も後半の2月に再び訪れると、巣立ち直前の何千羽というペンギンたちが仲よく砂浜に集まっていた。彼らが散り散りになるのはアザラシが通った時ぐらいだ。コロニー全体の鳥たちが何時間も日光浴を楽しみ、海に入ったり出たりしながらにぎやかに騒いでいる。

私はまるで、大きなビーチパーティーの真っただ中にいるような気がした。

マゼランペンギンのヒナ（サンロレンソ、アルゼンチン）

海で泳ぐ（フォークランド諸島）

海から帰る

マゼランペンギンについて

生息数の動向

安定的に維持されている。個体数は安定を保ってはいるが、その動向は生息域により大きく異なる。全体としては、大部分の南米の生息地の個体数は安定的で増加傾向のコロニーもある。 一方、フォークランド諸島では、マゼランペンギンは大きな生存の危機に直面し、個体数は減少している。近年の顕著な傾向として、プンタトンボのようにきわめて大規模なコロニーでは個体数が減少し、小さなコロニーでは増加している。その原因として、大規模コロニーでは減少しつつある餌を多数のペンギンが奪い合うことにより、食糧不足が深刻化しているのではないかと推測されている。

生息環境

渡りをする飛翔性の鳥は多いが、マゼランペンギンも渡りを行う鳥である。ただし海を泳いで移動する。マゼランペンギンは驚くべき航海能力のもち主で、時には3200km以上も旅をして、正確に出発地点に戻ってくることができる。

マゼランペンギンの成鳥は4月頃にパタゴニアとフォークランド諸島の海岸で繁殖し、ペルーやブラジルの中部沿岸まで北上する。9月頃帰路につき、同じ海岸に再び上陸し、前年に使った同じ巣に落ち着く。冬の間に行うこの往復旅行の距離は、6400kmを超える。

夏の間、大部分のマゼランペンギンの故郷であるアルゼンチンでは、63カ所の繁殖地で少なくとも80万つがいが繁殖を行う。これらのペンギンたちが繁殖するのは、プンタトンボ、カレタバルデス、サンロレンソ、カボビルヘネスなどのコロニーである。チリ南部の島々にある13カ所のコロニーの中では、マグダレーナ島が最大のコロニーである。フォークランド諸島にも少なくとも8カ所の繁殖地がある。その中で最大の繁殖地はシーライオン島で、およそ10万つがいが繁殖する。

マゼランペンギンは飼育環境に対する適応能力がきわめて高く、世界中の多くの動物園で見ることができる。

形態

マゼランペンギンの成鳥は、帯のある他のペンギンと同様、背面は黒く、首から下は白く、頭と首の部分が黒と白に色分けされているのが特徴である。黒と白以外の色は、顔と足にある、肌が裸出したピンクの斑紋である。

最も目立つ特徴は、大部分が黒い顔に見られる白い帯と、白いからだをとりまく黒い帯である。首の前面とあごは3分の2は黒く、目の近くから延びた三日月形のほぼ真っ白な帯と、くちばしと目の周りの不規則なピンクの斑紋がよく目立つ。この配色パターンは、白地に2本の馬蹄形の黒い帯があると説明されることもあるが、写真を見れば一目瞭然で、言葉で説明するよりはるかに分かりやすい。首から下はほぼ全身が白く、胸に少数の黒い斑点がある。斑点の多い個体もいれば、まったく斑点のない個体もいる。くちばしはほぼ全体が黒いが、先の方に向かってほんのわずか、かすかに黄白色の部分がある。足はほぼ全体が黒く、足部にはピンクと白の斑紋がある。フリッパーは表側は黒く、内側はくすんだ白である。幼いマゼランペンギンは色が薄く、背面は茶色から黒で腹面は白いが、はっきりした帯はない。目立った帯がないため、幼鳥の外見は成鳥とははっきり異なる。

マゼランペンギンの頭部の帯

ヒナ

ヒナは生まれた時は目が見えず、自分で体温を維持する能力もない。孵化後7日から10日間は、親がヒナの上にかぶさり、からだを温め守ってやらねばならない。マゼランペンギンの暮らす環境は、繁殖地により気候が著しく異なる。凍死するか、熱射病で死ぬかは繁殖地によるが、いずれにせよヒナにとって相当危険であることに変わりはない。時には、両極端の天候が同じ場所で起こり、パタゴニアのある地域では、1日の気温が25℃以上変動することもある。

ヒナは茶色の綿羽を身につけている。綿羽が厚く生えそろうと自分で体温を維持することができるようになり、巣の外を歩き回るようになる。ヒナが30日齢に達すると、両親が食べ物を探すために同時に巣を離れることがある。大多数の幼鳥はクレイシに入るが、単独で巣の近くに留まり、ずっと遅れてクレイシに加わるヒナもいる。マゼランペンギンの場合、巣立ちには3.3kgの体重が必要であると考えられている。体重が2.9kg以下のヒナは、海に出ても、最初の1年を生き

トウゾクカモメがいつも狙っている

延びられる可能性は低い。また十分な体重があったとしても、繁殖年齢まで生き残るのは、巣立ったヒナのわずか20～30%だけである。

1月、巣立ちから1年も経たないうちに、幼鳥は最初の過酷な試練である換羽を経験する。無事に換羽を終えると、黒と白の帯をもつ完璧な成鳥の姿になる。

繁殖と育雛

マゼランペンギンの繁殖は同調性が高い。コロニーのほぼすべての卵が2週間以内に産み落とされる。繁殖期の長さは繁殖地の地理的位置により異なり、巣立ちの成功も、繁殖地域や季節によって、また年によって、主に餌の量が原因で大きく変動する。プンタトンボのような大規模コロニーほど餌を確保することが困難であるため、ヒナが巣立つまでには約120日必要である。対照的に、マグダレーナやセノオトウェイなど、チリのコロニーは豊かな餌に恵まれているため、ヒナは60日齢から70日齢で巣立つことができる。1巣1羽の育雛が成功すれば健全と考えられるが、たいていのコロニーの平均は1巣0.5～0.65羽である。

9月初旬にオスがまず到着し、前年の古い巣を自分の巣として宣言するところから繁殖期が始まる。メスは数日遅れてコロニーに現れ、ほとんど必ず前年のパートナーと再会する。いったん巣に落ち着くと求愛の儀式が行われ、つがいは再度結ばれて、メスは通常2日空けて2個の卵を産む。

オスは、巣の争奪から産卵までの2～3週間絶食しているため、メスが最初の21日間の抱卵シフトを受けもつ。その後、オスはメスと交代して抱卵するが、その期間はずっと短く、メスはちょうど孵化の時期に合わせて戻ってくる。

ヒナを育てる間親鳥は、採餌のできる場所にもよるが、毎日または1日おきに子育てを交代する。ヒナが成長しクレイシに加わるようになると、両親とも毎日海に出かけ、午後になるとヒナに給餌するために戻ってくる。両親の給餌によりヒナは急成長するが、巣立ちの10日前になると親は一切の給餌を止める。

いたる所に幾多の障害が待ち受けているため、ヒナを無事巣立たせるためには、経験豊かで献身的な両親が揃っている必要がある。ヨリオらは（2001）、1999年から2000年にかけてアルゼンチンのベルナッチャ島でマゼランペンギンの繁

餌をねだるお腹を空かせたヒナ

食べ物をめぐる兄弟げんか

殖を調査した。報告によると、90％の巣に最初は２個の卵があったが、36％の卵は孵化する前に失われた。他の鳥類に捕食されたり、洪水で流されたり、他の動物やつがい相手をもたない攻撃的なペンギンに壊されたり、あるいはまれではあるが、中には子育てに怠惰な親のせいで孵らない卵もあった。無事に孵った後も、幼い生命を奪う２つの新たな脅威がヒナたちを待ちかまえている。暑熱と飢餓である。マゼランの採餌習性と給餌は繁殖地周辺の不安定な食物供給により影響を受けていると思われ、その結果、ヒナのほぼ４分の１が餓死する。この研究では、孵化したヒナのうち巣立ちまで生き延びたのはわずか47％で、明らかになった繁殖成功率は１巣0.56羽であった。

採餌

マゼランペンギンは群れで泳ぎ、場所と供給量に応じてさまざまな小魚を採食する。小魚に次いで好むのはイカとオキ

アミである。マグダレーナ島のコロニーでは、好んで採る餌はスプラットイワシだが、他の営巣地では、セグロイワシ、メルルーサ、カタクチイワシ、小型のタラなども食べる。これらの魚類がいなければ、コウイカ、ヤリイカ、オキアミでがまんする。空腹であればオキアミも食べるが、胃の内容物を調べた複数の研究は、彼らが果たしてオキアミを完全に消化できるのか疑問だとしている。

コロニーの規模と場所は、餌の種類および採餌場所までの距離と直接的な相関関係がある。コロニーの近くで採れる餌は、コロニーが大きければそれだけ早く枯渇するため、採餌旅行の距離は長くなる傾向があり、1日では戻れずに翌日まで延びることもある。規模がより小さく個体数の少ないコロニーでは、遠くまで採餌旅行に出る必要性は少ない（Radl and Culik 1999）。マゼランペンギンは、ヒナの保護期間中でも、餌を見つけるためにかなり遠くまで移動する。短い採餌旅行は昼間遅くなってから始めるが、長い採餌旅行に出る時は早く出発する。ペンギンたちは海に入る前に、今日はどの辺りまで採餌に行くか、かなり具体的に計画しているように思われる。潜水時間は120秒程度だが、最高で180秒潜水した記録がある。

餌の分布が通常と変わらなければ、普通はコロニーから約16～40kmまでの範囲で採餌するが、餌の量がきわめて少ない状況では1回の旅行で最高305kmも遠出することがある。大半の潜水は45mより浅く、最も深い潜水記録でもわずか97mであり、ペンギンとしては驚くほどの深さではない。マゼランペンギンは非常に柔軟で、餌の分布に応じて採餌習慣や採餌戦略を絶えず変更している。

換羽

3月、ヒナが巣立つと、マゼランペンギンは2～3週間かけて換羽前の採餌旅行に出かける。生物学的には、換羽の準備は海に出ている間にすでに始まっている。換羽が進行するとペンギンは陸に上がり、19日間から22日間はじっと立っていなければならない。毛穴がむき出しになったペンギンの皮膚には防水性がないため、換羽中は泳ぐことができない。コロニーでは、若く繁殖年齢に達していない鳥は2、3カ月早く換羽する。

換羽は非常に辛い経験である。換羽の時期を耐えて生き残るためには、ペンギンは体力と十分な体重が必要である。換羽に必要なエネルギーは膨大であり、フォークランド諸島で時々起こるように、換羽の開始時に十分な体重がなければ、換羽中に死亡する可能性がある。換羽中のペンギンは、エネルギーを消費しないようにできるだけ動かず、何日もただじっと立っている。大多数のペンギンは眠ることで代謝を落

採餌旅行から帰ってきたペンギンたち

とし、ひたすら時間が経つのを待つ。

営巣

マゼランペンギンは、足の爪や時にはフリッパーを使って穴を掘る。多くのペンギンは植物や大きな岩石の陰に巣穴をつくり、中にクッション材を敷き詰めることも多い。巣と巣は互いに近く、わずか0.9m程度しか離れていない。巣の清潔さや材質の良し悪しは巣ごとにはっきり違う。巣の争奪戦が一段落すると、つがいは隣同士近い場所に留まり、時には1カ所の繁みに3組のカップルが営巣することもある。これは互いに助け合って天敵のトウゾクカモメと闘うためである。しかし中には、仲間たちの巣から15m以上も離れた所にわざわざ巣をつくる夫婦もいる。

相互関係

仲間のマゼランペンギンとの関係は季節により変化する。繁殖期が始まる時期は、互いに攻撃的である。最初にオスが上陸すると、巣の場所をめぐって瞬く間にオス同士でけんかが始まる。戻ってきたオスが自分の巣の周辺に別のオスを発見すると、即座にくちばしでつつき合うけんかが始まる。

マゼランペンギンは他の大半のペンギンよりも攻撃的な種である。オスもメスも繁殖期の初めには、たいていは同性同士で徹底的に闘う。その結果、10月初旬のコロニーは、いたる所でけんかが起こり、顔が傷だらけのペンギンたちであふれる。だが一方で、マゼランペンギンは、ボクシングの基本ルールである「クイーンズベリールール」を守って闘っているようである。闘いはフェアプレーで、相手の撤退を認め、できるだけ流血の惨事を避けようとしている。まず鳴き声を上げて宣戦布告し、次にくちばしを相手の方向に向け、頭と目を素早く動かし相手を威嚇する。それでも侵入者が立ち去らない場合はくちばし対決に移る。くちばし対決の間、2羽はくちばしを互いに組み合わせて相手の動きを封じようとする。ここまではいわば前哨戦で、相手の力を試している段階であり、相手を傷つけることはない。勝者がはっきりするまで数ラウンド激しく叩き合うこともあるが、たいていは弱い方のペンギンが降参して闘いは終わる。だが、短くても重傷を負う可能性のある本格的なけんかになると、くちばしで咬(か)みついたりフリッパーで叩いたりして激しく攻撃する。

メス同士が争って他のメスを傷つけるのは、大部分がオスをめぐるけんかである。注目すべきは、深手を負い弱ったペンギンが、オオミズナギドリやトウゾクカモメなど飛翔性の鳥の餌食になることである。これらの鳥たちは、血を流して弱っているペンギンを狙おうと待ち構えている。しかし最終的には、コロニーに戻ってきたオスの約85%が昨年の巣を奪還することに成功し（Boersma 2008）、さらにより高い比率で、メスは元のオスと再びつがいになる。

コロニーの片隅に集合したマゼランペンギン（サンロレンソ、アルゼンチン）

大きな声でヒナを呼ぶ親（プンタトンボ、アルゼンチン）

やがてペンギンたちは、けんかをしたことなどあっさり忘れたかのように、コロニーは平和な繁殖地に変わる。マゼランペンギンの穏やかな一面が現れる時期である。彼らは非常に情が深く、夫婦が何日も鳴き交わし関係を確認し合う。互いに羽づくろいをし、一緒に並んで歩き、抱き合い、前年からの伴侶との絆をさらに強める。ところが巣で夫と結ばれた後、メスは別のオスの巣に立ち寄って夫を裏切ることがある。そもそもあれほど激しく争ってまで、やっと再び一緒になれた夫の目を盗むとは！　メスの浮気は珍しくないが、その生物学的根拠は研究者もまだ解明していない。

発声

マゼランペンギンはよく声を使う。基本的な鳴き声はアフリカペンギンの声に似たロバのいななくような声である。同じ声を目的の違いにより微妙に変化させて使い分けるが、鳴く主な理由は誇示と確認である。たまには１回だけ鳴くこともあるが、続けて何回か鳴く場合が多い。時には数羽のオスが並んで立ち、騒々しく鳴きながら頭を空に向け、１羽が鳴き終わる前に別の１羽が鳴き始めるというように、合唱のように鳴き交わす。ロバのような鳴き声はオスの方がよく用い、産卵後よりも、繁殖の始まる10月頃、交尾やけんかに伴って発せられることが多い。

危機

同属の他のペンギンの現状に似て、マゼランペンギンにとって人間の活動が直接かつ最大の脅威であることは容易に理解できる。マゼランペンギンは、好物の魚類を人間と奪い合っている。彼らは往来の多い商用航路の真ん中で泳ぐ。つい最近まで、毎年２万羽から４万羽のマゼランペンギンが、船から投棄される廃棄物が原因で死亡していた。このような行為を禁止し厳しく罰する法律が制定されてはいるが、広大な海域で法律を遵守させることはそうたやすいことではない。

アザラシはマゼランペンギンを捕食し、コロニーのまだ若く経験の浅いペンギンたちを攻撃する。年長のペンギンは

陸地までもう一泳ぎ

水際で一休み

イルカ泳ぎや他の戦術を使って、泳ぎの速いアザラシの攻撃からどうにか逃げのびることもできる。ペンギンを捕食するアザラシの個体数が増加しているため、マゼランペンギンは減少している。

トウゾクカモメやケルプカモメなどの海鳥は卵を盗み、時には無防備なヒナを襲うことさえある。陸上では野生化したネコやネズミ、フェレットやイヌなどの捕食動物が増加し問題になっている。

保護活動

ペンギンの卵を焼いて食べたり、スポーツとしてペンギン狩りを楽しんだりしたのは遠い昔のことである。今日、すべてのマゼランペンギンの繁殖地で、このような犯罪行為を厳しく罰する国際条約や各国の法律が制定されている。しかしそれだけでは十分ではない。政府と科学者が手を携えて、ペンギンが直面している脅威を軽減する必要がある。

アルゼンチンのマゼランペンギンプロジェクトは政府と学術研究団体が共同で取り組む保護計画で、野生生物保護協会や地方自治体、ワシントン大学をはじめとする複数の大学の研究者が参加している。このプロジェクトは1982年に始まったが、そのきっかけは、ある日本企業がアルゼンチンでマゼランペンギンの捕獲権を入手しようとして、世界中のペンギンファンを震え上がらせたことであった。共同プロジェクトでは、次世代の保全生物学者の教育や訓練を行い、科学的な情報を集めて政策決定者に提供し、マゼランペンギンのコロニーの保護と管理を支援している。

チリとアルゼンチンの両国政府も地方自治体も、このプロジェクトのために働く研究者たちの憂慮の声に耳を傾けるようになった。大規模コロニーへの観光客の立ち入りを規制し、遊歩道を整備し、繁殖地と海岸から一定の距離まで制限を設けて観光客を受け入れている。アルゼンチンのプンタトンボには、分かりやすい標識のついた遊歩道や橋が整備されている。観光客は繁殖地の周辺を歩くことはできるが、繁殖中の親鳥を邪魔することがないよう、ペンギンが海まで往復するルートには立ち入ることはできない。だが実は、このルールの最大の違反者はペンギンたち自身であり、彼らの営巣場所は年々ビジターエリアに近づいている。

興味深い研究

レニソン、ボースマ、ヴァンブーレンとマルテラは、「野生のマゼランペンギンのオスの敵対行動：いつ、どのように闘うか」という論文を著した。この論文は最大のコロニーであるプンタトンボにおいて、マゼランペンギンのオスの間で起こる巣の所有権争いを詳細に解明した。オスが巣の選択権をもつこと、できるだけ前年と同じ巣に戻ろうとすること、特に、前の年に繁殖に成功している場合には同じ巣に固執する傾向があることを立証した。オスたちはさらに良い場所を手に入れて繁殖の成功のチャンスを高めようと新たな巣の獲得を狙っているため、同じ巣を守り抜くことは、オスにとって必ずしも容易ではない。

レニソンらが示した興味深い事実は、ペンギンのオス同士の争いが、ゲーム理論と呼ばれるよく知られた人間の心理学理論に当てはまることである。ゲーム理論は、人はより大きな利得のためには、より大きな努力とエネルギーを払うと主張する。レニソンらの研究により、オスのペンギンの行動がこの理論に従っていることが証明された。より快適な場所ほど、日陰になる場所ほど、その巣を確保するために発揮される攻撃性も高まる。単純な穴や日射を遮ることのできない巣では、くちばしつつきだけで決着がつくが、一等地の奪い合いになると流血の惨事は避けられない。いうなればレニソンらは、ペンギンにも人間と共通の心理が働いていることを明らかにしたのである。

変わった羽色のマゼンランペギン

早朝の出発（ペブルビーチ、フォークランド諸島）

[表]

重さ	資料1	資料2	資料3,4
繁殖開始個体　オス	5.0kg	4.5kg	4.1kg (3)
繁殖開始個体　メス	4.6kg	3.7kg	3.4kg (3)
換羽前　オス	7.7kg		3.8kg (3)
換羽前　メス	6.5kg		3.2kg (3)
換羽後　オス	3.2kg		4.1kg (3)
換羽後　メス	2.3kg		3.5kg (3)
巣立ち時のヒナ	2.6-2.9kg	2.9kg	
第1卵	127.0g		127.0g (4)
第2卵	124.7g		
長さ	**資料1**	**資料2**	**資料4**
フリッパーの長さ　オス	19.6cm	16.8cm	19.6cm
フリッパーの長さ　メス	18.5cm	15.7cm	18.5cm
くちばしの長さ　オス	5.4cm	5.8cm	5.8cm
くちばしの長さ　メス	4.9cm	5.3cm	5.3cm
くちばしの高さ　オス	2.3cm	2.3cm	2.5cm
くちばしの高さ　メス	2.0cm	2.0cm	2.16cm
足指の長さ　オス	11.9cm		
足指の長さ　メス	11.4cm		

Source 1: Williams 1995—Punta Tombo, Argentina. Source 2: Bertellotti et al. 2002 and personal communication (2010) —Patagonian Coast of Argentina. Source 3: Jacksonville Zoo, personal communication 2010— (Captivity) Jacksonville, Florida. Source 4: Scolaro et al. 1983—Punta Tombo, Argentina.

生態	資料1	資料2,3	資料4,5,6,7
繁殖開始年齢(歳)	3-5	4-5 (2)	4 (4)
抱卵期(日)	39-42	39 (3)	40 (4)
育雛(保護)期(日)	26-32	21 (3)	
クレイシ期(日)	40-50	40-50 (3)	
繁殖成功率(羽/巣)	0.4	0.75(10年間の平均)(3)	0.56 (4)
つがい関係の維持率	85-90%		
オスのコロニー帰還日	9月初旬		9月初旬 (4)
産卵日	10月5日～15日	10月12日～11月1日(3)	10月14日 (4)
ヒナの巣立ち日	2月	2月初旬 (3)	1月10日～3月5日(4)
換羽前の採餌旅行の長さ(日)	2-3週間		
成鳥の換羽開始	2月下旬		3月初旬 (4)
陸上での換羽期(日)	13		19 (4)
巣立ち後2年間の生存率	30%以下	43% (2)	42% (5)
繁殖個体の年間生存率	82-95%	95% (2)	
平均遊泳速度	時速7.6km		時速5.0-5.8km (6)
最高遊泳速度	時速8.9km		
最深潜水記録	90m		97m (5)
コロニーからの最大到達距離			303km (7)
最も一般的な餌	魚類	イカ (3)	カタクチイワシ (7)
次に一般的な餌	イカ	魚類 (3)	スプラットイワシ (7)

Source 1: Williams 1995—Punta Tombo, Argentina. Source 2: Scolaro et al. 1983—Punta Tombo, Argentina. Source 3: Otley et al. 2004—Falkland Islands. Source 4: Yorio et al. 2001—Golfo San Jorge, Patagonia, Argentina. Source 5: Peters et al. 1998—Punta Norte, Peninsula Valdés, Argentina. Source 6: Radl and Culik 1999—Magdalena Island, Chile. Source 7: Wilson 1996, Wilson et al. 2007—San Lorenzo, Peninsula Valdés, Argentina.

キガシラペンギン（ペンギンプレース、ニュージーランド）

キガシラペンギン
Yellow-eyed Penguin
Megadyptes antipodes

属：キガシラペンギン属
同属他種： なし
亜種：なし
IUCN レッドリストカテゴリー：絶滅危惧 IB 類（EN）

最新推定生息数
　個体数：5000 ～ 6000 羽
　繁殖つがい：2000 組
寿命：オス 10.8 年、メス 8.7 年（Setiawan et al. 2005）
　最長記録：32 年、次いで 28 年
渡り：なし（定住性）
繁殖地：
　ニュージーランドのキャンベル島、オークランド諸島、
　スチュアート島、ニュージーランド南島の南部
色
　成鳥：黒、明るい黄色から濃い黄色、白／ピンク
　くちばし：オレンジ色、白、茶色／黒
　足：ピンク
　虹彩：黄色
　ヒナの綿羽：チョコレート色
　幼鳥：成鳥に似るが黄色が薄い。虹彩は初めは灰色で
　　　　巣立ち後、約 5 カ月で徐々に黄色に変わる
身長：61 ～ 73 cm
体長：65 ～ 76 cm
通常産卵数：1 巣 2 卵
1 つがいが 1 年に育てるヒナの最大数：2 羽

別名：ホイホ

ヒナ

親子

幼鳥

デイビッドが見たキガシラペンギン

キガシラペンギンに会うのは難しくはない。ニュージーランドのダニーデンまで行き、レンタカーを借りて、オタゴ半島にあるペンギンプレースまで短時間運転するだけだ。

ところが、写真に撮るのは容易ではなかった。キガシラペンギンはおよそペンギンらしくない孤独を好む性格で、昼過ぎからずっと海岸で待ちかまえていたが、見かけたペンギンはたったの5羽。 私は海から帰ってきた彼らが、からだを乾かし羽づくろいする様子を眺めていたが、ペンギン同士は少なくとも60m は離れていただろう。とても不思議な光景だった。私がそれまでに訪ねたペンギンだらけのコロニーとは、あまりにもかけはなれていたからだ。ペンギンプレースには観察用のトンネルが掘ってあり、そこから運良く、ほんの数羽だが、キガシラペンギンのヒナと成鳥を写真に収めることができた。

ペンギンプレースを訪ねた後、私は次の目的地、オークランド諸島とキャンベル島に行くためにヘリテージ・エクスペディション・クルーズに参加した。オークランド諸島では1つがいのキガシラペンギンに出会った。私はその2羽のペンギンのかなり近くに横になってシャッターチャンスを狙っていた。しばらくすると1羽が、多分オスの方だと思うのだが、こちらに向かって歩いてきて、60cm ほど離れた所で立ち止まり、私のことを点検していた。彼はフリッパーを開き、私から何か返事を期待しているかのように頭を動かした。どう返事してよいか分からず当惑した私は、とりあえず頭を横に倒した。すると彼は、私が仲間ではないと悟ったのか、そのまま戻っていった。

私はどこかにもっとペンギンがいるのではないかと、ほぼ1日かけて島中を歩き回った。ほとんどあきらめかけた時、やっと、砂浜に帰ってきた1羽の美しい黄色の目をしたペンギンに出会った。私はそのペンギンを素早く写真に収めることができた。キガシラペンギンの最大の繁殖地の1つを訪れたはずだったが、私が出会えたのはわずか3羽だけだった。キャンベル島での成果はさらに思わしくなかった。

キンメペンギンともいわれるだけあり、キガシラペンギンの黄色の目は神々しく、頭部で弧を描く黄色の羽毛は、堂々とした気品のある王冠そのものだった。そのすらりとした背の高さと優雅な足取りは、私に忘れがたい印象を残した。コロニーに別れを告げる時、互いに遠く離れて佇む孤独なペンギンの姿とその寂しげな表情を思い出し、私は不吉な予感にとらわれた。

もしかすると彼らは、いずれ訪れる種の絶滅という運命をすでに受け入れてしまっているのではないかと……。

巣の周りを散歩するキガシラペンギンのヒナ

帰宅した独り者のキガシラペンギン

ポーズをとるキガシラペンギン（キャンベル島、ニュージーランド）

キガシラペンギンについて

生息数の動向

減少傾向にある。キガシラペンギンは絶滅危惧種である。その個体数はすでに少なく、2006年時点でかろうじて生きのびていた成鳥はわずか5000羽であった。2008年から2009年にかけて、餌の不足により多くのつがいが繁殖に失敗したため、全個体数はさらに減少したと推定される。

生息環境

キガシラペンギンは、ごく少数が広い地域に分散している。ニュージーランド南島の南側、バンクス半島から南端までにおよそ800羽が生息し、そこからさらに南のスチュアート島にも繁殖地がある。最も営巣密度の高い繁殖地はオタゴ半島である。個体数が最も多いのはキャンベル島とオークランド諸島で、1200羽から1300羽が生息する。

個体数は毎年20～40％の範囲で大きく変動する。キガシラペンギンは飼育環境には適応できず人にも馴れないため、動物園で見ることはできない。

形態

キガシラペンギンは、ペンギン全種の中で4番目に大きな種であり、成長すると身長は76cmを超える。メスはオスよりやや小さいが、外見から雌雄を判別することはほとんどできない。淡黄色の羽毛が、左右の目から後頭部を通って輪のようにつながっている。上から見ると、ちょうど黄色金の王冠を戴いているように見える。頭部の他の部分、特に前頭部は、黄色の地に無数の黒い線を引いたように見え、のどは淡い黄色から白色である。からだの首から下は白いが、左右のフリッパーのすぐ下には黒い斑紋がある。英名でyellow-eyed（キンメ）ペンギンというように、最も目を引く特徴は浅黄色の虹彩である。足はピンクである。くちばしの配色は複雑で非常に美しく、先端から全体の4分の1はオレンジ色である。上くちばしの上部は白と灰色で下部はオレンジ色、下のくちばしは白みがかっている。

キガシラペンギンの幼鳥は成鳥に非常によく似ているが、頭部の黄色い羽毛はやや色が薄い。虹彩は巣立ち後5カ月まで灰色である。

ヒナ

孵化したばかりのキガシラペンギンは愛らしい綿羽に包まれ、黒いつぶらな目をしている。2～3週間経つと、茶色の第2幼綿羽がびっしり生えそろう。第2幼綿羽が生えそろうまで、ヒナは安定した体温を維持することができない。そこ

吸い込まれるような金色の目

森に身を潜める

美しいくちばしが誇らしげなキガシラペンギン

で親鳥は抱卵している時と同じように交代でヒナを抱く。キガシラペンギンの巣は互いに数十メートル離れているため、ヒナは幼い時から他のヒナとは離れて育つ。体重が5.4kgに達すると、ヒナは海に入り巣立ちを迎える。長期の採餌旅行に出た幼鳥の生存率はわずか30～40％で（Dr. Hiltrun Ratzからの直接取材）、しかも繁殖可能な年齢まで生き残ることができるペンギンはそのうち半数にも満たない。15カ月経つと最初の換羽を経験し、2～4歳で繁殖を始める。たいていは出生コロニーに近い場所で繁殖する。

繁殖と育雛

キガシラペンギンは冬の間、コロニーを離れて採餌旅行に出かけることはしない。そのためコロニーへの決まった到着日というものはなく、繁殖期の開始もあまり明確ではない。しかしいくらかの求愛行動が換羽期と換羽後に観察される。メスは2歳で繁殖を始めるが、3歳になってから繁殖する場合もある。一方、3歳で繁殖を開始するオスは少数で、大部分は4歳から繁殖を始め、中には6歳になるまで繁殖しないオスもいる。その結果、若いメスが年をとったオスとつがいになることも珍しくない。求愛行動は8月と9月初旬に活発に見られ、つがいはなわばりの中で営巣場所を選ぶ。毎年必ずしも同じ巣が使われるわけではなく、オス同士はかなり広いなわばりをめぐって激しく争う。時にはメスがなわばり争いに加わることさえある。夫婦は巣材を集め、灌木（かんぼく）の繁みの奥で巣づくりをする。他のペンギンとは異なり、キガシラペンギンは孤独を好む鳥なので、隣の巣から数十メートル離れた所に巣をつくることも珍しいことではない。

数週間すると、メスは4日空けて2個の卵を産む。繁殖の同調性は高く、産卵はコロニー全体で3～4週間の間に集中する。両親は抱卵と育雛の役割をほぼ平等に分担する。最初

ヒナの目は金色ではない

上陸したばかりのキガシラペンギン（キャンベル島、ニュージーランド）

は保温が必要なため、両親は交代でヒナを覆って保護するが、やがてヒナは単独で行動できるようになる。孵化後最初の5～8週間は、ヒナは巣から3m以内に留まり、どちらか片方の親が常にヒナを見守り、もう1羽が採餌に出かけてヒナに給餌する。キガシラペンギンのオスとメスは、巣での役割りを頻繁に交代するため、育雛中にヒナが飢えることはない。ヒナが順調に成長すると、5～6週目あたりから両親が同時に巣を離れるようになる。この段階になると、ヒナは、昼間は巣から少し離れた所まで歩いて出かけ、両親が餌を運んできてくれる夕方になると巣に戻ってくる。

キガシラペンギンの親鳥は、イワトビペンギンの仲間とは異なり、1羽だけを生かすのではなく、なんとか2羽とも巣立たせようと頑張る。親が海岸までヒナを連れていくことはなく、2月下旬のある日、親が巣に戻ってくると、突然、ヒナのうち1羽の姿が見えないことに気づく。親鳥は数回鳴いて子どもを呼び、なわばりの中を捜して歩く。つがいの相手が戻ってくると両親はますます必死に、さかんに鳴きながら子どもを探し回る。この時、巣立ったヒナはといえば、幼鳥としての新たな生活を始めるために、すでにはるか沖へと泳ぎ去っている。

繁殖期は、キングとエンペラーを除く他のどのペンギンよりも長く、全体で150日以上に及ぶ。

採餌

キガシラペンギンは定住性であり、岸から近い海域で採餌する。社会性の強い種ではないため、それぞれが海まで歩いていき単独で潜る。魚類が豊富な海では、巣から近い場所で十分な餌を探すことができるため、育雛中の親鳥はほぼ毎日なわばりに戻ってくる。ニュージーランドのボールダービーチで計測された採餌旅行は、1日平均14時間で、最長距離は平均12.9kmであった（Moore 1999）。最深潜水記録は168mである（Moore et al. 1997）。

キガシラペンギンは小魚を好むが、採取できればイカも食べる。ペンギンの消化器官はきわめて効率的で消化速度が速

繁みに身を隠す（オークランド諸島、ニュージーランド）

い。陸に上がってきたペンギンの胃には、ヒナの食事分と海岸へ戻る直前に食べた分が残っているだけである。

ニュージーランドのムーアとウェイクリンは1997年に行った研究で、複数のキガシラペンギンの胃の内容物を吐き出させて調べた。その結果、育雛中の成鳥の胃からは平均66種類の餌が見つかった。胃の中の獲物の数は、採餌旅行ごとに大きな違いが見られた。少ない時にはわずか3匹のこともあれば、1575匹もの小魚が入っていたこともあった。ペンギンの胃から出てきた餌の量と質は、彼らの嗜好というよりも、むしろその時何が採れたかを表している。例えば、ミナミアオトラギス1匹の重さはアカダラ35匹に相当する。キガシラペンギンは大きなミナミアオトラギスの方を好むが、ミナミアオトラギスが海にいなければ選り好みする余裕はなくアカダラを食べる。スプラットイワシも重要な食物である（Dr. Hiltrun Ratzからの直接取材）。時間的な制約がある繁殖期には、手当たり次第餌を捕り、腹を満たし、急いで営巣地に戻らなければならない（Moore and Wakelin 1997）。

換羽

ヒナが巣立つと間もなく、親鳥が体重を増やして換羽に備える時期に入るが、その期間は餌の供給状況に応じて1週間から6週間続く。餌の供給が多い年には、親鳥はヒナに給餌しながら同時に自分の体重を増やすことができるため、中にはヒナが巣立った数日後から換羽を始める親鳥もいる（Dr. Hiltrun Ratzからの直接取材）。

他のペンギンの多くがするように遠方海域まで採餌旅行に出かけることはなく、1日の採餌時間を延長したり、時には数日間海に留まって採餌する。この時期、キガシラペンギンはふだんより潜水回数を増やし、できるだけ体重を増やそうとする。換羽中、確実に生き残るためには、オスはほぼ8.2kgまで体重を増やすことが望ましい。皮膚の下で新しい羽が成長を始める時が、実質的な換羽の始まりである。この過程はペンギンがまだ海に入っている時期にすでに始まっている。地上での換羽はおよそ24～28日間続くが、時にはそれより短い場合もある。この間、古い羽が外へ押し出され、新しい羽が現れる。

最後に、新しい羽毛の防水に数日間必要で、その後ペンギンは、やっと再び海に入ることができる。ペンギンは地上で換羽する間は何も食べることができない。雨水や川や池の水を飲まねばならず、場合によっては、海の塩水を飲む場合さえある。換羽期の終盤の体重は3.6～4.5kgで、換羽を始めるために上陸した時の約半分まで減少する。

採餌後の一休み

設置された木製の巣箱も利用する（ペンギンプレース、ニュージーランド）

危機

キガシラペンギンの孤独を好む習性は、群れが提供する集団防衛を放棄することを意味し、危険にさらされる可能性がいっそう高まる。キガシラペンギンの繁殖の成功に欠かせない樹林を人間が破壊したために、繁殖成功率は著しく低下した。人間とペンギンは、減りつつある漁業資源も奪い合っている。広範囲に設置された定置網は、偶然かかったペンギンを窒息死させる。しかし、人間がペンギンに与えている最大の被害は、人間がペンギンの生息地にもち込んだペットや外部寄生虫、その他の動物である。特にイヌや野生化したネコ、オコジョやフェレットはキガシラペンギンのヒナを襲い、時には成鳥を襲うこともある。

キガシラペンギンの個体数の保全に実際に役立っている活動の1つはアシカ猟である。過去には、アシカの個体数を人間が劇的に減らしたことによって、キガシラペンギンが最も恐れる天敵の餌食になる危険性が減った時期もあった。しかし、アシカ猟が違法となった現在、その禁止はアシカの絶滅を防ぐためには役立っているが、ペンギンの数は以前より大きく減少した。アシカはペンギンが毎日繰り返す採餌習慣にいったん気づくと、待ち伏せをして、短時間のうちに数羽のペンギンを襲って食べる。海ではサメやバラクーダもキガシラペンギンを捕食する。

キガシラペンギンにとってもう1つの重大な脅威は、2004年から2005年にかけて発生した正体不明の病気である。この病気により、孵化後3週間足らずのうちにヒナが次々に死亡した。マッセイ大学の野生生物獣医らが徹底的な剖検と疫学調査を行ったが、大量死の原因は究明できず、そのため効果的な治療法を発見することもできなかった（Dr. Hiltrun Ratz からの直接取材）。

絶滅の危機にさらされているペンギンはキガシラペンギンだけではない。しかしキガシラペンギンの場合、個体数があまりにも少ないため、危機的状況はいっそう深刻である。餌の量が少ない年が数年続き、アシカによる捕食が増加し、さらに原因不明のヒナの病死が追い打ちをかければ、種の存続はもはや風前の灯（ともしび）である。キガシラペンギンは動物園で飼育することができないため、種の絶滅はきわめて現実的な脅威である。数百年前、彼らの遺伝子上の近縁種に起きたのと同じ運命が、キガシラペンギンを待ち受けている。

保護活動

キガシラペンギンの危機的状況に対して、世界中の多くの人々が心を痛めている。保護活動は、政府と大学、民間の3つの機関により運営されている。中でも最も大きな権限と責任を担っているニュージーランド政府は、この貴重な種を保存するためのプロジェクトを推進し、同時に民間の取り組みも支援している。政府の最も重要な役割は、この鳥と人との接触を規制することである。キャンベル島とオークランド諸島への観光客の立ち入りは制限され、ごく少数の人だけが上陸を許可される。政府の監視員がすべてのクルーズに同乗し、観光客が野生生物の暮らしを妨害しないように目を光らせている。

保護活動に加えて、ニュージーランド政府の生物保護局は、数年ごとにキガシラペンギンの特別保護計画を発表している。キガシラペンギンは現地ではホイホ（マオリ語で「やかましく鳴く鳥」の意）とも呼ばれる。この「ホイホ計画」はキガシラペンギンに関して具体的な基準を定め、個体数を増やすために保護局がとるべき法律や環境対策、および現地での行動計画の道筋を示している。マッキンレーが2005年から2010年までの計画を策定した。

複数の大学、主にダニーデンにあるオタゴ大学は、キガシラペンギンの独特の生態を調査するために、多くの時間と資金を提供している。オタゴ大学の研究者は、この鳥の生存に影響を与えているのは何か、またこの鳥を救うために何ができるのか仮説を立てて検証している。それらの研究は、10～15年前にはペンギンの陸上での生活に重点を置いていたが、現在では、科学技術の進歩により、水中のペンギンの生態を把握できるようになり、まったく新しい研究分野を切り開くことが可能となった。防水ビデオカメラや新しいＧＰＳ装置が、ペンギンの水中の活動にも光を当て始めている。

もちろん、危機に直面している生物の行動パターンを知ることは、保護活動の前半にすぎない。絶滅を回避する解決策を見出せなければ、そうして得た情報は何の役にも立たないだろう。

キガシラペンギンの繁殖地の一部は、ペンギンを愛する個人が所有している。ハワード・マクグローサーもその１人である。彼は所有するオタゴ半島の「ペンギンプレース」で独自の保護活動に着手している。ペンギンプレースは、ペンギンの繁殖地である海岸近くの丘にあり、巧みに掘られた観察用のトンネルが設置されている。トンネルは軍事用のカモフラージュネットで覆われ、ペンギンを観察したり写真を撮ったりできるように10cm程度の隙間が空けてある。ペンギンから見ると、トンネルの中にいる人間はわずかに10cmほどの大きさしかなく、顔の一部しか見えない。来訪者の視線の高さを下げることで、ペンギンが人間と出会った時に感じるストレスと恐怖を大きく軽減しているのである。この方法は、営巣地でのペンギンの生活を守る一方、訪問者には、悪影響を与えずにペンギンを間近で観察できる機会を提供している。ペンギンプレースでは、ペンギンを見る観光客を小人数のグループに分け、ガイドをつけてトンネルを使って案内する。観光客から徴収した入場料はキガシラペンギンの保護活動に充てている。資金の一部で、専任のペンギン研究者も雇用している。資金はまた、キガシラペンギンが生き残るためになくてはならない植生の回復にも使われ、すでに２万本以上の樹木が植えられた。ペンギンプレースは、人間が持ち込んだ陸上の捕食動物の根絶にも力を入れ、さらに、ペンギンが巣として使える木製の巣箱（前ページ）も設置している。ニュージーランドの南島では、ペンギンプレース以外の営巣

フリッパーを開き、返事を期待しているかのように頭を動かした

満腹のキガシラペンギン

地でも、より小規模だが、キガシラペンギンを守るための同様のプロジェクトが進んでいる。懸命の努力にもかかわらずキガシラペンギンが絶滅するようなことになれば、彼ら保護活動家たちの落胆はどれほどか計り知れない。

興味深い研究

ペンギン研究者は、ふだんはペンギンの生息地から遠く離れた場所に住んでいる。中には、野生のペンギンをまだ一度も見たことのない研究者もいる。彼らがペンギンを研究するためには、研究助成金を工面し、数週間あるいは数カ月の研究旅行に赴かねばならない。寝泊りするのは、ペンギンの営巣地内にある、文明から隔絶された観察基地である。このようにして科学者は大規模なコロニーに実際に出かけていき、ペンギンを捕えて識別タグをつけ、ようやく研究を行うことができるのである。研究者はタグの番号を読みとって個体を識別し、その個体のデータを記録する。ペンギンははっきりとした個体差がないので、タグをつけなければ研究者がペンギンを1羽1羽識別することは不可能だろう。

だが、ペンギンプレースの研究方法はかなり違っている。すべてのペンギンに名前がつけられていて、常駐研究者のヒルトラン・ラッツ博士は、ペンギンを1羽1羽名前で呼ぶことができる。ペンギンプレースで暮らす繁殖つがいは20組足らずで、しかも彼らの巣は互いに離れているため容易に識別できる。博士は、巣にいる1羽1羽のペンギンの活動、病気、離別した配偶者、子孫、その他のあらゆる情報を詳細に記録している。それぞれのペンギンが何を必要としているかに細心の注意を払い、定期的な健康チェックや換羽のモニタリングを行う。ラッツ博士は繁殖期間中も換羽中も定期的にペンギンたちを巡回し、詳しく観察する。大多数のペンギン研究者とは異なり、彼女の研究方法はあくまでも現場主義で、必要なら強行手段も厭(いと)わない。彼女はキガシラペンギンの研究者であることはもちろん、時には医師であり、時には友人である。そしておそらく、同時にそれらすべての役割を果たしているのである。

右側のオスがデイビッドをチェックしようと近づいて来た

[表]

重さ	資料 1	資料 2,3
繁殖開始個体　オス		5.5kg (2)
繁殖開始個体　メス		5.1kg (2)
繁殖開始個体 オス･メス	5.0-6.0kg	
最初の抱卵　オス		5.4-5.5kg (3)
最初の抱卵　メス		4.7-5.1kg (3)
換羽前　メス		8.5kg (2)
換羽前　オス・メス	7.0-8.0kg	
換羽後　オス		4.4kg (2)
換羽後　メス		4.2kg (2)
換羽後　オス・メス	3.5-4.5kg	
巣立ち時のヒナ	5.0-6.0kg	5.6-5.9kg (2)
第 1 卵	127.0-150.0g	113.4-136.1g (3)
長さ	**資料 1,2**	**資料 4**
フリッパーの長さ　オス	21.6cm (2)	
フリッパーの長さ　メス	20.6cm (2)	
くちばしの長さ　オス	5.6cm (2)	
くちばしの長さ　メス	5.3cm (2)	
頭の長さ　オス	14.0-15.0cm (1)	14.7cm
頭の長さ　メス	13.5-14.2cm (1)	13.8cm
足指の長さ　オス	13.5cm (2)	13.4cm
足指の長さ　メス	13.0cm (2)	12.5cm

Source 1: Ratz, personal communication (2010) —Penguin Place, Otago Peninsula, New Zealand. Source 2: Williams 1995—Otago Peninsula, New Zealand. Source 3: Richdale 1949—Otago Peninsula, New Zealand. Source 4: Efford et al. 1996—Otago Peninsula, New Zealand.

生態	資料 1,2	資料 3	資料 4,5,6,
繁殖開始年齢（歳）	2-4 (1)	3-4	2-3 (4)
抱卵期（日）	40-42 (1)	43.5	
育雛（保護）期（日）		49	42 (5)
クレイシ期（日）	43-58 (1)	47-53	
繁殖成功率（羽／巣）	一定しない (1)	0.3-0.6	1.52-1.66 (4)
つがい関係の維持率	94% (1)	92-96%	
オスのコロニー帰還日	不定 (1)		不定 (5)
第 1 卵の産卵日	9 月中旬 (1)	9 月末 (9 月 24 日)	9 月末～ 10 月 (5)
ヒナの巣立ち日	2 月 (1)	2 月末	3 月初旬 (5)
換羽前の採餌旅行の長さ（日）	旅行しない (1)		
成鳥の換羽開始	3 月～ 5 月 (1)	3 月末	
陸上での換羽期（日）	およそ 28 日 (1)	24	
巣立ち後 2 年間の生存率	36% (1)	26%	21% (5)
繁殖個体の年間生存率	80-90% (1)	86-87%	89-92% (4)
最深潜水記録	128m (2)		
コロニーからの最大到達距離	57km (2)		
最も一般的な餌	オパールフィッシュ (2)	魚類	ミナミアオトラギス (6)
次に一般的な餌	ミナミアオトラギス (2)	イカ	オパールフィッシュ (6)

Source 1: Ratz, personal communication (2010) —Penguin Place, Otago Peninsula, New Zealand. Source 2: Moore 1999—Otago Peninsula, New Zealand. Source 3: Williams 1995—Otago Peninsula, New Zealand. Source 4: Ratz and Thompson 1998—Otago Peninsula, New Zealand. Source 5: Van Heezik 1990—South Island, New Zealand. Source 6: Browne et al. 2011—Stewart Island, New Zealand.

叫ぶコガタペンギン（ダラス・ワールド・アクアリウム）

コガタペンギン
Little Penguin
Eudyptula minor

属：コガタペンギン属

同属他種：なし

亜種

従来の分類：

ミナミコガタペンギン（ブルーペンギン）、
オーストラリアコガタペンギン、
チャタムコガタペンギン、クックコガタペンギン、
キタコガタペンギン、ハネジロペンギンの 6 亜種

※ハネジロペンギンを亜種と認めない研究者もいる

現在の分類：

チャタムコタガペンギンとニュージーランド北部のコガタペンギンを 1 亜種、その他を 1 亜種とする

IUCN レッドリストカテゴリー：

ブルーペンギンと他の亜種：軽度懸念（LC）

ハネジロペンギン：絶滅危惧 IB 類（EN）

最新推定生息数

個体数：120 万羽

繁殖つがい：50 万組

※ハネジロペンギン：わずか 1 万 5000 羽

寿命

野生：6 ～ 20 年

飼育下：20 ～ 25 年

最長記録：26 年

渡り：なし（定住性）

主要コロニー：

ニュージーランドのオアマル、チャタム諸島とバンクス半島、オーストラリアのフィリップ島とペンギン島

色

成鳥：黒、白、灰色

くちばし：黒

足：淡いピンクから白、爪は黒

虹彩：灰色

ヒナの綿羽：茶色

幼鳥：黒、白、灰色

身長：33 ～ 39 cm

体長：36 ～ 43 cm

通常産卵数：1 巣 2 卵

1 つがいが 1 年に育てるヒナの最大数：2 羽

別名：ブルーペンギン、
フェアリーペンギン、
コロラ

成鳥

デイビッドが見たコガタペンギン

コガタペンギンのコロニーへ行くのは簡単だが、そこの住人を写真に撮ることは決して簡単ではない。すでにニュージーランドに到着していた私は、まずオアマルのペンギンパレードに立ち寄ることにした。ペンギンパレードは、多くのペンギンファンを集める大盛況のアトラクションだ。入場料を払うとすぐに施設の責任者から、誤ってフラッシュをたく恐れがあるので写真撮影は禁止です、と言われた。私は、カメラの扱いには自信があるから絶対に大丈夫だと、なんとか説得を試みたが無駄だった。責任者は、明日の昼もう一度来れば写真を撮らせてくれると言う。コガタペンギンは夜行性で日中は巣として使っている木箱の中に隠れている。その状態でペンギンを撮影することはほとんど不可能だ。

私はふと、パレードの主催者が予め決めた道を通らない、気ままなペンギンもいるに違いないと思い、施設から外に出

た。案の定、連れだって夜道を歩いているペンギンの群れに出会った。あたりは真っ暗で、フラッシュも照明も使わずに撮影するのは無理だった。そこでペンギンたちが、上陸した場所から港の古めかしい建物の方へ走っていき、建物の下の隙間に潜り込むのを眺めていた。数羽のペンギンが床下にいったん潜り込んだが、突然、２羽が外へ飛び出してきて、叫ぶような声をあげ、くちばしで叩き合い、相手を地面に組み伏せ、それから再び土の巣穴へ戻って行った。他のペンギンたちは、おそらくヒナのために餌を運んでいる親鳥だろう、上陸してすぐに道路を横切ったかと思うと、暗闇の中、コロニーの方角へと姿を消した。コガタペンギンは、私がそれまでに出会ったどのペンギンとも確かに違っていた。大きさが違うだけではない。優雅さとはおよそ無縁なペンギンだった。

暗くなってから上陸するコガタペンギン（オアマル、ニュージーランド）

コガタペンギンについて

生息数の動向

安定的に維持されている。コガタペンギンはからだが小さく、生息域が人間の居住地と重なっているにもかかわらず、個体数はどの統計をとっても安定的に維持されている。しかしハネジロペンギンだけは絶滅寸前で、過去50年間に70%も減少した。

生息環境

コガタペンギンのコロニーは、おそらく彼らの進化の舞台であったと思われるニュージーランドの全域に広がっている。また、タスマン海を挟んだオーストラリアの南部にも営巣地がある。他の大半のペンギンと同じように小さな島々にも営巣しているが、コガタペンギンの特徴は、開発の進んだ本土の市街地近くでも多数見られることである。ニュージーランドでは、オアマル、オタゴ半島、チャタム諸島などに営巣地がある。バンクス半島はハネジロペンギンの生息地である。オーストラリアでは、ケープオトウェイ、ロンドンブリッジ、ペネショー、セントキルダ、フィリップ島、ガボ島、ライオン島、ミドル島、グラニット島、ペンギン島などに住んでいる。コガタペンギンは飼育環境にも十分適応するため、多くの動物園や水族館で見ることができる。

形態

コガタペンギンはペンギン全種の中で最も小さく、おそらく最も地味である。成鳥のコガタペンギンは、背側は青みがかった暗い灰色から黒で、頭部も同じ色である。青色の濃さは亜種によって異なる。前面は白く、胸と首の両側は灰色の羽毛が混ざっている。白と灰色が混じった羽毛は、のどからくちばしの下まで延びて、耳に近づくにつれて濃い灰色になる。くちばしは全体が黒いが、下くちばしの下部だけが灰色か、時には白いこともある。足はピンクで足の裏は黒い。フリッパーは外側が黒く、内側はいくらか色の薄い部分がある。

亜種のハネジロペンギンは、フリッパーの両側に白い縁どりがあり、足も白い。

幼鳥は成鳥によく似ているが色がやや薄く、腹側やのどの部分は白というより灰色に近い。

ヒナ

コガタペンギンのヒナは、生まれた時の平均体重がわずか36gで、10～14日齢になるまで自分で体温を調節することができない。孵化から3～4週間は、ヒナたちは常に親鳥に見守られ、毎日給餌を受ける。やがて両親は1日中、同時に巣を離れるようになる。その間ヒナは、もし2羽とも生き残っていれば一緒に巣の中か巣の近くに留まり、親鳥が海から戻り給餌してくれるのを待つ。

上陸後、身を隠す小さな群れ（オアマル、ニュージーランド）

コガタペンギンはどのペンギンとも確かに違っていた

幼綿羽が生え変わり、孵化から55日経つと巣立つが、その時の平均体重は最初に生まれたヒナが1kg、後から生まれたヒナが0.9kgである。36年以上かけた研究から、巣立ったヒナのうち、海で最初の1年を無事生き残ることができるのはわずか17%だということが明らかになった。しかし2年目、3年目になると、生存率は71～78%まで格段に上昇する（Sidhu et al. 2007）。1年経つと生まれたコロニーの周辺に戻って換羽し、2歳か3歳で繁殖を始める。

繁殖と育雛

コガタペンギンの繁殖スケジュールは最も予想がつけがたく、繁殖パターンは他のいずれのペンギンとも異なる。繁殖の時期が分散しているのは、異なる6亜種が存在すること、また少なくとも4分の1のつがいが（その大多数は最初の子育てに失敗したつがいであるが）、同じ年度に2回目、時には3回目の産卵をすることによる。オーストラリアのフィリップ島では、ダンらが36年間に及ぶ大規模調査を行い、1回目の繁殖で第1卵を産卵するのは、9月中旬から11月中旬（春）であることを突き止めた。繁殖の開始時期にこれほど差がある理由ははっきりとは分かっていない。合理的な推論としては、実際の開始時期は餌の量と関係があり、餌の量は海水温と関係があることが示唆される。全研究期間を通じて、第1卵の産卵が最も早かった年と遅かった年では60日も開きがあった。それらの大きく時期の異なる産卵日は、2002年と翌2003年の記録であった。しかもグラニット島では、平均産卵日はなんと真冬の6月24日であった。

繁殖の開始時期になると、まずオスが巣の場所に来てその前に立ち、数日後に巣にやってくる配偶者を待つ。すでに相手と別れたオスやその年初めて繁殖するオスは、新たにメスを探す。2羽は30日ほどかけて仲良く巣づくりに励み、絆を深め、交尾し、産卵するが、産卵までに、オスもメスも数回の採餌旅行に出かける。やがてメスは2日半空けて2個の卵を産む。卵の重さはどちらも約54gである。抱卵期には、最初オスが卵を温め、メスが採餌に出かける。

コガタペンギンは孵化まで平均35.5日かかる。その間、夫婦はほぼ平等に抱卵を分担する（Chiaradia and Kerry 1999）。親鳥は交代で卵を抱きながら、長い時は9日間続くこともある採餌旅行を5～8回繰り返す。採餌旅行の長さは、親鳥の体調や採餌の成果によって変わる。通常、片方の親鳥が巣に戻るまでの時間が長くなると、次に採餌に出かける親

数羽のコガタペンギン（ダラス・ワールド・アクアリウム）

鳥も長い時間が必要になる。親鳥はお互いに、相手が巣を放棄する前に戻らなければならない。コガタペンギンはからだが小さく長期間の絶食には耐えられないため、採餌に許される時間は短い。

コガタペンギンはひたむきに子育てに励み、2羽のヒナのうち1羽をあきらめる「減少戦略」はとらない。ヒナが両方とも巣立ち前に死んでしまった場合には、2度目、3度目は成功率が低いにもかかわらず、再び繁殖を試みる。

ダンは20年間のデータを分析し、2歳から8歳までの時期にコガタペンギンの繁殖能力が高まるとの結論に至った。年長で経験豊かな親鳥ほど繁殖成功率が高いが、それは、より早い時期に産卵し、相手や巣を頻繁に取り換えたりせず、繁殖期を飛ばすことも少ないからである。8歳を過ぎると繁殖能力は著しく低下する。2個の卵を産んだつがいは繁殖成功率がはるかに高く、1個しか産まなかったつがいの3分の2は育雛に失敗する。配偶者との絆が長く続き、同じ巣に固執するつがいほど繁殖成功率は高い。だが、離婚は、前年の繁殖の成功、不成功とは無関係であった。これらの変動要因はすべて、メスの繁殖能力よりもオスの繁殖能力により大きな影響を及ぼすことが明らかになっている。

1巣の繁殖成功率は変動が大きく、1巣あたり平均0.3羽から1.2羽である。フィリップ島の30年間の統計では、巣立ちに成功したヒナの数は1巣あたり平均0.97羽で、かなり良好な結果であった（Dann et al. 2000）。

採餌

コガタペンギンは夜行性で、朝まだ暗いうちに海へ出かけ、夜暗くなってから巣に戻る習性がある。比較的定住性が高く、長期間コロニーから離れることはめったにない。大多数の成鳥は日の出前にコロニーを離れ日没後に採餌から帰ってくるため、日中の明るい時間帯には、陸上の営巣地にペンギンの姿はない。夜行性であるにもかかわらず、濃霧で視界の悪い夜には、多くのコガタペンギンはコロニーに戻ってこない（Chiaradia et al. 2007a）。霧や視界の悪化がコガタペンギンに及ぼす影響をさらに調査したなら、彼らのナビゲーション（航路決定）の限界だけでなく、その能力も解明できただろう。

コガタペンギンは、10羽以下の小さな群れで海に潜ることが多い。彼らの出発と帰着の時刻は、ペンギン全種の中で最も同調性が高い。どの1日をとっても、どのような条件の日であっても、すべてのペンギンが海に出たり海から戻ったりするタイミングは75分以上ずれることはない。しかし抱卵期には、この一定の生活パターンが破られ、メスもオスもより長い時間を海で過ごし、平均3日から5日間は海に出たまま採餌する。

コガタペンギンの潜水深度は通常18m未満で、平均潜水時間は35秒である。深く潜る時は31mくらいまで潜ることもあり、これまでの最も深い潜水記録は69.2mである。コガタペンギンはからだが小さく、酸素を蓄える能力も低いため、あまり深く潜水することはできない。水面の近くに多く

木製の巣の中で休む（ペンギンプレース、ニュージーランド）

の獲物がいる浅い海に潜ることで、深く潜水できない不利を克服している。

コガタペンギンの餌は生息場所により異なる。ニュージーランド南部では主にニシンの１種であるスプラットイワシやカタクチイワシなどの小魚を採食する。フィリップ島ではマイワシを好むが、他の場所ではオキアミがより重要な餌である。餌の豊富さと採餌に必要な活動量が繁殖の成功率に影響を及ぼす。フィリップ島では、餌のイワシが少ない年はたいがい繁殖成功率も低下する。

換羽

ヒナが巣立った後、成鳥は16日間かけて換羽するが、その開始時期は年によって異なる。フィリップ島の換羽はふつう２月中旬から３月中旬だが、生息場所により大きな違いがある。陸上に留まらねばならない換羽期には、体重が40％以上減少することもある。

営巣

オスのコガタペンギンは、巣づくりの場所を選ぶと、穴を掘り、念入りに巣の手入れをする。巣の種類は営巣地によって異なる。コガタペンギンは暗い地下の巣穴を好むが、草の根がはった地面の下ならさらに安全性が高い。たいていの巣には、草や葉が敷きつめられている。それぞれの巣は1.8 mほど離れている。多くの保護団体が木製の巣箱を設置しているが、コガタペンギンは、恰好の日陰と暗がりを提供してくれる人工の家を気に入り上手に利用している。

相互関係

ブルーペンギンともいわれるコガタペンギンは、ペンギンの中で最も原始的な種と考えられている。夜行性で日光が苦手な定住性の鳥類である。

夜、コロニーに戻るや否や素早く一時的に地下の隠れ場所に潜り込み、泥だらけになってじっと身を潜めている。そうやってしばらく休息をとると、すぐにその隠れ場所から飛び出して、大急ぎで巣まで行くか、また別の場所まで行って身を隠す。光が苦手なため、日中陸上にいる間や繁殖期には、巣穴の奥に隠れている。動物や人間に対してきわめて臆病で、フリッパーに気づかなければ、ペンギンというよりむしろネズミのように見えることもある。

コガタペンギンは一夫一妻制で、夫婦の絆は非常に強い。しかし年によって繁殖しないつがいも多いため、平均離婚率を推計するのは難しい。ライリーとカレンによると（1981）、繁殖したつがいの翌年の離婚率は17％だが、ブルの統計では3％と少ない（2000）。夫婦の絆が強い大多数のペンギンの常として、巣への固執性は非常に高い。

メスは、体重が重く年長のオスを配偶者に選ぶ傾向があり、最終的に結婚相手を決めるのはメスである。求愛と交尾の期間が始まると、メスに選んでもらうために、オスは広告ディスプレーを行い、懸命に関係づくりに努める。ディスプレーとそれに伴う広告コールは非常に情熱的で、からだ全体を精一杯伸ばして、頭を上に向け、広げたフリッパーを何度も上下に振り動かす。一連の鳴き交わしと恍惚のディスプレーは、他のペンギンたちと同調して行われることもあり、コロニー

小さくて可愛らしい（ダラス・ワールド・アクアリウム）

家までもう一走り

全体が騒然と活気づき、やがて最終的な配偶者選びが行われ、つがいが形成される。

コガタペンギンは小さいが攻撃的で神経質な鳥で、くちばしつつきやけんかは日常茶飯事である。一時的な地下の隠れ場所の中では、全面対決が起こる前に、押したりつついたりの小競り合いが頻発する。敵対する２羽は広げたフリッパーを上げ、首とからだを伸ばし、鋭い鳴き声をあげて相手を威嚇し、闘いの開始を宣言する。

多くの場合、どちらも引き下がろうとはせず、２羽はともに立ち上がって白い腹部を相手にぶつける。それからフリッパーを広げてくちばしとくちばしをぶつけ合い、激しくつつき合う。争いは数ラウンド続く傾向がある。けんかの多くは、配偶者のいない若いオスが、繁殖していないメスや他のヒナを攻撃することで起こる。

発声

コガタペンギンは神経質で、まるで小さなからだのハンディを大きな声で埋め合わせようとするかのように、実にやかましく鳴きたてる。研究者たちは、この声の大きさは、夜行性でありながら、夜間陸上にいる時の視力が十分ではないことに関係があると考えている。他のペンギンと同様、鳴き声は個体ごとに異なる。

オスの広告コールは、大きくいななくような声である。夫婦が巣を交代する時や愛情を表現する時には、また別のいななくような声が使われる。一方、ブーブー、ビービーというなり声は敵対的な態度を表す時に使われる。

研究によると、メスは交尾前の異なるオスの鳴き声を識別する能力がある。オスの鳴き声の主要周波数は体重と関連があることが明らかになっている（Miyazaki and Waas 2003）。メスは鳴き声を手がかりにオスの大きさや体重、強さなどを知り、それが配偶者の決定に一定の役割を果たしていると考えられる。

敵対コールでは、様々なビービーという声と低いうなり声を出す。多くの個体が一斉にビービーと鳴くと思われ、夜、上陸して地下のどこかで休息をとると、群れ全体が一斉にやかましく鳴き始める。オスはなわばり争いの時には特別な鳴き声を出す。また海や海の近くではコンタクトコールが使われる。ヒナは最初は高い音程でピーピー鳴くだけだが、やがて巣立つ頃になると成鳥に近い声を発するようになる。

危機

アザラシはコガタペンギンにとって海で遭遇する最大の脅威である。陸上では、トウゾクカモメやカモメ、サヤハシチドリが卵やヒナ、傷ついた成鳥を襲う。集団で暮らし、群れで海に潜ることは、天敵から逃れるのに役立っている。コガタペンギンは他のペンギン以上に、人間が繁殖地に持ち込んだネズミやイヌ、野生化したネコなどの動物のせいで危険にさらされている。多くの場合、コガタペンギンのコロニーは、人口の多い市街地にあり、港や人工的な水路に近接しているため、汚染や産業公害も大きな脅威である。1995 年にタスマニアの北岸で起きたアイアンバロン号による油の流出事故は、コガタペンギンに壊滅的な被害をもたらした。漁業はペンギンの餌を奪い、また漁網によるペンギンの窒息死も多い。気候変動も、他のペンギンに及ぼす以上に大きな影響をコガタペンギンに与えている。

保護活動

コガタペンギンは、他のペンギンほど美しくもなければ優雅でもないかもしれないが、ニュージーランドでもオーストラリアでも、多くの人々の心をとらえている。複数の住民グループが、街と隣接する地域に、コガタペンギンとの共存スペースを確保しようと活動している。ペンギンは総じて環境の変化に敏感だが、とりわけコガタペンギンは、からだが小さいだけでなく、夜行性で人間の存在に対し神経質なため、他のペンギン以上に敏感である。

隣人であるペンギンを守りたいと考える地域住民たちは、たいてい複数年にわたる保護計画を立てている。典型的なプログラムでは、まず個体数、繁殖つがいの数、産卵数、巣立ったヒナの数などの調査から着手する。具体的な生息数の把握は非常に重要である。個体数や他の計測値の増加が明らかになれば、プログラムは成功と見なせるからである。また、コガタペンギンの死因を解明するために、死亡統計をとることもプログラムの一環である。研究結果から必要な対策を明らかにできる。例えば手始めに、営巣地に柵を設け、外来動物や自動車の往来、あるいは人間の活動からペンギンを守っている。その他、道路の注意標識の取り付け、木製の巣箱の設置なども行われている。

プログラムがさらに進展すると、コロニーをときおり訪れる研究者と協力して、個体数を数えたり、生活環境を調べたり、健康状態をチェックしたりする場合もある。学校では幼い子どもたちや保護者に、人間が巣に近づくこと、化学物質を海に流すこと、ペンギンが横切る道路を不用意に通行することなど、人間がコガタペンギンに与える脅威について教育することも必要である。いくつかのプログラムでは、まだ解明されていない環境の変化を理論的に解明するために、湾内の海水のモニタリングを行っている。このような保護団体の活動計画は、利用できる資金の増減により拡大されることも縮小されることもある。

模範となるプログラムは、オーストラリアのフィリップ島で 40 年以上にわたり実施されてきたプログラムである。ペンギンの小さなコロニーが保護活動の中心であり、ペンギンパレードやその他の活動からの収益で、年間 120 万ドルの活動資金を賄っている。この資金は、ペンギンはもちろん、この保護区に暮らす他の野生動物の生息環境の改善にも使われている。フィリップ島で行われた長期的な研究と収集された膨大なデータは、あらゆる野生動物、そしてペンギンに関する最も包括的なデータバンクの 1 つである。フィリップ島の情報は、単にコガタペンギンだけではなく、すべてのペンギンの保全という大きな問題にも役立っている。これまでの努力が実を結び、今では 1980 年当時よりも増えた 650 羽の成鳥が、フィリップ島のゲートをくぐって海から帰ってくる。

優れた保全計画のあらゆる要素が一体的に成果を上げるためには、困難な問題に取り組む大勢の人々の熱意と支援とが必要であることはいうまでもない。多くの保護活動が実を結び、いくつかの市街地のコロニーでは繁殖つがいの数が増加に転じ、コガタペンギンと人間が、最終的に良き隣人として暮らせることが証明されている。この事実は、ガラパゴスペンギンの保護に取り組むエクアドル政府と研究機関にとっても貴重な教訓といえるだろう。コガタペンギンの保護と同じように、ガラパゴスペンギンの保護にもただちに十分な資金を提供し、詳細な保護計画を実行しなければ、ガラパゴスペンギンが絶滅に追い込まれるのは時間の問題である。

警戒中（ダラス・ワールド・アクアリウム）

仲良くしよう（ダラス・ワールド・アクアリウム）

興味深い研究

ハルらは（1998）1995年にオーストラリアのタスマニア北部で起きた不運な石油流出事故をきっかけに、コガタペンギンの移動能力を測定した。この事故では多くのペンギンが被害を受け、大規模な救出活動により1894羽のコガタペンギンが陸に助け上げられた。油にまみれたペンギンたちはペンギン病院で油を洗い落としてもらい、餌を与えられた。科学者たちは、長期間人間の手から餌を与え続けることは、野生動物の生存能力を低下させ、後に野生に戻した時に生き延びることができなくなる恐れがあると危惧した。

この事故では、ペンギンたちを災難からとりあえず救出したものの、彼らが暮らしていた海はいぜん汚染されたままで、ペンギンがそこで再び暮らすことはできないことが問題であった。

そこで科学者たちは移動作戦を試すことにした。まず救出されたペンギンの中から実験群を選び、コロニーから約362km離れた場所で放鳥した。25羽のペンギンに無線発信機を取りつけて、受信機を積んだ複数の飛行機で追跡した。その結果、3羽のペンギンが3日でコロニーの近くまで戻ってきたことが分かった。その時点では、まだ油の除去作業が続いていた。そこで残る大多数のペンギンを最初の地点からさらに129km遠くに運んで放鳥した。放した863羽のペンギンのうち、56%が4カ月以内にコロニーに戻ってきた。研究者たちは、汚染された環境からいったん移動させることにより、多くのペンギンの生命を救えることを証明した。そして、移動作戦はおそらく、飼育下で長期間管理するよりも適切な対策であろうと結論づけた。ペンギンははるか遠くからでも自分のコロニーに戻ることができるほど賢い。最初に緊急移動した時のように、人間が油の除去作業を終えないうちに帰ってきてしまうペンギンもいた。

[表]

重さ	資料 1,2	資料 3,4	資料 5,6,7
繁殖開始個体　オス	1.1kg (1)	1.2kg (3)	1.3kg (5)
繁殖開始個体　メス	0.9kg (1)	1.0kg (3)	1.1kg (5)
換羽前　オス	1.3kg (1)	1.3kg (3)	1.7kg (6)
換羽前　メス	1.2kg (1)	1.14kg (3)	1.4kg (6)
換羽後　オス	1.1kg (1)	1.1kg (3)	0.9kg (6)
換羽後　メス	1.0kg (1)	1.0kg (3)	0.8kg (6)
巣立ち時のヒナ	0.95-1.1kg (2)		0.98-1.1kg (7)
第 1 卵	49.9-54.4g (1)	54.4g (4)	
第 2 卵	49.9-54.4g (1)	54.4g (4)	
長さ	**資料 1**	**資料 8**	**資料 9**
フリッパーの長さ　オス	11.9cm		
フリッパーの長さ　メス	11.7cm		
くちばしの長さ　オス	3.6cm	3.8cm	3.8cm
くちばしの長さ　メス	3.3cm	3.6cm	
くちばしの高さ　オス	1.2cm	1.5cm	1.4cm
くちばしの高さ　メス	1.4cm	1.3cm	
足指の長さ　オス		9.9cm	9.7cm
足指の長さ　メス		9.4cm	

Source 1: Williams 1995—Stewart Island, New Zealand. Source 2: Numata et al. 2004—Oamaru and Motuara Islands, New Zealand. Source 3: Dann et al. 1995—Phillip Island, Australia. Source 4: Kemp and Dann 2001—Phillip Island, Australia. Source 5: VGDSE 2009—Phillip Island, Australia. Source 6: Croxall 1982—Not Specified. Source 7: Numata et al. 2000—Oamaru and Motuara Islands, New Zealand. Source 8: Hocken and Russell 2002—Otago Peninsula, New Zealand. Source 9: Arnould et al. 2004—Phillip Island, Australia.

生態	資料 1	資料 2,3,4,5,6,7	資料 8
繁殖開始年齢（歳）	2-3	2 (2)	
抱卵期（日）	33-43	30-38 (3)	36
育雛（保護）期（日）	20-30	18-38 (3)	21
クレイシ期（日）	20-35		35
繁殖成功率（羽／巣）	0.23-0.94	1.18 (3)	
つがい関係の維持率	82%	60-100% (4)	
オスのコロニー帰還日			周期的
産卵日	6 月～ 10 月	7月～10月(ピークは8月)(3)	ピークは 10 月中旬
ヒナの巣立ち日	8 月～ 12 月	10月～12月(ピークは11月)(3)	1 月中旬
換羽前の採餌旅行の長さ（日）	7-91（平均 40 日）		21
成鳥の換羽開始	1 月～ 3 月		2 月～ 3 月
陸上での換羽期（日）	15-20		16-18
巣立ち後 2 年間の生存率	68%	17%(1年目)71%(2年目)(5)	
繁殖個体の年間生存率	61-88%	83% (5)	
平均遊泳速度	時速 1.5-5.3km	時速 6.5km (6)	
最高遊泳速度	時速 8.64km	時速 13.7km (6)	
最深潜水記録	67m	66.7m (7)	
コロニーからの最大到達距離	710km	98km (6)	
最も一般的な餌	イカ		魚類
次に一般的な餌	魚類		イカ

Source 1: Williams 1995—Various Locations. Source 2: Chiaradia and Kerry 1999—Phillip Island, Australia. Source 3: Heber et al. 2008—Westport and Punakaiki, New Zealand. Source 4: Rogers and Knight 2006—Lion Island, New South Wales, Australia. Source 5: Sidhu et al. 2007—Phillip Island, Australia. Source 6: Bethge et al. 1997—Marion Bay, Tasmania, Australia. Source 7: Chiaradia et al. 2007—Phillip Island, Australia. Source 8: Gales and Green 1990—Tasmania,Australia.

氷上のアデリーペンギンの夫婦（ピーターマン島、サウスシェトランド諸島）

アデリーペンギン
Adélie Penguin
Pygoscelis adeliae

属：アデリーペンギン属
同属他種：ジェンツーペンギン、ヒゲペンギン
亜種：なし
IUCN レッドリストカテゴリー：軽度懸念（LC）

最新推定生息数
　個体数：約 650 万羽
　繁殖つがい：275 万組
寿命：10 年、少数だが 20 年生きた例もある
　　（Clarke et al. 2003）
渡り：あり、4 月から 9 月までコロニーを離れる
大規模コロニー：
　南極大陸のアデア岬、テールアデリー（アデリーランド）
　ロイズ岬、クロージア岬、エスペランサ湾（ホープ湾）
色
　成鳥：黒から茶色、白、ピンク
　くちばし：黒／灰色 、一部レンガ色
　足：くすんだピンク、足の裏は黒
　虹彩：茶色
　ヒナの綿羽：灰色、白
　幼鳥：黒、白
身長：61 ～ 69cm
体長：69 ～ 74 cm
通常産卵数：1 巣 2 卵
1 つがいが 1 年に育てるヒナの最大数：2 羽

成鳥

デイビッドが見たアデリーペンギン

私が乗った南極クルーズ船オーシャンノバ号は、途中アデリーペンギンの営巣地を訪ねた。ゾディアックと呼ばれる小型ゴムボートに乗り移り、母船を離れてからわずか数分でピーターマン島に着いた。私たちはそこで絶対にアデリーペンギンに会えると約束されていた。たくさんのペンギンたちが海から上陸してくるのが見えたが、それがアデリーペンギンではなく、すべてジェンツーペンギンであることはすぐに分かった。北限の分布域、特にサウスシェトランド諸島では、アデリーペンギンはジェンツーペンギンに巣を奪われ、南へ追いやられているようだ。

海岸から奥へ奥へと進み、深い雪で覆われた小高い丘に登ると、ようやくアデリーペンギンたちに出会えた。ペンギンの多くはすでに雪の上で卵を抱いていたが、他のペンギンたちは、フリッパーを上下に振りながら小さなコロニーの周辺を走り回っている。どうやら雪の中で小石を見つけるのに苦労しているようだ。やむなく仲間の巣から小石を盗んでいるペンギンもいた。

ペンギンたちは私たちの訪問を迷惑がっているようには見えなかった。アデリーペンギンはジェンツーペンギンほど騒々しくないし、けんかに多くのエネルギーを費やしている様子も見られない。アデリーペンギンは、私が訪ねたどのペンギンよりも活発にフリッパーや頭を動かすので、面白く活き活きとした、表情豊かな写真を撮ることができた。

アデリーの動作は最高にドラマチック

お辞儀をするアデリーペンギン

雪嵐の後（ピーターマン島、サウスシェトランド諸島）

アデリーペンギンについて

生息数の動向

増加ないし安定的に維持されている。アデリーペンギンの個体数は健全で、1980年代から1990年代初頭まで生息域のほぼ全域で増加した。推定では、21世紀に入ってからも個体数は維持されている。

生息環境

アデリーペンギンとエンペラーペンギンだけが南極半島以南で繁殖する。アデリーペンギンより南の南極大陸で繁殖するのはエンペラーペンギンだけである。アデリーペンギンは非常に広範囲にわたって分布し、最も南のロイズ岬のコロニーは南緯77°にあり、はるか北のシェットランド諸島は南緯54°にある。

大規模コロニーは生息域の最南端、南極大陸のビクトリアランドにあり、約75万組のつがいが営巣する。その他にアデア岬（25万組）、マックロバートソンランド（20万組）、アデリーランド、ロイズ岬、クロージア岬（15万組）、バード岬、ウィルクスランドにも大規模なコロニーがある。南極半島の繁殖地は、パーマーランド、グレアムランド、エスペランサ湾（ホープ湾）に12万組が生息し、また半島の東側のサウスシェットランド諸島やその他の島々にもコロニーがある。サウスオークニー諸島やサウスサンドイッチ諸島など、

隣の巣の石を狙うアデリーペンギン

激しく降る雪の中で（ピーターマン島、サウスシェトランド諸島）

南極大陸から離れた大西洋の島々にも、大陸の集団よりも小規模ながらアデリーペンギンのコロニーがある。

形態

成鳥のアデリーペンギンは、目を取り囲むアイリングと呼ばれる白い縁取りがあり、真っ黒な頭部の真ん中でひときわ目を引く。背部と頭部は黒いが、色があせると黒褐色になり、首の部分で黒と白がくっきり分かれている。くちばしは黒く、つけ根はレンガ色である。フリッパーの外側は黒で白い縁どりがある。フリッパーの内側はピンクがかった白である。成鳥の足はピンクで裏は黒く、虹彩は茶色である。幼鳥の目の周りは黒一色で、成鳥に見られる白いアイリングはなく、あごは白い。

ヒナ

生まれたばかりのヒナは、灰色がかった銀色の綿羽に覆われ、頭部は色が濃い。綿羽の色は灰色から銀色まで若干の個体差がある。ヒナは体温を維持できるようになるまで、最初の2週間は巣に留まる。その後ようやく巣から出たヒナは、3週間から4週間経つとクレイシに加わるが、その頃には色の濃い第2幼綿羽に生え変わっている。ヒナは、まだ幼い45～55日齢で巣立つ（Williams 1995）。クロージア岬における巣立ちビナの体重は、1羽だけ育った場合は平均3.3kg、2羽とも生き残った場合は3.1kgであった（Ainley and Schlatter 1972）。この体重は、ロイズ岬の巣立ちヒナより0.68 kg軽い。幼鳥は翌年には換羽のためにコロニーに戻る。メスは3歳から4歳で、オスはそれより1年遅れて繁殖を開始する。

繁殖と育雛

アデリーペンギンの繁殖力は旺盛で、繁殖周期は短く単純である。オスは9月末から10月中旬にコロニーに到着し、その直後、メスもコロニーに帰ってくる。繁殖地にもよるが、最初の卵は10月末から11月の半ばに産み落とされる。メスが卵を2個産むまで、オスもメスもコロニーを離れることはない。そのためメスは18日から22日間絶食することになる。最初の卵は124.7gで、第2卵は第1卵より10%ほど軽い（Vleck and Vleck 2002）。

第2卵を産むと抱卵を開始し、昼夜を問わず温められた卵は32日から36日で孵化する。最初に抱卵を受けもつのはオスである。その間メスは、11日から14日間の採餌旅行に出かける。氷の状態は、アデリーペンギンの繁殖に大きな影響を及ぼす。氷が融けずに残っていると、氷原を越えて海までたどり着くにはより長い時間が必要であるため、メスの最初

雪嵐の中で懸命に卵を温める

の採餌旅行は長ければ20日間続くことがある。メスが戻るとすぐに、オスが海に向かうが、その時までに、オスは平均で37日間絶食していることになる。メスの帰りが遅れても、オスはさらに2週間は辛抱強く巣に留まり抱卵を続ける。それぞれの親鳥の長い採餌旅行が終わると、卵が孵化するまで、より短いシフトで交代しながら、1羽が海に出ている間にもう1羽が抱卵する。アデリーペンギンは、抱卵シフトの調整にいくぶん苦労しているように思われる。デイビス（1988）の観察では、3回目に交代する時に相当数のメスの帰りが何日も遅れ、オスが巣を放棄せざるをえないことがあった。この研究によると、この時遅く帰ってきたメスはほぼ間違いなく翌年の繁殖開始時にも再び帰りが遅れた。オスは、帰りが遅れたために前年の繁殖に失敗したメスとつがいになるのを避け、さっさと別のメスを相手に選んだ。孵化後最初の20日から24日間は、片方の親がヒナを保護し、もう1羽が採餌に出かけてヒナに給餌する。両親は常に役割を交代する。ヒナがクレイシに入ってからは、両親がともに採餌に出かけ、それぞれが1日から3日に一度の割合で、ヒナに餌を与えるためにコロニーに戻ってくる。

繁殖成功率は良好な年で平均1.2羽である（Beaulieu et al. 2010）。棚氷が融けずに広がっていると、成功率は1巣0.5羽まで低下することがある。氷の状態が悪い年には、コロニー全体の親鳥が繁殖期の半ばで繁殖を断念せざるをえず、ヒナがすべて死んでしまう場合もある。

年を重ねた夫婦ほど、体重の重いヒナを育て上げることが知られている（Ainley and Schlatter 1972）。子育ての経験がおそらく役に立っているのだろう。この傾向は3歳から6歳の範囲で顕著で、7歳を過ぎると横ばいになる。ヒナを2羽とも保護し、育てあげ、巣立たせることに成功する確率は、年配の親ほど高い。

採餌

アデリーペンギンの採食行動はきわめて融通性に富み、研究結果から、それぞれの営巣地の餌の状況にうまく適応することが確認されている。採餌戦略も地域ごとに異なり、また年によっても異なる。同じ生息域でも、オスとメスで採餌方法が異なる場合さえある。クラークらの研究により（1998）、メスのアデリーペンギンは、特にヒナに給餌中のメスは、オスとは完全に異なる採餌戦略を必要とすることが明らかになった。メスは主としてオキアミを採食し、採餌に費やす時間はオスよりも30％から100％長く、またオスよりもコロニーから遠く離れ、最高で112kmの海域まで採餌に出かけた例も記録された。一方オスはより近い、コロニーから21kmの海域内に留まる傾向があり、メスよりも魚類を多く

食べた。

アデリーペンギンの夫婦の相互依存はきわめて大きい。そのような関係を証明するために、ボーリューらは（2009、2010）、営巣したつがいの片方に、水の抵抗を増し潜水をより困難にする装置を装着する研究を考案した。その結果は予想通り、人工的にハンディキャップを負わされたペンギンは、採餌パターンを変更せざるをえず、海岸近くに留まり、採餌旅行の継続期間が平均70％増加した。それでも、潜水が困難なペンギンは、通常より体重が60％も軽くなった。ところが妨害を受けていないつがい相手も、自由に潜水し採餌できたにもかかわらず、相手の行動に影響を受けた。夫婦は採餌旅行の期間を延長することなく、沿岸付近に留まって餌を採った。つがいの採餌行動の変更は、体重を安定的に維持し、巣を守りながら、なお耐え抜かねばならない長い絶食期間をしのぐための方法であると思われる。餌を採る努力に加え、ペンギンの両親は、全繁殖周期を通して、食物を子どもたちに割り当てるべきか、自分自身の生き残りのために使うべきか決断を迫られている。 高橋らは（2003）、採餌旅行の長さと、ヒナに与える餌の量とは無関係であることを明らかにした。上陸した時、ヒナのために用意できる餌の量に影響を及ぼすのは、メスの大きさと体重であった。採餌旅行の継続期間は繁殖地によっても年によっても大きく異なるが、それは、繁殖期の初めの親の状態と、親が長期間の絶食からどの程度素早く回復できるかによって変化する。餌の種類や質、どの程度遠くの海域まで行かなければならないかが、ペンギンの回復力のカギとなる。アデリーペンギンでは、個体間で採餌旅行の期間に大きな違いが見られるが、それは、餌を採るのが得意なペンギンとそうでないペンギンがいて、各ペンギンの能力が採餌の成功に一定の役割を果たしていること、それが結局、繁殖の成功率とヒナの大きさに影響を及ぼすことを示唆している。

ティアニーらは（2009）、11年連続でアデリーペンギンの食餌構成を調べ、その結果をオスとメスに分けて示した。この研究でも、個体ごとおよび年ごとに大きな違いがあることが分かったが、ほとんどの年に、メスは主に南極オキアミを食べ、オスは魚類を多く食べた。ティアニーはまた、オキアミの量と繁殖の結果に高い相関関係があることを発見した。アデリーペンギンが時には種類の異なるオキアミやコオリイワシ、端脚類（ヨコエビの仲間）、頭足類（イカ）などを採食することも明らかになった。チャッペルらは、1993年、パーマー基地近くのアデリーペンギンを調べ、たいていの潜水が1分から2分で、最も長い潜水でも2.7分であることを明らかにした。平均潜水深度は24.4mで、最深潜水記録は97.8mであった。他の場所で観察された最高記録は、深度が180m、

パートナーを羽づくろいするアデリーペンギン

時間が4分であった。ほとんどの採餌行動は日中だが、夏には夜間に採餌することもある。南極地域の夏は夜でも暗くならない。アデリーペンギンの生態で特筆すべきことは、長期間の厳しい海上生活を送ること、また対照的に、陸上生活の時間が短いことである。繁殖期でなければ、アデリーペンギンはコロニーからはるか遠くの海域まで泳いでいく。巣立ったばかりの1年目の幼鳥を追跡したところ、生まれたコロニーから482～1,610kmも離れた海域まで行くことが明らかとなった（Clarke et al. 2003）。

換羽

ヒナが巣立つとすぐに、アデリーペンギンは2～3週間かけて、換羽前の採餌旅行に出かける。換羽のプロセスは海にいる間にすでに始まっていて、皮膚の下では新しい羽が成長を始めているが、外からはまだ見えない。ペニーは（1967）、換羽前の3段階、換羽の4段階、換羽後の1段階に分けて陸上での換羽を説明した。換羽期が始まると、見るからに太ったアデリーペンギンが上陸し、雪に覆われた、風を避けられる斜面を探し、そこにいる仲間のペンギンの群れに加わる。だが通常そこは、自分の生まれたコロニーとは別の場所である。1日半ほど経つと換羽の第2段階が始まる。フリッパーが膨らみ始め、フリッパーの羽が艶（つや）を失う。フリッパーの厚さは2倍にまで膨らみ、第3段階では、からだの残りの部分の羽毛が逆立ち始める。

次の「換羽段階」が始まるとすぐに、ゆるくなった羽が抜け始めるが、新しい羽はまだ見えない。第2段階の2日間に、新しい羽のおよそ4分の1が現れ、古い羽の抜け落ちる速度が増す。その後4日間続く第3段階では、ほぼ全身の新しい羽が現れるが、頭部と足の先端部分だけはまだ古い羽が残っていて、第4段階になってやっと抜け落ちる。

換羽後は1段階で、3日から4日続く。ペンギンたちは完全に新しい羽毛で覆われているが、新しい羽毛の防水性を高めるために、海に入る前に念入りに羽づくろいする。

このようにして、陸上での換羽には全体で19日から21日、平均すると19.8日かかる。この間にペンギンの体重は約3kg、換羽前に比べ45％減少する（Penney 1967）。換羽前もまた換羽中も、ペンギンたちは眠ったり、羽づくろいをしたり、からだを震わせたりして時間の経過を待つが、ちょっとした刺激でも攻撃的になりやすい。ペンギンたちは、水分を補給するために、時には糞便や古い羽で汚れた氷でさえ口にする。

営巣

南極大陸にあるコロニーではアデリーペンギンの繁殖地は内陸部にあるため、営巣する前に陸上を32～96kmも歩く必要がある。定着氷の巨大な塊が大陸に近づいたり離れたりするため、コロニーに行くために歩いた距離と、繁殖を始めてからの海までの距離が同じとは限らない。巣と隣の巣は接近し、10万以上の巣が集まっている大規模なコロニーもある。巣は小石でできているが、堅固なつくりではなく、形状もはっきりしない。親鳥は、ヒナが巣立った後も小石を積み続けることがある。

面白く活き活きとした、表情豊かな写真が撮れた

人間が近づいても平気

メスの上に乗るオス

相互関係

アデリーペンギンが毎年同じ夫婦関係を維持することはまれである。アデリーペンギンの離婚率はヒゲペンギンやジェンツーペンギンの離婚率より高い。その結果、主としてメスに関係があるのだが、巣への固執性も低い。

他のすべてのペンギンと同様、ディスプレーは豊富である。オスの広告ディスプレーでは、巣の上、すなわち積み上げた小石の上に直立し、頭部を空に向かって高く上げ、大声で鳴きながらフリッパーを横にうち振る。この恍惚のディスプレーで、オスは自分のからだの大きさや体調の良さをメスに誇示する（Marks et al. 2010）。メスが、昨年と同じ配偶者かまたは新しい配偶者に応答すると、互いに鳴き交わし、最終的にオスが巣に最初の石を積む。絆を強めるディスプレーとして、オスとメスが一緒にくちばしを真上に向けてフリッパーを後ろに引く姿勢をとることもあるし、相互羽づくろいをすることもある。

南極大陸には小石はたくさんあり、決して足りないわけではないが、多くのけんかは、2羽以上のペンギンが同じ石を奪い合うことで起こる。アデリーペンギンは、時間を節約しようと、隣の巣から小石をかすめとることが知られている。観察されている小石のやり取りで最も面白いのは、メスが自分の巣から小石を拾い上げ、その石を配偶者の帰りを待っている別の巣のオスの前に置く場合である。オスは、石をくれたことを有難いと思うのだろうか、訪ねてきたメスの誘惑にすぐさま応え交尾する。その数分後にはまるで何事もなかったかのように、彼の本来の配偶者が巣に戻ってくる。

アデリーペンギンは互いに攻撃的になることがあり、冬の採餌旅行から戻った巣づくりの時期にはとりわけ攻撃的である。コロニーは喧噪につつまれ、いたる所でけんかが起こる。興味深いことは、ペンギンは、敵対するペンギンに対して使う攻撃的ディスプレーの多くをオオトウゾクカモメに対しても使うことである。たいていのけんかは一定のパターンに従って行われる。まずくちばしを相手に向けてから、頭を回転させてくちばしを再び相手に向け、相手との距離をつめ、叫び声を上げ、フリッパーを振り、身構えて、くちばしをぶつけ合い、その後、くちばしつつきを始める。

発声

アデリーペンギンの音声レパートリーは、異なるディスプレーや行動様式に関連づけて分類されている。その1つは敵対的な「うなり声」で、なわばり争いで使われる。その声に続き、横にらみをして、なわばりを守る意思があることを侵入者に警告する。はるかに短い「うなり声」を連発する時は攻撃開始の合図である。うなり声はけんかの間中続く。よく聞かれる2つ目の鳴き声は、性的コールで、つがいが繁殖中やその後に出す柔らかいハミング音である。3つ目のトランペットコールは、つがいの形成や巣の交代に使われる。4つ目の鳴き声は海でしばしば使われるコンタクトコールで、吠えるような短い声である。ヒナは生まれて3週間経つとビービーとよく鳴く。

危機

海ではヒョウアザラシが多数のアデリーペンギンを捕食する。ヒョウアザラシはペンギンの日常の行動を知った上で、繁殖中のペンギンが海から戻るのを小さな氷山の陰に身を潜めて待っている。ヒョウアザラシはふつう、成鳥が陸に上がろうとする水際で襲う。水際では、アザラシはペンギンよりはるかに有能である。ヒョウアザラシは、初めて海に入る巣立ちビナにも重大な被害を及ぼす。

地上では、ヒナと卵がオオトウゾクカモメやミズナギドリなど、大型の海鳥に襲撃され捕食される。アデリーペンギンの幼鳥は他のペンギンよりも幼くして巣立つため、時には低体重のまま独り立ちしなければならず、環境への適応は容易ではなく、生存に必要な餌を十分に採ることができない。海岸に打ち寄せられた幼鳥の死骸を見ると、その多くが栄養不良であることが分かる。天候と、天候が海氷に与える影響とが、繁殖期のヒナの死亡率に影響を与える。餌であるオキアミや魚類の不足と質の低下は親鳥に悪影響を及ぼし、大規模な繁殖の失敗を招く。

羽を広げるとこんな大きさ

保護活動

保護団体はアデリーペンギンよりも他の絶滅危惧種のペンギンを守ることに忙しいため、アデリーペンギンは主要な保護対象にはなっていない。アデリーペンギンは研究基地の近くに多数営巣しているため、科学者にとって恰好の研究対象であり、ペンギンのライフサイクルや生態の理解に役立っている。

興味深い研究

ペンギンのコロニーを訪ねると、多くのヒナが成鳥の後を追いかけ回し、餌をねだっていることに気づく。ヒナは年がら年中鳴き声を上げ、頭を上下させ、何か食べ物をもらおうと、次から次へと成鳥をつついて餌をせがむ。アデリーペンギンの巨大なコロニーの中で、お腹を空かせたヒナが、親以外の成鳥から餌をもらえるチャンスはどのくらいあるのだろうか？　ボーリューらの論文「アデリーペンギンにおける親鳥以外による給餌：まれにしか見られない理由」によると(2009)、ヒナが親以外の成鳥から餌をもらえる可能性はほぼないに等しい。

アデリーペンギンのコロニーには、いついかなる時も、繁殖していない成鳥がいる。配偶者を見つけられなかったオスや、ヒナを２羽とも、または卵を２つとも失ったつがいである。この研究では、ヒナが自分の親以外の成鳥に食べ物をねだるパターンを追跡した。ヒナは通常巣の近くに立って、目に入った最初のおとなに餌をねだり始める。多くの場合、餌をねだる相手は隣の巣の親鳥で、親鳥はみな自分のヒナを育てるのに大わらわである。その結果、餌をねだられた成鳥のうち、たとえ１回でもよそのヒナの要求に応えてあげる成鳥はわずか４％にすぎない。

ボーリューの研究は、アデリーペンギンの成鳥は、自分たちが産んで孵したヒナ以外には関心がないことを明らかにした。その理由は誰にも分からないが、論文の著者は４つの理由を推察している。第１に、たいていのつがいは食べさせなければならないヒナを少なくとも１羽は抱えていて、コロニー全体では、完全に繁殖に失敗した親鳥は少ない。第２に、繁殖していない成鳥だけを狙って食べ物をねだるわけではないので、ヒナの作戦には無駄がある。第３に、ヒナが餌をねだるのは繁殖期の後半に入り給餌要求が特に高まっている時期であり、しかもその頃は、親鳥たちも自分の換羽に備えてより多くのカロリーを必要としている。最後に、繁殖の失敗を経験したオスでは、育雛行動を促す生殖ホルモンの濃度が低下していることが明らかになっている。したがって、お腹を空かせたヒナがいくら鳴いたところで、オスのペンギンたちは関心を示さないのである。

岩の上は滑りやすいから気をつけないと

[表]

重さ	資料 1	資料 2,3,4,5	資料 6,7,8
繁殖開始個体　オス	4.5-6.0kg	5.4kg (2)	4.7kg (6)
繁殖開始個体　メス	3.7-5.0kg	4.7kg (2)	4.4kg (6)
抱卵期　オス		4.4kg (2)	4.1kg (6)
抱卵期　メス	3.0kg	3.9kg (2)	3.7kg (6)
換羽前　オス	6.0-8.0kg	6.7kg (3)	6kg (7)
換羽前　メス	6.0-8.0kg	6.7kg (3)	5.4kg (7)
換羽後　オス	4.5kg	3.7kg (3)	3.3kg (7)
換羽後　メス	4.0kg	3.7kg (3)	2.7kg (7)
巣立ち時のヒナ	3.0-4.5kg	2.8-3.2kg (5)	2.0-3.0kg (8)
卵	82.0-150.0g	113.0-127.0g (5)	113.0-122.0kg (7)
長さ	**資料 1**	**資料 2,9**	
フリッパーの長さ　オス	18.0-21.0cm	19.3cm (9)	
フリッパーの長さ　メス	18.0-20.0cm	18.8cm (9)	
くちばしの長さ　オス	3.6-4.3cm	4.0cm (9)	
くちばしの長さ　メス	3.3-4.1cm	3.8cm (9)	
足指の長さ　オス		3.3cm (2)	
足指の長さ　メス		4.3cm (2)	

Source 1: Beaulieu, personal communication (2010) —Dumont d' Urville, Antarctica. Source 2: Williams 1995—King George Island, South Shetland Islands. Source 3: Penney 1967—Wilkes Station, Antarctica. Source 4: Salihoglu et al. 2001—Torgersen and Humble Islands, Antarctica. Source 5: Williams 1995—Various Locations. Source 6: Chappell et al. 1993—Palmer Station, Antarctica. Source 7: Marion 1995—Various Locations. Source 8: Ainley and Schlatter 1972—Cape Crozier, Antarctica. Source 9: Williams 1995—Mawson Station, Antarctica.

生態	資料 1,2	資料 2,3,4	資料 5,6,7,8,9,10
繁殖開始年齢（歳）	2-4 (1)	3-4 (3)	3-4 (5)
抱卵期（日）	30-36 (1)	33-35 (3)	32-34 (5)
育雛（保護）期（日）	20-30 (1)	18-27 (3)	
クレイシ期（日）	20-30 (1)	19-37 (3)	
繁殖成功率（羽／巣）	1.2 (1)	0.69-1.06 (9 年間の平均) (2)	0.71 (6)
オスのコロニー帰還日	10 月下旬 (1)	10 月中旬～ 11 月 (4)	10 月末 (6)
第 1 卵の産卵日	11 月 15 日 (1)		11 月中旬 (6)
ヒナの巣立ち日	2 月 (1)	2 月初旬 (4)	2 月末 (6)
成鳥の換羽開始日	2 月初旬 (1)	2 月～ 3 月 (4)	
陸上での換羽期（日）	15-25 (1)		
巣立ち後 2 年間の生存率		78% (3)	50-57% (7)
繁殖個体の年間生存率	約 80% (1)	86.2% (3)	86.9% (7)
平均遊泳速度	時速 1.8-14.4km (1)		時速 7.2-13.2km (8)
最高遊泳速度	時速 14.4km (1)		時速 13.2km (9)
最深潜水記録	180m (1)		180m (9)
コロニーからの最大到達距離	126km (2)		110km (10)
最も一般的な餌	オキアミ (2)	オキアミ (3)	オキアミ (10)
次に一般的な餌	魚類 (2)	ノトテニア科の魚類 (3)	ノトテニア科の魚類 (10)

Source 1: Beaulieu, personal communication (2010) —Dumont d' Urville, Antarctica. Source 2: Irvine et al. 2000—Béchervaise Island, Antarctica. Source 3: Ainley and Schlatter 1972—Cape Crozier, Antarctica. Source 4: Penney 1967—Wilkes Station, Antarctica. Source 5: Borboroglu 2010—Not Specified. Source 6: Clarke et al. 2003—Mawson Coast, Antarctica. Source 7: Clarke et al. 2003—Béchervaise Island, Antarctica. Source 8: Chappell et al. 1993—Palmer Station, Antarctica. Source 9: Whitehead 1989—Prydz Bay, Antarctica. Source 10: Watanuki et al. 1997—Dumont d' Urville, Antarctica.

温かな１日を待ちわびるヒゲペンギン（ハーフムーン島）

ヒゲペンギン
Chinstrap Penguin
Pygoscelis antarctica

属：アデリーペンギン属
同属他種：アデリーペンギン、ジェンツーペンギン
亜種：なし
IUCN レッドリストカテゴリー：軽度懸念（LC）

最新推定生息数
　個体数：1700 万～ 1800 万羽
　繁殖つがい：750 万組
寿命：野生でも 20 歳まで生きられるが、平均寿命は 12 年未満
渡り：あり、4 月から 10 月までコロニーを離れる
大規模コロニー：
　サウスサンドイッチ諸島、サウスシェトランド諸島、サウスオークニー諸島
色
　成鳥：黒、白、ピンク
　くちばし：黒
　足：ピンク、足の裏は黒
　虹彩：赤茶色
　ヒナの綿羽：灰色
　幼鳥：顔に暗いまだら模様があり、成鳥よりも色が濃い
身長：66 ～ 71 cm
体長：71 ～ 76 cm
通常産卵数：1 巣 2 卵
1 つがいが 1 年に育てるヒナの最大数：2 羽

成鳥

成鳥

デイビッドが見たヒゲペンギン

南極クルーズ船で航海中の11月中旬、私たちはヒゲペンギンに会うことができた。明るくよく晴れた日に到着したハーフムーン島には、新雪が深く積もっていた。ヒゲペンギンは岩石でできた小高い丘の上に営巣していた。交尾しているつがいもいれば、すでに卵を抱いているペンギンもいる。まだ相手が見つからない不運な鳥たちは、伴侶を見つけようと、広告ディスプレーに励んでいた。ヒゲペンギンたちが雪のない岩場を見つけようと躍起になっているのを眺めていると、この種が海岸から少し離れた場所で営巣しなければならない理由がよく分かる。コロニーは静かだった。けんかはまれで、多くのペンギンは巣づくりの真っ最中。すでに卵を抱いているパートナーの周りに、さらに小石を積んでいる鳥もいる。どうやら、小石を手に入れる最も楽な方法は、抱卵中の仲間の巣から失敬することのようだ。後ろからこっそり近づくと、小石をくわえ、素知らぬ顔で自分の巣に運んで行く。石を盗まれた鳥の方は卵を温めている最中なので、ほとんど抵抗できない。

ヒゲペンギンは恰好の被写体だ。人をこわがらないし、私のすぐ目の前で仲睦まじく抱き合ったり、お辞儀をしたり、交尾したりする。ヒゲペンギンの顔の上品な黒い線はとても写真写りがいい。特にお辞儀をした時は、いっそう情感豊かで愛情あふれる仕草に見える。私たちが訪ねた週には、コロニーから旅立つペンギンはまだいなかった。時折1羽のペンギンが、頭を空に向けて広告コールを始める。すると数分と経たないうちに、仲間のペンギンたちも同じように一斉に鳴き始める。カメラの前で聖歌隊がコーラスを練習しているようだ。太陽は眩しく輝き、気温は20℃を超え、まるでコロニー全体が大きな春祭りを楽しんでいるようだった。次にいつまた会えるか分からないと思うと、この人懐っこく、愛らしく、上品なペンギンたちに別れを告げるのはとてもつらかった。

美しく晴れた１日を満喫する（ハーフムーン島、サウスシェトランド諸島）

ヒゲペンギンについて

生息数の動向

安定的維持もしくはわずかに減少傾向にある。ヒゲペンギンの個体数を数えることは、その数が膨大なだけに、まさに桁外れの大仕事である。ヒゲペンギンのコロニーは数が多く、しかも広大な地域に分散している。ヒゲペンギンの個体数は、20 世紀の大半は増加傾向にあったことが分かっているが、近年は比較的大きく変動している。過去 20 年では、生息地によって異なる個体数の動向が報告されている。サウスシェトランド諸島のように、一部のコロニーでは急速に減少している。一方では新しくコロニーが誕生し、個体数が着実に増加しているコロニーもある。ヒゲペンギンは、マカロニペンギンに次いで数の多いペンギンである（Woehler and Croxall 1997）。

生息環境

ヒゲペンギンのコロニーの多くは、南緯 56° から 65° の範囲にある。このペンギンは南極半島沖の多くの島々で営巣する。とりわけ、リビングストン島、シール島、ハーフムーン島、デセプション島、キングジョージ島、ペンギン島を含むサウスシェトランド諸島に多数が生息する。南極半島の西海岸 3 カ所でも繁殖する。さらに、はるか東の海域にあるサウスオークニー諸島、サウスジョージア島、サウスサンドイッチ諸島などにもコロニーがあり、サウスサンドイッチ諸島のコロニーは最大規模である。ヒゲペンギンの繁殖地には種の異なるペンギンも数多く営巣しているため、時には巣をめぐって他のペンギンと争わねばならないこともある。ヒゲペンギンは他のアデリーペンギン属のペンギンよりも遅くコロニーに到着する上、ジェンツーペンギンよりからだが小さいため、営巣場所の獲得競争には不利である。

冬の間ヒゲペンギンは、7 ～ 8 カ月に及ぶ長期間を海で過ごす。たいていはコロニーからあまり遠くへは行かず 160km の範囲内に留まっている。しかし中には、1600km も離れた海域まで出かけ、遠方の友人を訪ねるペンギンがいることも明らかになっている。

形態

ヒゲペンギンの最も印象的な特徴は、「Chinstrap（アゴヒモ）」という名前の由来である、左右の耳の間を結ぶ、あごの下の黒い細い線である。目の周りには黒い縁取りがある。頭頂部は黒く、小さなきつい帽子をかぶっているように見える。胸と胴からだはすべて白い。首の前面からあごと顔の半分、ちょうど目とくちばしの上部まで白い羽毛に覆われている。白い羽毛は、半月形に耳の方向まで延びている。目の上まで白く頭頂部だけが黒いため、ちょうどユダヤ教徒がかぶるキッパを載せているように見える。くちばしは灰色が交じることもあるが、ほぼ全体が黒い。周りの羽毛が白いため、

ロマンチックなつがい

岩に上がって目立ちたい

コロニー全体が大きな春祭りを楽しんでいるようだった

他のペンギンよりくちばしの黒が際立って見える。足は大部分ピンクで黒いかぎ爪がある。フリッパーは外側が黒く、白い縁どりがある。フリッパーの内側は大部分白く、少数のピンク色の斑紋がある。

幼鳥の顔の造作は成鳥ほどはっきりしていない。幼鳥の背側は灰色がかった銀色で、腹側は白い。しかし顔の一部に黒いまだら模様がある。

ヒナ

卵から孵ったばかりのヒゲペンギンのヒナは灰色の綿羽に覆われている。ヒナが親鳥の元に留まるのは、最初の3～4週間だけである。その後は、通常40羽から200羽のヒナが集まるクレイシに移る。小さな群れを好むヒナもいるため、ほんの4、5羽のクレイシもある。

クレイシは、種の異なるペンギンや鳥と一体化していることがある。クレイシでどのように個々のヒナが守られるのかは必ずしも明確ではない。多くの研究者は、トウゾクカモメなどの飛翔性の天敵からヒナを保護することがクレイシの主な利点であると考えている。とはいえ、トウゾクカモメが巧みにヒゲペンギンのヒナを捕える様子を見ていると、いくら周りに数多くの仲間がいたとしても、ヒゲペンギンのヒナが攻撃を逃れられる可能性はきわめて低いという印象を受ける。

パートナーの帰りを待つ

近くに成鳥がいればトウゾクカモメを威嚇して追い払えるので、ヒナを守ることはずっと容易であろう。この事実からだけでも、クレイシをつくるよりも親が保護する方が、ヒナにとって有利であることが分かる。ヒナはおよそ30日間クレイシで暮らす。その後は仲間と連れ立ってコロニーをあちこち歩き回り、およそ55日齢で親が給餌を止めると独り立ちする。幼くして巣立つため、海に出て最初の数週間は死の危険にさらされる可能性が特に高い。

繁殖と育雛

ヒゲペンギンの繁殖は同調性が高く、期間も短い。しかもヒナを保護する期間も（他のペンギンに比べ）最小限で、たいていは4週間未満である。過酷な極寒の気候に制約されるため、ヒゲペンギンの繁殖開始は遅くならざるをえない。再び氷が張る前に急いで繁殖を終えようとしているように思える。ヒゲペンギンは、極度の緊張状態に見舞われたり、氷が多く残っている時、あるいは餌が不足している時などに、一斉に巣を放棄することがある。

オスは約8カ月海で生活した後、10月下旬か11月初旬、メスより先にコロニーに到着する。オスの最初の仕事は巣を確保することである。メスは3日から5日遅れて現れ、11月下旬から12月初旬までに、3日から4日空けて2つの卵を産む。 両親は交代で卵を抱く。最初の6日間は母親が卵を抱く。孵化まで36日から38日を要し、通常は12月下旬から1月中旬にかけて孵化する。巣のおよそ60%から70%で2羽のヒナが孵る。卵が失われる原因は、たいてい他の鳥類による捕食、洪水、親の交代の失敗などである。

ヒナが生まれて最初の3週間は、親はそれぞれ少なくとも2日おきに巣と海とを往復する。両親は懸命に子育てに励み、ヒナにそれぞれ1日2回の給餌をするが、通常は、それぞれの親が1回ずつ給餌を分担する。ヒナが大きくなると、親は給餌頻度を減らし、一度にたくさんの量を与える（Penteriani et al. 2003）。クレイシ期になってもなお、親鳥は自分たちのヒナに餌を与え続けるが、他のヒナに給餌することはない。親子間では、給餌以外、身体的な接触は一切ない。

巣立ちの成功はコロニーの場所によっても、またその年の天候の厳しさによっても変わる。海氷がコロニーの近くに長期間停滞すると、採餌に行く親が氷原を横切り海に出るまでの時間が長くなる。その結果、親が戻る前に多くのヒナが餓死する。平均的な巣立ちの成功率は、1巣0.56羽から1.02羽の間である（Williams 1995）。リビングストン島にあるアメリカの基地では、10年間の平均値として1巣あたり1.11羽のヒナが巣立ったことが報告された。一方、2008年は悲惨な年で、わずかに0.33羽しか巣立たなかった（AMLR 2008）。2006年のロンボラの報告によると、サウスオークニー諸島での5年にわたる調査の結果、巣立ちに成功したヒナの数は、1巣あたり0.67羽から1.35羽であった。

産卵から巣立ちまで約90日という繁殖期は驚くほど短い。そのため成鳥のヒゲペンギンは、失った体重を取り戻し体力を回復するために、平均よりはるかに長い期間を海で過ごすことができる。

パートナーを探すヒゲペンギン

採餌

ヒゲペンギンは沿岸海域で採餌するが、その方法は単純で実利的である。ヒゲペンギンはほとんどの時間を浅い海での採餌に費やす。生息地の周辺海域にはオキアミが大量かつ安定的に存在し、ヒゲペンギンはオキアミを好んで採食する。オキアミは南極海全体に大量に存在する甲殻類で、色鮮やかで、魚より泳ぎが遅く、大きな群れをつくる。しかしオキアミは殻があるため、重量あたりの脂肪や熱量は少ない。

ヒゲペンギンの餌がオキアミ中心であるということは、胃の内容物を分析した多くの研究から得た結論である。胃内容物の研究で注意すべき点は、ヒナに給餌中のペンギンは短時間で採餌し消化するため、海岸に戻った直後の胃内容物は成鳥の通常の食事とは異なり、むしろヒナに必要な餌である可能性が高いということである。いくつかの研究では、未消化の魚類やイカの一部が多量に発見されているため、ヒゲペンギンの餌に魚類やイカなどが実際はもっと多く含まれている可能性もある。オキアミの中には天然の成長ホルモンを多量に含む種類がいるため、ヒナには、主としてオキアミを給餌しているのかもしれない。

他のペンギンと同様、ヒゲペンギンも食べられるできるだけ多くの餌を採餌する。通常の状況でオキアミから十分な栄養を得られる限り（オキアミの大きさによる)、日中は浅い海で単純な採餌パターンを使う。この単純な潜水の長さは1分程度で、3分以上に及ぶことはまれである。潜水深度は平均21mで43mを超えることはめったにない（Lishman and Croxall 1983)。ヒゲペンギンの最深潜水記録は179mで、必要であればさらに深く潜ることもできる（Mori 1997)。

だが、オキアミが標準的な大きさまで育たない年もある。小さなオキアミは熱量も栄養価も少ない。その場合ヒゲペンギンは、あえて異なる方法をとり、夜通しいつもより深く潜って採餌する。深く潜るのは、ハダカイワシを探していることを示している。ハダカイワシは、昼間はヒゲペンギンの潜水深度よりも深い所を泳いでいるが、夜になると、ヒゲペンギンが採食できる深度まで上がってくる。ヒゲペンギンは、他のペンギンよりも優れた夜間視力を有すると思われる。他のペンギンは夜間は浅く潜水するが、ヒゲペンギンは夜間に日中よりも深く潜水し、オキアミの不足を補うことができる。(Miller and Trivelpiece 2008)。1999年のウィルソンとピーターズの研究によると、繁殖中のヒゲペンギンの採餌旅行は平均10.6時間で、到達範囲は最大32kmであった。またこの研究では、潜水回数の80%が深さ30.5m以下であり、水中での平均遊泳速度は8.9 km/時であることが明らかになった。研究者は、ヒゲペンギンは近海の潜水者であり、また大部分の潜水を海面近くで行うと結論づけた。

絆を結ぶ前の鳴き交わし

夫婦の固い絆

換羽

ヒゲペンギンは、7カ月半の長い採餌旅行に出る前に、急いで換羽をすませる。繁殖周期を素早く終わらせるため、換羽前の長期間の採餌旅行は必要ではない。彼らは2月下旬に陸に戻り、わずか12日から14日間で換羽を終える。

ヒゲペンギンは、3月中旬までに新しい羽毛を身に着けて海に戻る。上陸して繁殖を開始してから換羽を終えるまで、ヒゲペンギンが陸上にいる期間は、他のどの種よりも短い。1年目の未成熟個体は、成鳥よりも2～4週間早く換羽を開始する。

営巣

ヒゲペンギンは、小石を積み上げて円形の巣をつくる。巣の重さは平均5.1kgである（Barbosa et al. 1997)。巣づくりは常に進行している継続的な作業のようで、親鳥は、ヒナが孵ってからもなお小石を拾って積み上げている。ヒゲペンギンの生活全般にいえることだが、それほど努力しても巣はきわめて簡素で、2羽のヒナを育て上げるのにやっと足りる大きさしかない。

ヒゲペンギンは、内陸部の大きなコロニーを好む。海からかなり離れた、通常であればあまり雪の積もらない斜面に、コロニーが延々と広がっている。隣同士の巣は約60cm離れている。ヒゲペンギンは種の異なるペンギンとも交ざって営巣し、ジェンツーペンギンやアデリーペンギン、またウなどの飛翔性の海鳥の近くでも繁殖する。

デセプション島での繁殖成功率に見られるように、大きなコロニーでの成功率は小さいコロニーよりも高く、コロニーの規模はヒゲペンギンにとって重要である。コロニー内の巣の位置が繁殖成功率に及ぼす影響はほとんどない。コロニーの中央部繁殖説、すなわちコロニーの中心で育つヒナの方が生存率が高いという仮説は、ヒゲペンギンでは立証できなかった（Barbosa et al. 1997)。

相互関係と発声

ヒゲペンギンの声は、雄鶏（おんどり）が鳴くような声とか奇妙なうなり声などと説明される。他のすべてのペンギンと同様、それぞれのディスプレーに固有の鳴き声が伴う。恍惚のディスプレーは、頭を空に向けて真っ直ぐに背伸びする。この姿勢をとる時には、繰り返し短い鳴き声を発するが、からだを震わせる時間と強さが増すにつれて声も大きくなる。この鳴き声は個体ごとに大きく異なり、音程が上下する歌で、中程度の高さの音から高音に移り、再び低音へと戻る。その後は、たいがい何度もお辞儀が繰り返される。

お辞儀は特別な鳴き声をともない、最初の鳴き交わしの声とは違い、ずっと穏やかな歌声（もしくは会話）である。いったん相手を確認した後は、穏やかな声の方が好まれる

顔を反らせて敬意を表す

(Bustamante and Márquez 1996)。お辞儀はしばらく時間をかけて何度も繰り返されることがある。その間ペンギンはからだを近づけ、相互羽づくろいをし、互いに触れ合う。ふだんのお辞儀は1回だけで十分であり、巣の当番を素早く交代すると、腹を空かせたペンギンは、餌を採るために急いで海に出かけていく。

クレイシ期にヒナが親に食べさせてもらうためには、鳴き声で親を呼ばねばならない。ヒナの鳴き声は、短時間で高音域まで上がり、ゆっくりと低音まで下りてくる下降型のビービー音である。幼いペンギンの声は成鳥よりも音域がはるかに高いため、低音といっても相対的に低いという意味である。クレイシ期になると、親は子どもに自分を後追いさせてから餌を与えるため、コロニー中で聞こえる声は、主にヒナが食物をねだる声である。クレイシ期に見られるこのような呼び出し給餌では、親鳥は、自分のヒナを識別した後、クレイシから急ぎ足で離れ、ヒナに自分を追いかけさせる。ある程度走ると親が立ち止まり、給餌姿勢をとって、疲れきったヒナに口を突き出して餌を与える。

ヒゲペンギンは、特定の時期はふだんより頻繁にけんかをする。営巣場所の獲得競争では、オス同士のけんかがよく見られる。その1週間後にメスが到着すると、メス同士のけんかも起こる。けんかの時は敵対的な短い鳴き声を出して、くちばしをぶつけ合う。それでも勝敗を決することができないと、くちばしでつついたり、フリッパーでたたいたりすることもあり、時には負傷することもある。

モレノらは（2000）、つがい外交尾によって、オスが自分と血縁のない子を育てる可能性について研究した。さらに、コロニーの大きさが結果に影響を及ぼす可能性があるかどうかも調べた。しかし、ヒゲペンギンも他のペンギンと同様、ヒナは常に育てている父親と同じ遺伝子構造をもっていた。つがい外交尾をする理由と目的は謎のままで、いまだに解明されていない。

危機

ヒョウアザラシは、海でも、陸に上がる水際でもヒゲペンギンを襲う最大の天敵である。特に給餌期には、ペンギンが頻繁に海から出たり入ったりするため、ヒョウアザラシは、ヒゲペンギンの個体数に深刻な打撃を与える。成鳥が育雛中に一定期間絶食に耐える理由の1つは、海からの上陸回数を減らすことによって、アザラシに遭遇する危険性を減らすためであるとも説明できるだろう。ヒゲペンギンは他のペンギンよりも、アザラシから逃げるのが不得意なようで、特に幼鳥は犠牲になりやすい。

オオトウゾクカモメとミズナギドリは、どこかに不注意な親鳥がいないか常に見張っている。ヒナを攻撃しやすいからである。カモメやサヤハシチドリも卵を奪い、時には弱ったヒナだけでなく、死にそうな成鳥や傷ついた成鳥を襲うこともある。

他のあらゆるペンギンと同様、餌の不足はヒゲペンギンにも大きな打撃を与える。特に換羽前には、1日に少なくとも1.4 ～ 1.8 kgのオキアミを必要とするヒゲペンギンが約1700万羽いると考えると、合計2万5000tから3万tのオキアミが必要であると推定される。小さなオキアミの栄養価は大きなオキアミに比べほんのわずかしかないため、オキアミが小さいと、ヒナにも成鳥にも重大な問題を起こす可能性がある。オキアミの殻は消化できずエネルギーにならないため、よけいに深刻である。

保護活動

ヒゲペンギンは個体数も多く安定しているため、ヒゲペンギンを保護するための公式プロジェクトはあまり多くはない。しかし、ヒゲペンギンの生態や彼らが直面する困難を理解することに、研究者だけでなく市民も高い関心を寄せている。研究基地の近くにコロニーがたくさんあるため、科学者たちに人気の研究対象でもある。ヒゲペンギンは、陸上にいる期間がペンギンの中で最も短い種であり、厳しい冬が到来する前に研究結果を得やすい。ヒゲペンギンの研究者たちは、近年、巣の数が減少傾向にあることに気づいている。生息数の動向を正確に理解するためには、信頼性の高い個体数調査が必要である。個体数調査は保護のために必要な最初の大きなプロジェクトである。しかしヒゲペンギンは、岩だらけの絶海の島々に数百万もの巣をつくっている。彼らの個体数を正確に数えることは容易ではないだろう。

興味深い研究

クレイシの形成には多くの要因が影響する。研究者たちは、クレイシ形成の背景にある理由や利益を説明しようと多数の理論を提案している。ペンテリアーニらも多くの要因を検討したが（2003）、その中のいくつかはかつて一度も検討されたことのないものだった。彼らは、コロニー内でのヒナや他のペンギン同士の社会的行動だけでなく、親鳥の生理学的状態も調査した。また、若いヒゲペンギンが示す攻撃性の観察、捕食動物と予測される脅威、さらにヒナの身体計測、孵化の日付など多くの要因が含まれていた。その結果ペンテリアーニらは、クレイシの形成を理論的に裏付けるただ1つの要因、あるいは利益を選択することはできないとの結論に至った。むしろクレイシの形成には、ペンギン自身を含む多くの要因が影響していると考えた。その中には、親鳥やそのヒナ、クレイシ内の他のヒナ、さらに年取った繁殖しない成鳥や攻撃的な成鳥などとの利害の対立なども含まれる。これらの要

見張り台で警戒中

まるまると太ったヒゲペンギンが到着（ハーフムーン島、サウスシェトランド島）

注目してほしいから

因がすべて、クレイシに加わるというヒナの行動に影響を及ぼすのである。ある日、両親がともに採餌旅行に出発した後、ヒナが取り残され、一時的に見放された状態であることに気づくと、ヒナにとってクレイシが最も安全な選択肢となる。孤立したヒナはクレイシに加わることで安心感を得るが、それには、生活史、行動、社会的要求と社会的能力、営巣地の条件、身体特性など、様々な要因がすべてなんらかの役割を果たしていると思われる。

気がつくと世界の果てで研究に没頭しているペンギン研究者たち……。彼らの突飛な発想には大いに驚かされる。優れた研究には多額の費用がかかる。水中のペンギンを追跡する防水性の小型 GPS は数十万円もするが、海でなくなってしまう恐れもある。例えば巻き尺のような初歩的な道具を使って学術誌の編集者の目を引く研究ができれば、よほど安上がりであろう。

その典型ともいえる研究が、メイヤー・ロヒョーとガルが 2003 年に行った研究である。その論文は「ペンギンの排泄時に生じる圧力／鳥類の脱糞力の計測」という表題である。実際、研究者たちは、時間をかけて、ヒゲペンギンの糞がどれほど遠くまで飛ぶかを丹念に計測し、ペンギンの排便圧力を算出したのである。熱心な学術誌の読者に対し、著者らが無料サンプルの提供を申し出なかったのは幸いであった。

[表]

重さ	資料 1	資料 2	資料 3,4
帰還時の繁殖個体　オス	3.9kg		
帰還時の繁殖個体　メス	3.7kg		
繁殖個体　オス・メス		4.1kg	3.9（3）
最初の抱卵中　オス	3.6kg		
最初の抱卵中　メス	3.4kg		
換羽前　オス・メス		5.1kg	
換羽中　オス・メス			4.4（3）
換羽後　オス・メス		2.8kg	
巣立ち時のヒナ	2.5-3.2kg	2.9-3.1kg	3.3（4）
第 1 卵	116g		
第 2 卵	112.2g		
長さ	**資料 5**	**資料 6**	**資料 7,8**
フリッパーの長さ　オス	19.2-19.4cm	19.3cm	18cm（7）
フリッパーの長さ　メス	17.8-18.5cm	18.7cm	18cm（7）
くちばしの長さ　オス	4.9-5.0cm	4.9cm	5.0cm（8）
くちばしの長さ　メス	4.6-4.7cm	4.6cm	4.5cm（8）
くちばしの高さ　オス	1.9-2.0cm	2.1cm	1.9cm（8）
くちばしの高さ　メス	1.7-1.8cm	1.9cm	1.7cm（8）

SSource 1: Williams 1995—Deception Island, South Shetland Islands. Source 2: Croll et al. 1991—Seal Island, South Shetland Islands. Source 3: Barbosa, personal communication (2010)—Not Specified. Source 4: Moreno et al. 1999—Deception Island, South Shetland Islands. Source 5: Mínguez et al. 1998—Deception Island, South Shetland Islands. Source 6: Amat et al. 1993—Deception Island, South Shetland Islands. Source 7: Williams 1995—South Shetland Islands. Source 8: Williams 1995—Signy Island, South Shetland Islands.

生態	資料 1	資料 2,3,4,5	資料 6,7,8,9,10
繁殖開始年齢（歳）	2（最少）		
抱卵期（日）	33-39	33-37（2）	
育雛（保護）期（日）	20-30	28（2）	20（6）
クレイシ期（日）	30	21-28（2）	26（6）
繁殖成功率（羽／巣）	0.42-0.86		0.71-0.83（6）
つがい関係の維持率	82%		
オスのコロニー帰還日	11 月	10 月～ 11 月（2）	
第 1 卵の産卵日	11 月下旬～ 12 月初旬	11 月 7 日～18 日（3）	12 月 19 日（6）
ヒナの巣立ち日	2 月下旬～ 3 月初旬	2 月下旬（2）	
換羽前の採餌旅行の長さ（日）	14-21		14-21（7）
成鳥の換羽開始日	3 月初旬～ 4 月		3 月中旬（7）
陸上での換羽期（日）	13		
平均遊泳速度		時速 4.8km（3）	時速 8.7km（8）
最高遊泳速度		時速 7.2km（3）	時速 11.1km（9）
最深潜水記録		179m（4）	102m（9）
コロニーからの最大到達距離		1500km（3）	
最も一般的な餌	オキアミ	オキアミ（5）	オキアミ（10）
次に一般的な餌	魚類	端脚類（5）	魚類（10）

SSource 1: Williams 1995—South Shetland Islands. Source 2: Borboroglu 2010—Not Specified. Source 3: Trivelpiece et al. 1986—South Shetland Islands. Source 4: Mori 1997—Seal Island, South Shetland Islands. Source 5: Lynnes et al. 2004—Signy Island, South Orkney Islands. Source 6: Barbosa et al. 1997—Deception Island, South Shetland Islands. Source 7: Croll et al. 1996—Seal Island, South Shetland Islands. Source 8: Culik and Wilson 1994—Ardley Island, South Shetland Islands. Source 9: Williams 1995—Signy Island, South Orkney Islands. Source 10: Rombolá et al. 2006—Laurie Island and South Orkney Island, South Orkney Islands.

海水を飲むジェンツーペンギンの幼鳥　（シーライオン島、フォークランド諸島）

ジェンツーペンギン
Gentoo Penguin
Pygoscelis papua

属：アデリーペンギン属
同属他種：ヒゲペンギン、アデリーペンギン
亜種：キタジェンツーペンギン *Pygoscelis papua papua*
ミナミジェンツーペンギン *Pygoscelis papua ellsworthii*
IUCN レッドリストカテゴリー：準絶滅危惧（NT）

最新推定生息数
個体数：95 万羽
繁殖つがい：38 万7000 組（Lynch 2011）
寿命
野生：10 ～ 15 年　飼育下：30 年
渡り：ミナミジェンツーペンギンの一部は渡りを行うが、
その他は定住
大規模コロニー：
サウスジョージア島、フォークランド諸島、ケルゲレン島、
ハード島、クロゼ諸島、サウスサンドイッチ諸島、
サウスオークニー諸島、マックォーリー島
色
成鳥：黒、白、オレンジ色
くちばし：オレンジ色、黒
足：オレンジ色、明るい黄色
虹彩：茶色
ヒナの綿羽：灰色、白
幼鳥：成鳥とほぼ同じ、黒から褐色
身長：71 ～ 78cm
体長：78 ～ 84cm
通常産卵数：1 巣 2 卵
1 つがいが 1 年に育てるヒナの最大数：2 羽

換羽中のヒナ

親鳥とヒナ

デイビッドが見たジェンツーペンギン

ジェンツーペンギンを見るいちばん良い方法は、飛行機でフォークランド諸島に行くことだ。アルゼンチンの東965kmにある英領フォークランド諸島は、1982年にアルゼンチンの侵攻によりフォークランド紛争が勃発した島だ。そういうわけでアルゼンチンからではなく、チリのプンタアレナス空港から飛ばなければならない。島と島との移動は、地元の航空会社が運行する「アイランダー（島民）」と呼ぶにふさわしい小さな8人乗りの飛行機に乗る。諸島の外縁にあるシーライオン島にはロッジが1軒あるだけで、飛行場はそのすぐ裏手にある。ジェンツーペンギンもロッジの裏手にいる。他の多くの場所と同じように、ジェンツーペンギンのコロニーはマゼランペンギンのコロニーと混在している。

朝早く起きて、夏の朝の冷え冷えしたフォークランドの空気を吸いながら、ジェンツーペンギンの写真を撮るために浜辺まで走っていくことは、努力の甲斐のある体験だ。彼らは浜辺に集まり、おしゃべりしながら羽づくろいをし、海に入る用意をする。多くの他のペンギンと違って、ジェンツーペンギンは海に入る時、秩序正しくてきぱき行動する。彼らは周囲で何が起きているか、いつも注意している。あなたが地面に屈んでじっとしていると、きっと近づいてきてあなたに触れてみようとするに違いない。100羽を超えるかなり大きな群れで動き回っているが、統率しているリーダーといったものは特にいない。しかし、そのうちの1羽が海に入る時間だと決心すると、多くのペンギンが一斉に加わる。

私は午後遅く再び海岸に戻り、彼らがその日の採餌から帰ってくるのを待った。はるか沖合を眺めていると、不意に、水面の近くで何かが動くのが見えた。まるでたくさんの鳥が低空飛行で近づいてくるようだった。消えたかと思うとすぐ現れ、自由形の泳者のように水面を縫うように、一斉にこちらに向かって泳いでくる。水中から空中へジャンプして、また水中に飛び込む。全速力のイルカ泳ぎで浜辺に戻ってくる様子を見ながら、ペンギンたちはきっと疲れきっているに違いないと思った。おそらく私が海岸にいることに気づいたのだろう。しばらく水中に姿を消していたが、波に打ち寄せられるように上陸してきた時は、私からほんの数十メートルしか離れていなかった。彼らがからだを乾かし、すぐ近くのコロニーまで歩き始めた時には、すでに次のグループが波を切って進んできていた。私は、私と並んでよたよた歩くペンギンたちを見ながらロッジに帰った。彼らは1日の活動に、一体どれほどのエネルギーを使うのだろうか。

ジェンツーペンギンとモーラ（フォークランド諸島）

採餌に出かけるジェンツーペンギン

ジェンツーペンギンについて

生息数の動向

多くの地域で安定している。しかし、ジェンツーペンギンの個体数は大きく変動するため、短期的な評価は難しい。フォークランド諸島では、1995～1996年には6万5000つがいを数えたが、1932年の個体数調査と比べると45%減少している。しかし、以前の個体数調査が正確であったか少し疑問がある。最近のジェンツーペンギンの個体数は、多くの生息地で安定または増加している。しかし、たいていの大きなコロニーでは繁殖個体数が減り、比較的小さなコロニーになっているということは、餌の供給量に限界があり、限られた数の採餌者しか支えられなくなったことを示している。ジェンツーペンギンは他の多くの種と違って、部分的にしか同調性を示さない。繁殖期は場所により、また同じ場所でも年により変わるので、正確な個体数の確認をさらに難しくしている。

生息環境

ジェンツーペンギンのコロニーは、地理的に大きな広がりをもっている。南極海の北は南緯46°から南は南緯65°まで、南極を幅広く帯状にとりまく海域で見ることができる。キタジェンツーペンギンのコロニーは、フォークランド諸島、サウスジョージア島、ハード島、ケルゲレン島、マックォーリー島、スタテン島、マリオン島、クロゼ諸島に見られる。ミナミジェンツーペンギンのコロニーは、南極半島、サウスシェトランド諸島、サウスオークニー島、サウスサンドイッチ諸島の他、南極半島付近の数百に近い小さな島々にも見られる。ジェンツーペンギンは、他のペンギン以上に、自分たちとは異なる種のコロニーの周辺に小さなコロニーをつくると安心して落ち着くようだ。マゼラン、ヒゲ、マカロニ、アデリー、キングペンギンなどの隣でよく見られる。たぶん卵やヒナを狙う鳥類への戦術なのだろう。彼らは飼育にもよく適応し、北アメリカ、ヨーロッパ、日本の動物園でも見ることができる。

雪の上で日光浴（ピーターマン島、サウスシェトランド諸島）

海から戻ったジェンツーペンギン（ハーフムーン島、サウスシェトランド諸島）

形態

ジェンツーペンギンの属名、ピゴスケリス（*Pygoscelis*）は、「尻についた足」のような「ブラシ状の尾羽」を意味している。成鳥には長い尾羽、明るいオレンジ色の足、赤に近いオレンジ色のくちばしという 3 つの顕著な特徴が見られる。からだの大部分は黒く、褪色すると褐色になる。それ以外の部分は真っ白である。背中、頭、首はすべて黒いが、例外は、末端がたくさんの点になっている顔の両側の白い斑紋と、目の周りを囲っている細い白のラインで、まるで化粧したかのように見える。白の斑紋は頭の後ろまで続いている。くちばしは、下あごの上のいくらか黒い部分を除いてほとんどオレンジ色である。足は大きく、黒い爪をもち、水かきの内側に淡黄色の斑紋が見られることもあるが、ほとんどオレンジ色である。フリッパーは外側は黒で、くっきりとした白の縁取りがある。内側は先端に少し黒の斑紋がある以外、ほぼ真っ白である。

幼鳥は成鳥と外観も大きさもほぼ同じである。あごとのどは白っぽく、目の上の斑紋の形や色は成鳥ほどはっきりしていない。また、くちばしの色は鮮やかではなく、背中は褐色である。

ヒナ

ヒナは生まれてから 10 日ぐらいで背中が灰色、前面が白の綿羽が生えそろう。2 羽のヒナはおよそ 1 カ月巣にいて、親の保護のもとで育つ。その後の彼らの行動は、繁殖地や年により多様に変化する。両親が去ると、ヒナが小さなクレイ

ヒナに給餌する親（シーライオン島、フォークランド諸島）

シに加わり、そこで 50 ～ 60 日過ごすこともあれば、営巣地によっては、クレイシをつくらず 1 羽ずつ単独で暮らすこともある。クレイシにいる間は、両親から非常に頻繁に餌を与えられる。45 ～ 55 日齢で綿羽を脱ぎ捨て、幼鳥の羽を身に着ける。幼鳥は 60 ～ 65 日齢で成鳥の大きさになる。

フォークランド諸島のほとんどのヒナは、2 月初旬に巣立つ。彼らは成鳥と一緒に 2 ～ 3 週間採餌した後、初めてひとりで長い採餌旅行に出発するために、氷の海に飛び込んで行く（Polito and Trivelpiece 2008）。クロゼ諸島のヒナは翌年の 12 月から 1 月にかけて換羽のために戻ってくる。生き残ったほとんどすべての個体は、2 ～ 3 年後、繁殖のために生まれたコロニーに戻ってくる。

繁殖と育雛

ジェンツーペンギンは繁殖のプロだと言える。彼らは気温も水温も著しく違う広大な地域で営巣するため、繁殖スケジュールも場所によって大きく違う。フォークランド諸島では繁殖シーズンは夏で、産卵日は平均 10 月 30 日頃である。しかし繁殖に関して、同じ属のアデリーやヒゲペンギンとは異なり、しっかりとした同調性はなく、最初の繁殖に失敗しても 1 月までなら再び産卵する。

南インド洋のマリオン島、クロゼ諸島、ケルゲレン諸島では、冬でも繁殖する。クロゼ諸島での産卵は同調性がなく、数カ月続く。クロゼ諸島では、繁殖に失敗したつがいは春遅くに 2 度目の繁殖を試みる（Otley et al. 2005）。

フォークランド諸島では抱卵期間は平均 37 日で、どちらかが採餌に行っている間、両親は 2 ～ 3 日ごとに抱卵を交代する。孵化の成功率は主として、採餌に行った相手が遅れずに戻ってくるかどうかによる。相手が 4 ～ 5 日以内に戻ってこないと、抱卵している親が巣を見捨てることになる。育雛期の特徴として、卵が無事孵化した後は、卵を破損する危険性がなくなるため、両親は一定間隔で、いっそう頻繁に保護の役割を交代する。この時期のヒナの保護義務は、平均 1 日ずつに短縮される。

ジェンツーペンギンの両親は、他種のほとんどのペンギンの親よりも責任感が強い。彼らは、兄弟のうちどちらか 1 羽をひいきすることはなく、2 羽のヒナを巣立たせるために全力で子育てをする。両親の保護はヒナが巣立った後も、海に入ってからも終わらない。幼鳥は 2 週間、潜水する成鳥の群れに加わって、海での経験を積むことができる。最初は 2 時間くらいの短い海の旅から始まり、後には、成鳥と同じ時間ずっと海で泳げるようになる。実際に両親が幼鳥と一緒に並んで泳いでいるかどうかは分からないが、海から戻った後、両親が幼鳥に給餌しているのが観察されている。このように、幼鳥が採餌法を学習している間も両親は幼鳥の食べ物を補ってやっている。この習性は他のペンギンには見られず、ジェンツーペンギンのヒナの生存率が他の種のペンギンたちよりもはるかに高い理由である（Polito and Trivelpiece 2008）。

営巣地によって繁殖成功率には違いがあるが、フォークランド諸島や南極地域でふつうに採餌できた年の平均は 1 巣

解散前のクレイシ（ボランティアビーチ、東フォークランド）

一体どれほどのエネルギーを使うのだろうか

泳ぐジェンツーペンギン

ソリを使ってみようかな

につき 0.9 羽である。南インド洋の営巣地の繁殖成功率はそれより低く、1 巣につき平均 0.7 羽である。餌の少ない年には、0.3 羽まで落ち込むこともある。

採餌

ジェンツーペンギンは勤勉な採餌者である。1 年の大半は同じ場所に定住し、毎夜、同じコロニーに戻る習性がある。巣立ち直後を除き、未成熟個体が非常に長期間または長距離の採餌旅行に乗り出すことはない。彼らは日和見的なハンターで、近くで見つけたものは何でも餌にしてしまう。小さなものでは 20 羽、大きなものでは 150 羽ぐらいの群れで泳ぎ、潜水する。海岸で群れになり、一緒に海に入り、イルカ泳ぎをし、波に乗って一斉に上陸する。

ペンギンに装着できるカメラ機器の発明は、ペンギンの餌の研究を一変させた。南極半島のキングジョージ島で 12 月から 1 月の育雛期に行われた研究（Takahashi et al. 2008）では、採餌旅行は平均 5.4 時間で、その間に 119 回潜水した（4.6m 以上潜水したものを 1 回と計算した）。平均潜水深度は 36.6m で、最も深い潜水は 102.1m であった。潜水の 37% は「U 型」か「W 型」のパターンで潜水し、その場合はペンギンが餌を採っている可能性が高い。潜水中の 25% の映像にオキアミが映っていた。この時の研究では、ジェンツーペンギンはほとんどオキアミだけを餌にしていた。同じ場所で時期を変えて行った別の研究では、栄養源として小魚により多く依存していることが示された。研究の量が増えるにつれ、結果も変化に富んでくる。

多数の相反する結果から、研究者たちは、ジェンツーペンギンは場所により、また同じ場所でも季節により、餌を多様に変えているという合意に至った。彼らは小魚、頭足類、甲殻類、時にはこの 3 種類を組み合わせて食べている。ミナミジェンツーはオキアミを選択することが多く、キタジェンツーは小魚を好む。

育雛期の採餌旅行は、パートナーと交代するために毎夜巣に帰ろうとするので比較的短時間で、コロニーから 16 ～ 24km の範囲で採餌している。冬期の旅はそれより長く、多くのペンギンは数日間潜水を繰り返し、別のジェンツーペンギンのコロニーに立寄って休息し、また海に戻っていく。このような長めの採餌旅行は、はっきりと方向を決めず回遊しながら数百キロに及ぶこともある。ジェンツーペンギンの最も深い潜水記録は 210.3m である（Bost et al. 1994）。

換羽

最初にヒナが海に入ってから 2 週間後、両親はようやく子への採餌の義務から解放される。サウスジョージア島では換羽前の採餌旅行は 20 ～ 30 日続く。クロゼ諸島では、ほぼその 2 倍続く。換羽は 12 月初旬から 3 月後半までの間で、繁殖地により時期が異なり、部分的な同調性が見られるにすぎない。換羽のため陸上にいる期間は平均 21 日である。その間に体重は 40 ～ 55% も減少する。しかし注意すべきことは、普通の採餌状況のもとでは、ジェンツーペンギンはふだんより少なくとも 20% 体重を増やしてから換羽に入るということである。

営巣

ジェンツーペンギンのコロニーは小さく、ほとんどの場合異なった種の大きなコロニーの縁に作られる。

地理的環境の違いによって、2 種類の異なった巣を使用する。ミナミジェンツーの場合、巣は小石で作られ、幅は約 43 ～ 50㎝である。キタジェンツーのいるフォークランド諸島や北部分布域では、浜辺に近い砂地に穴を掘って巣をつくり、乾いた草木、海藻、小枝、時には抜け落ちた羽毛などを敷き詰める。メスが巣づくりを担当し、オスが巣材を集める係となる。隣の巣のペンギン同士が、石や小枝をめぐって争うこともまれではない。奇妙なことにジェンツーペンギンは、他の巣づくりをするペンギンたちとは対照的に、明白な理由もないのにコロニー全体を数百メートル離れたまったく新し

い場所に移すことがある。またジェンツーペンギンは、特にミナミジェンツーは、他の種の巣を盗むことが知られている。ジェンツーはアデリーやヒゲよりもからだが大きいので、被害者を脅して追い払い、その巣に居ついてしまう。

相互関係と発声

ジェンツーペンギンは、他の多くの種よりも友好的である。採餌は一致協力して行うし、浜辺にいる時もコロニーの中でもたいていお互いに仲が良い。彼らは外からやってきた若鳥を攻撃しないし、他の種のペンギンに対しても平和的である。ただし繁殖期の初めには巣の場所をめぐって争うこともある。

彼らは献身的な親で、海に入ってからも子どもを教育する。これは、他の種のペンギンでは観察されたことがない。ほとんどすべてのつがいが前年と同じ巣に戻り、同じパートナーと一緒になる。つがいが示す愛情のサインもよく見られ、お辞儀をしたり、並んで立ったり横になったりして触れ合う。ジェンツーペンギンの場合、恋愛と絆づくりの期間は短い。つがいが巣の場所で一緒に過ごす期間はさらに短い。

ジェンツーペンギンは、他の多くの種よりも鳴き声を用いることが多く、コロニーはしばしば騒がしい場になる。その鳴き声は、まるでやかましいアヒルの群れがいるかのようである。彼らは異なった状況に応じて少なくとも 3 種類の音声信号を用いる。コンタクトコール、求愛コール、敵対コールである。

コンタクトコールは、短く、ぶつ切りで低いピッチの声で、つがい相手や子の確認の時に用いる。求愛コールは、さらに複雑で大きな音声で求愛や交尾の時期に数日間一斉に繰り返し鳴き交わされる。敵対コールは脅しの合図で、急速に頭を動かしながら、いらいらしたシューシューという音を発する。

危機

卵やヒナの主な死因は、オオトウゾクカモメやカラカラなどの大型の鳥たちである。ジェンツーペンギンの親は、飛べる鳥たちに対して無防備であることが分かっている。オオト

ジェンツーペンギンの群れ（サウスシェトランド諸島）

オオトウゾクカモメの餌食になったジェンツーペンギン

ウゾクカモメやカラカラが用いる興味ある戦略は、ペンギンの両親がヒナに餌を与えようとするまで待っていて、すぐ近くに舞い降りると、翼を羽ばたかせ大きな鳴き声をあげて親鳥を怖がらせる。大きな鳴き声でヒナの注意がそれ、魚を与えようとしていた親は餌を地面に落としてしまう。鳥たちは一瞬の間に翼をひろげ、大きな鳴き声で脅かしながら、落ちている魚を引っつかむ。命をなくすよりも魚をなくした方がましだと思っているかのように、ペンギンの一家はただじっと見ているだけである。

ジェンツーペンギンにとってアシカやヒョウアザラシは、特にミナミジェンツーの場合、海の中での最大の脅威である。通常ジェンツーペンギンは、経験からこの危険を避けて通り抜けることができるが、幼鳥や換羽直後の成鳥の多くは、これらの大きな海洋哺乳類の餌食になりやすい。

育雛が下手な親鳥もいて、特に抱卵中には、不器用な親鳥のせいでおびただしい数の卵が壊れてしまう。また、海水の浸水によって流されてしまう卵もある。遠く離れた、人の影響が及びにくい場所に比べて、フォークランド諸島は人の活動や外来種の導入による影響を受けやすく、ジェンツーペンギンの死亡原因になっている。

保護活動

フォークランド諸島におけるジェンツーペンギンの保護活動は闘いの連続である。フォークランド諸島ではペンギンのコロニーが人間の活動している場所に近いため、保護活動が必要である。また、はるか南の島々での過酷な暮らしを口実に、野生生物の保存が長年無視されてきたことも、保護活動が必要な理由である。昔から、ペンギンを狩ったり卵を採って売ることはもうかる商売であった。今日では、油田採掘、農場経営、観光業、商業漁業などが、保護より優先されていることが問題である。

フォークランド自治政府が野生生物を保護しようとしていることに疑問の余地はない。しかし、果たして政府が、保護活動の代価を支払う意思があるのかどうかは不透明である。いくつかの団体が、その多くは外部の団体だが、政府は現状を直視すべきだと訴えている。保護団体は、油田開発や魚の乱獲に対する政府の方針のせいで、イワトビペンギンやジェンツーペンギンの個体数が急速に減っていると非難している。

ポートロックロイにあるイギリスの研究基地（南極半島）

からだを乾かす

政府はペンギンを保護するために、生息地域を国立公園に指定したり人間の活動をある程度制限したりしているが、それで十分だとはとても思えない。

興味深い研究

繁殖期に営巣地に行くことができれば、ペンギンの研究をすることはどちらかといえばそれほど難しいことではない。少なくともつがいの片方は陸上にいるし、たいていは巣のすぐそばに立っている。コガタ、キガシラ、フィヨルドランドペンギンは例外として、他の種のペンギンたちの繁殖期の行動は容易に観察できる。

しかし、換羽が終わって海に出てからペンギンがどこにいて何をしているのかは、防水性のGPSが発明され研究が大きく進展するまで、何世紀にもわたり研究者の興味をそそってきた。GPSとビデオ機器が研究者に使われるようになったことで、ペンギンの生活の多くの秘密が明らかにされつつある。

サウスジョージア島のジェンツーペンギンの研究プロジェクトでは、タントンらの発見（2004）が大きな驚きをもたらした。ジェンツーペンギンは冬の休暇中もほとんど場所を変えず、繁殖期とあまり変わらない平凡な暮らしをしていたのである。他種のペンギンに焦点を合わせた研究とは、あまりにも対照的な結果であった。タントン博士は、サウスジョージア島のジェンツーペンギンは、コロニーをいったんは離れるが、冬の間もコロニーのすぐ近くに留まっていること、出発地点からせいぜい 10 ～ 32km の冒険しかしていないことを発見したのである。彼らは繁殖中とほぼ同じ時間だけ採餌すると、毎夜海岸に戻ってきた。怠けているのか、腹が空いていないのか、時には数日間、採餌にもいかず1日中海岸でぶらぶらしていた。

雪道を踏みしめて（ハーフムーン島、サウスシェトランド諸島）

［表］

重さ	資料 1 *(papua)*	資料 2,3 *(papua)*	資料 4,5,6 *(ellsworthii)*
帰還時の繁殖個体　オス	5.6kg	7.0kg（2）	5.8kg（4）
帰還時の繁殖個体　メス	5.1kg	6.6kg（2）	5kg（4）
最初の抱卵中　オス	5.8kg	6.25kg（2）	
最初の抱卵中　メス	5.0kg	6.0kg（2）	
換羽前　オス	8.0kg		
換羽前　メス	7.5kg		
換羽前　オス・メス		7.2kg（2）	
換羽後　オス	6.5kg		
換羽後　メス	5.6kg		
換羽後　オス・メス		4.6kg（2）	
巣立ち時のヒナ	5.9-6.75kg	5.4kg（3）	4.86-5kg（5）
卵	54.4g		84-90g（6）
長さ	**資料 1 *(papua)***	**資料 7 *(papua)***	**資料 8 *(ellsworthii)***
フリッパーの長さ　オス	23.4cm	25.6cm	17.1cm
フリッパーの長さ　メス	22.2cm	24.8cm	16.8cm
くちばしの長さ　オス	5.6cm	6.3cm	4.9cm
くちばしの長さ　メス	5.4cm	5.8cm	4.6cm
くちばしの高さ　オス	1.7cm	1.95cm	1.8cm
くちばしの高さ　メス	1.5cm	1.73cm	1.6cm
足指の長さ　オス			11.6cm
足指の長さ　メス			10.9cm

Source 1: Williams 1995—South Georgia Island. Source 2: Otley et al. 2005—Volunteer Beach, Falkland Islands. Source 3: Reilly and Kerle 1981—Macquarie Island, Australia. Source 4: Otley et al. 2005—Antarctic Peninsula. Source 5: Polito and Trivelpiece 2008—Admiralty Bay, King George Island, South Shetland Islands. Source 6: Cobley and Shears 1999—Port Lockroy, Antarctica. Source 7: Williams 1995—Crozet Islands. Source 8: Renner et al. 1998—Ardley Island, South Shetland Islands.

生態	資料 1 *(papua)*	資料 2,3,4,5 *(papua)*	資料 6,7,8,9 *(papua)*
繁殖開始年齢（歳）	2-4	2-5（2）	
抱卵期（日）	37	33-37（3）	34（6）
育雛（保護）期（日）	30	25（3）	29（6）
クレイシ期（日）	60	63（3）	60（7）
繁殖成功率（羽／巣）	1	0.71-0.75（3）	1.0-1.3（6）
つがい関係の維持率	36%		90%（7）
オスのコロニー帰還日	10月中旬	6月末～7月中旬（2）	9月～10月（7）
第1卵の産卵日	11月6日	6月23日（2）	10月～11月（7）
ヒナの巣立ち日	3月	1月～2月（3）	
成鳥の換羽開始日	2月～4月	12月中旬～2月中旬（2）	
巣立ち後2年間の生存率	59%	27-38%（2）	
繁殖個体の年間生存率	75-89%	85%（2）	
平均遊泳速度			時速 6.48km（8）
最深潜水記録	166m		212m（9）
コロニーからの最大到達距離	105km	2,000km（4）	
最も一般的な餌	甲殻類	魚類（5）	オキアミ（7）
次に一般的な餌	魚類	甲殻類（5）	魚類（7）

Source 1: Williams 1995—South Georgia Island. Source 2: Williams 1995—Crozet Islands. Source 3: Lescroël et al. 2009—Kerguelen Island. Source 4: Clausen and Pütz 2003—Kidney Cove, Falkland Islands. Source 5: Williams 1995—Marion Island, Prince Edward Islands. Source 6: Cobley and Shears 1999—Port Lockroy, Antarctica. Source 7: Williams 1995—King George Island, South Shetland Islands. Source 8: Culik et al. 1994—South Shetland Islands. Source 9: Adams and Brown 1983—Marion Island, Prince Edward Islands.

冠羽が際立つシュレーターペンギン

シュレーターペンギン
Erect-crested Penguin
Eudyptes sclateri

属：マカロニペンギン属
同属他種：
　ロイヤルペンギン、イワトビペンギン、スネアーズペンギン、フィヨルドランドペンギン、マカロニペンギン
亜種：なし
IUCN レッドリストカテゴリー：絶滅危惧 IB 類（EN）

推定生息数
　個体数：20 万羽
　繁殖つがい：8 万 5000 組
寿命：平均 10 年未満、最長 18 年
渡り：あり、4 月から 9 月までコロニーを離れる
繁殖地：
　ニュージーランドのバウンティ諸島、アンティポデス諸島
色
　成鳥：黒、白、黄色の冠羽、ピンクの斑点、茶色
　くちばし：茶色
　足：白っぽいピンク、足の裏は茶色
　虹彩：赤味がかった茶色
　ヒナの綿羽：チョコレート色、濁った白
　幼鳥：薄黄色の冠羽、灰色の首、白から灰色の顔、
　　　　くすんだ茶色のくちばし
身長：56 ～ 64cm
体長：61 ～ 69cm
通常産卵数：1 巣 2 卵
1 つがいが 1 年に育てるヒナの最大数：1 羽

ヒナ
幼鳥
成鳥

デイビッドが見たシュレーターペンギン

私がこの本を書くために決行したたくさんの航海の中でも、アンティポデス諸島への旅はとりわけ冒険的なものだった。ニュージーランド当局にすげなく断られ、上陸許可は得られなかったが、全長15mのヨット、ティアマ号のヘンク船長を紹介された。ヘンク船長は、遠く離れたニュージーランド領の亜南極の島々に調査に行こうとする多くのチームが、必ずといっていいほど指名する操船士だ。彼は計画している次の航海に、私を一緒に連れていくことに同意してくれた。ただし、島へ上陸するチャンスはまったくないので長靴はもってこないように、という条件つきだった。写真はゴムボートの上からしか撮れないだろうと言われた。私はブラフ港でヘンク船長、研究者たち、乗組員のスティーブ、そしてティアマ号と会った。ティアマ号は、クルーズ船ではなく小さなヨットだったが、南極海は私たちに協力的で、好天に恵まれた。航海を始めてからほぼ3日後、私たちの目の前にアンティポデス島がその美しい姿を見せた。

写真を撮り始めて2時間ぐらい経った時、不意にゴムボートのエンジンが止まった。ヘンク船長は何度も何度もスターターロープを引っぱっている。私は一体何が起きたのかと、カメラファインダーから頭を上げた。私たちは、切り立った岩礁と元気なペンギンたちからあまり離れていない所で、エンジンが止まった小さな黄色のゴムボートに揺られながら浮かんでいた。私のような未経験者には、上陸することが最も安全な策だと思えた。ところがヘンク船長はたった数秒で私にボートの漕ぎ方を教えると、上陸がいかに危険な選択であるかを納得させた。上陸するどころか、私たちは沖に向かってひたすら懸命にパドルを漕ぎ続け、危険な岩場から離れた。ヘンク船長がヨットに呼びかける時間ができた時、ティアマ号は私たちから800mほど離れた所に錨をおろしていた。スティーブはすぐに錨を上げて15分でボートまで来てくれたが、私にはその時間が永遠のように思えた。ロープが投げおろされ、私たちは無事にヨットへよじ登ることができた。その時ほどティアマ号が頼もしく大きな船に見えたことはなかった。

シュレーターペンギンは冠羽以外は、外見も行動もスネアーズペンギンとほとんど同じように見える。ペンギンたちはいかにも上陸が難しそうな場所で、その時々で20羽から40羽が群れになり、絶えず海に出たり入ったりしている。互いに重なり合うように海に飛び込み、上陸する時も、海岸にあるケルプから自由になろうと折り重なってわれ先に上陸する。海岸で短時間だけ休息すると、ヒナに餌を与えるため丘を登っていく。ヒナは小さなクレイシにいて、すでに大きくなっているが、まだ綿羽をまとい、その綿羽は泥やグアノにまみれて汚れていた。そこにいた1羽の非繁殖個体は、もう初期の換羽期に入っていた。群れの中に数羽のイワトビペンギンが混ざっていた。海に向かう採餌グループの中にもイワトビペンギンが1羽いた。

アンティポデス諸島はペンギンたちがいつも通りの日課に従って暮らしている、にぎやかなコロニーだった。ヒナがほんの数週間で巣立とうとしている、繁殖期もほとんど終わりに近づいていた時期にもかかわらず、今から交尾しても遅すぎることはないとでもいうように、数羽のつがいが求愛や交尾をしていた。愛らしいペンギンたちとの素晴らしい1日だった。もっと簡単に彼らに会える方法があればよいのだが。

自慢げに冠羽をみせる成鳥

上陸直後（アンティポデス島、ニュージーランド）

岩場に上陸するのは大仕事（アンティポデス島、ニュージーランド）

シュレーターペンギンについて

生息数の動向

深刻な減少傾向にある。彼らの個体数についての信頼できる情報は、変動が大きい。1978年、1998年、2008年にニュージーランド政府によって行われた調査は、それぞれ違う調査方法で集められたデータであるため、互いに比較はできないかもしれない。仮にこれらの調査に間違いがないとすれば、2つの島のシュレーターペンギンの個体数は1978年の調査以来、どちらも劇的に減少している。バウンティ諸島では11万5000繁殖つがいがわずか2万8000繁殖つがいに、アンティポデス諸島では10万繁殖つがいが、わずか4万9000～5万7000繁殖つがいに減少した。シュレーターペンギンは繁殖しない年もあるという事実が、他の要因と同じように個体数の計測をややこしくしている。

2羽のシュレーターペンギンのヒナ

生息環境

シュレーターペンギンはニュージーランドの東、約800kmにある2つの孤立した群島に住んでいる。アンティポデス諸

大きな岩の上を歩き回る（アンティポデス島、ニュージーランド）

島の最大の島、アンティポデス島の面積は約 20km^2 で、バウンティ諸島の面積は全体で約 2.6km^2 にも満たない。

これらの島々への上陸はニュージーランド政府によって禁じられている。

形態

シュレーターペンギンは、大きさ以外はスネアーズやフィヨルドランドとよく似ているが、より大型で、冠羽が他のペンギンとはまったく違っている。幅広の冠羽は非常に人目を引く特徴で、「Erect-crested（逆立った冠羽）」という英名の由来にもなっている。冠羽はくちばしの上から後頭部に向かって立ち上がっている。スネアーズと似ていないのは、上から見ると冠羽が 2 本の平行線のように見えるところである。シュレーターペンギンは、この冠羽を上げたり下げたり自由に動かすことができる。皮膚が露出してピンクになっているラインが、冠羽の根元から始まってくちばしの周囲まで続いている。くちばしの色はオレンジ色または赤だが、他の冠羽ペンギンのくちばしほど鮮やかではない。虹彩も他の冠羽ペンギンと違って、鮮やかな赤というよりも茶色である。頭の残りの部分、背中、あごは黒い。首の上部にある黒から白への変わり目はスネアーズと同じように、赤ちゃんのよだれ掛けのように見える。フリッパーはからだの大きさの割には長く、内側は白で幅広の黒い縁があり、それは先端に行くほど広がっている。足はピンクから白で、足の裏は黒い。幼鳥は、成鳥より細身でくちばしが小さい。冠羽もはるかに小さく、顔と首は灰色がかっている。

ヒナ

シュレーターペンギンのヒナの綿羽は、背中がチョコレート色で、前面は白から薄いクリーム色である。孵化してから最初の 3 週間を父親の保護のもとで暮らす。母親はこの間ヒナに餌を運ぶ。ヒナは 3 ～ 4 週齢になると小さなクレイシに加わる。1 月 30 日頃が巣立ちのピークであり、巣立ちの時の平均体重はオスで 3.6kg、メスで 3kgである。2 月 12 日ま

海上からサブコロニーを眺める（アンティポデス島、ニュージーランド）

岩の上のクレイシ（アンティポデス島、ニュージーランド）

でに最後のヒナも巣立つ（Warham 1972）。彼らは次の年の1月か2月頃、換羽のために生まれたコロニーに戻ってくる。そして4歳から6歳になると繁殖を始める。

繁殖と育雛

シュレーターペンギンはほとんど調査されていないが、1941年にリッチデールが、求愛から産卵までの繁殖期に関する唯一の主要な研究を行った。リッチデールはニュージーランドの南島で数羽のシュレーターペンギンを発見した。しかし彼が研究したつがいは、実際に、卵を孵してヒナを誕生させることはなかった。

1972年、ウォーラムは本格的な研究をしようとアンティポデス諸島に向かったが、彼が着いた時には繁殖期の開始からすでに3カ月半が経過していた。1998～1999年の繁殖期には、デイビスとレナー、ヒューストンが抱卵期の後半までアンティポデス諸島に滞在した。

ウォーラムによると、繁殖期は最初のオスたちが到着して前年の巣を確保する9月5日頃から始まる。そこでオスはつがい相手が来るのを待っている。ほとんどのメスは後から到着して、巣で待っている昨年のつがい相手と一緒になる。

10月初め、通常最初に小さな卵を産み、約5日後により

海に向かって飛ぶ

大きな2番目の卵を産む。最初の卵は、2番目の卵が産まれてから1～2日の間にほとんど放棄されてしまう。これはたぶん抱卵斑の中に大きな卵と小さな卵をうまく抱くことができないという物理的な原因によると思われる（David Houstonからの直接取材）。孵化するまでは、あくまでもスネアーズやフィヨルドランドペンギンの平均値を参考にしての推定だが、およそ35日である。この推測が正しいとすれば孵化は11月17日頃のはずであり、ウォーラムが到着した日付はそれよりなお60日も後であった。デイビスは卵の重さを測った。最初に生まれたはるかに小さな卵は82g、2番目に生まれた大きな卵は151gであった。

抱卵期の研究が重なったため、保護期やクレイシ期の報告は行われなかったし、その後もまだ研究は行われていない。シュレーターペンギンはスネアーズやフィヨルドランドペンギンと同じように抱卵をオスとメスが協力して行う。繁殖期は、最初の卵が生まれた日からヒナが巣立つまでを数えると、およそ120日間と推定される。

採餌

入手できる研究はない。

換羽

非繁殖個体は、アンティポデス諸島に1月に到着し、繁殖個体より早く換羽を始める。繁殖個体は、ヒナが巣立ってから数日以内に、体重を増やすため換羽前の採餌旅行に出かける。海から戻ってくると、海岸の近くの岩の上で約26～30日かけて換羽する。オスの体重は7kgから3.5kgに、メスの体重は平均5.9kgから3kgとほぼ半減する。（Warham 1972）。ウォーラムによる興味深い観察によると、換羽期には5日ごとに体重の約10%を失うが、換羽期の終わりに近づくにつれて体重の減少は次第にゆるやかになる。これは蓄えていた脂肪を使い果たしたためだと思われる。

営巣

シュレーターペンギンは、アンティポデス諸島やバウンティ諸島では海を見渡せる傾斜地に巣をつくる。これらの島は狭いので、コロニーは海の近くにある。巣は非常に密集しており、中心から中心まで平均66cm間隔である（Warham 1972）。浅い窪みに時には小石を敷いて巣にしたり、大きな岩に自然にできた穴や自然の洞穴を利用したりする。乾いた草や小さな石、葉などを使って隙間を埋める。アンティポデ

にぎやかに採餌に出かけるシュレーターペンギンの群れ

もっと簡単に彼らに会いに行ければいいのだが

ス島では、雨が毎日のように降るので、コロニーはほとんどいつもペンギンの糞でぬかるんでいる。

相互関係

シュレーターペンギンの習性は、スネアーズや他の冠羽ペンギンに似ている。つがい相手やヒナには優しいが、隣人や非繁殖個体には攻撃的になることがある。陸上での気分がどうであろうと、海に入るとすぐにすべてのごたごたを忘れてしまう。シュレーターペンギンの群れは、潜水する時に全員が協力して行動する必要がある。水中から首を上げている時はいつも、それぞれが違う方向を見ているように思われる。海に深く潜る時はコンタクトコールで鳴き交わすと、一斉に姿を消してしまう。

つがいの儀式には、相互のお辞儀、頭を低くして振る、頭を高くして震わす、頭を前方に向けて揺らすなどの行動が含まれる。つがいはまたお互いの頭を羽づくろいする。卵が生まれる前、つがいは近づいてお互いの頭を低くしたり、首をクロスさせた姿勢で立っている。くちばしを空に向けて鳴くトランペットは通常、巣の交代の時や親がヒナを捜す時に使われる（Warham 1972）。

巣をつくるためには石や草を運ぶ必要がある。オスは、始終、つがい相手にプレゼントするために、石やその他の巣材を運び続ける。まるで感謝の贈り物をしているようである。同じことが、卵を産むための巣を必要としない換羽期前や換羽中の巣づくりにもいえる。何カ月も巣を使わないことが分かっていても、メスが愛情を示して立っている間、オスは巣づくりに精を出す。このような行動はつがいを興奮させ、繁殖目的外の交尾につながることもある。ウイリアムズとロドウェルが観察したマカロニペンギン（1992）と比較すると、シュレーターペンギンの場合は、新たな繁殖期が始まる時よりもむしろ、すでにつがいとなった繁殖期の後半に次のつがい関係が始まっていて、お互いに絆の再確認を必要としているらしい。

近隣の巣のそばをもめごとを起こさずに通りたい時は、その場に立って頭を片側に向けてお辞儀をし、肩と首を下げて歩いて行く。シュレーターペンギンはなわばりを守っている時は攻撃的になる。オスは自分のつがい相手の気を惹こうとする同性のライバルや、巣に近づきすぎた無礼な幼鳥を攻撃する。けんかは段階的にエスカレートする。まず頭を横に動かしながら断固たる警告の鳴き声を発してから、気に障る相手の方へ何度もくちばしを向ける。次に自分が飛べると錯覚しているのかと思うほど激しくバタバタとフリッパーを振り、

相手のくちばしに何度も続けてくちばしを突き出す。ついには1回または数回大きな鳴き声をあげてから相手の顔やからだをつつく。時には後ろからもつついて攻撃する。

危機

イワトビペンギンのようにシュレーターペンギンも、個体数を激減させる大きな脅威にさらされていると考えられている。しかしながらその脅威が一体何でありどの程度なのかはいまだに謎のままである。人間が一時期アンティポデス諸島やバウンティ諸島に居住していた時には、生息していたアザラシの群れを大量に殺した。

シュレーターペンギンの個体数が次第に減少している原因はまだ不明であるが、生物学者は、最も可能性の高い原因は、ペンギンの餌の量に影響を与える水温や海流など海の物理特性の変化であると考えている。これは、数種のペンギンだけに影響を与え、他のペンギンには影響しないのはなぜかという複雑な問題を提起する。シュレーターペンギンの近縁種であるスネアーズペンギンの個体数は安定している。しかし、別の近縁種のイワトビペンギンの場合はゆゆしき状況である。

海水温の上昇、食物連鎖を壊す富栄養化、酸性化、汚染、水を媒介とした動植物の伝染病、餌のいる場所の変動などが脅威となっていると思われる。シュレーターペンギンやその生息環境に関する研究が乏しいため、この鳥が直面する危機の全体像ははっきりしない。調査や知識が不足していることだけでも、この種が生き残るための大きな脅威になっていると言って間違いない。

保護活動

アンティポデス諸島やバウンティ諸島は、ごつごつした岩でできた島であり、ゴムボートで上陸するにはいつでも油断のならない危険を伴う。ニュージーランド政府はこの島に棲む鳥たちの保護を目的として、島々を訪れるほとんどすべての人の上陸を禁止している。やっかいな許可申請を経て選ばれたほんの一握りの研究者だけが上陸を許可される。この島々は珍しい貴重な動植物の宝庫であり、これまでに上陸を許可された少数の幸運な研究者たちの中で、シュレーターペンギンの研究を行ったのはデイビスのグループだけである。シュレーターペンギンには大きな助けが必要であるにもかかわらず、広範囲の調査が行われ、数値が示され、問題点が明らかにされなければ、保護活動を始めることすらできない。

興味深い研究

シュレーターペンギンに関する研究は数が少ないため、ほとんどの情報は、リッチデールが観察した風変わりなペンギントリオから得た情報である。彼は通常の繁殖地から西へ数百 km も離れたニュージーランドの南島で、2羽のオスと

相互羽づくろい

1羽のメスのシュレーターペンギンを発見した。この3羽は、後には1組のつがいだけになったが、数年間同じ場所に戻ってきた。リッチデールは彼らの行動を毎日記録した。しかし、リッチデールのシュレーターペンギンは放浪個体で特殊な例であった。通常の繁殖期の行動は見られたが、1羽のヒナも孵すことはなかった。

ウォーラムは、ニュージーランドのすべての冠羽ペンギンを解説し、独自のデータを熱心に集めた（1972）。アンティポデス諸島では、不運にも悪天候に阻まれ上陸するのが遅すぎたために、所期の目的を達成することはできなかった。

シュレーターペンギンに関する研究の数、というよりもその不足は、ニュージーランド政府の善良な意図が裏目に出た例といえるだろう。アンティポデス諸島やバウンティ諸島、スネアーズ諸島に居住することや上陸することを禁じる法律を制定した時、ニュージーランド政府が良心的な目的をもっていたことは疑う余地がない。だが不幸にも、その制限がこれらの希少種の調査を非常に困難にしている。ニュージーランド政府の故意ではないが行きすぎた政策が、シュレーターペンギンの生活史や採餌習性、脅威やその他の基本的な情報を十分に知る妨げとなっている。知識の不足はひょっとしたら、調査グループや小さな恒久的な研究基地が与えるよりもはるかに大きな弊害を、これらのはつらつとしたペンギンたちにもたらすかもしれない。

美しいシュレーターペンギン

ケルプをのり越えてわれ先に岸へ上がる

[表]

重さ	資料 1	資料 2
帰還時の繁殖個体　メス		5.6kg
最初の抱卵　オス	4.5kg	
最初の抱卵　メス	3.6kg	
換羽前　オス	7.0kg	
換羽前　メス	5.9kg	
換羽後　オス	3.6kg	
換羽後　メス	2.9kg	
巣立ち時のヒナ	3.0-3.6kg	
第 1 卵		98g
第 2 卵		149g
長さ	**資料 1**	**資料 2**
フリッパーの長さ　オス	21.2cm	
フリッパーの長さ　メス	20.4cm	
フリッパーの長さ オス・メス		22cm
くちばしの長さ　オス	5.9cm	
くちばしの長さ　メス	5.3cm	
くちばしの長さ オス・メス		5.2cm
くちばしの高さ　オス	2.6cm	
くちばしの高さ　メス	2.3cm	
くちばしの高さ　オス・メス		2.2cm

Source 1: Warham 1972—Antipodes Island, New Zealand. Source 2: Richdale 1941—Otago Peninsula, New Zealand.

生態	資料 1	資料 2
抱卵期（日）	35	
育雛（保護）期（日）	21	
クレイシ期（日）	50	
オスのコロニー帰還日	9 月初旬	9 月末（9 月 26 日）
第 1 卵の産卵日	10 月初旬～中旬	10 月初旬（Oct.7）
ヒナの巣立ち日	1 月末～ 2 月	
換羽前の採餌旅行の長さ（日）	28	40
成鳥の換羽開始日	3 月初旬（3 月 12 日）	3 月中旬（3 月 19 日）
陸上での換羽期（日）	26-30	24

Source 1: Warham 1972—Antipodes Island, New Zealand. Source 2: Richdale 1941—Otago Peninsula, New Zealand.

人間に出遭ったフィヨルドランドペンギンの奇妙なポーズ

フィヨルドランドペンギン
Fiordland Penguin
Eudyptes pachyrhynchus

属：マカロニペンギン属
同属他種：
　イワトビペンギン、ロイヤルペンギン、シュレーターペンギン、
　マカロニペンギン、スネアーズペンギン
亜種：なし
IUCN レッドリストカテゴリー：絶滅危惧Ⅱ類（VU）

推定生息数の最新データ
　はっきりと分かっていないが 6000 羽か、それより少ないと推測
　されている
　繁殖つがい：2500 組
寿命：調査されていない
渡り：あり、4 月から 6 月までコロニーを離れる
主なコロニー：
　ニュージーランド南島の西海岸フィヨルドランド地方、
　スチュアート島
色
　成鳥：黒から濃紺、白、黄色の冠羽、ピンク、
　　　　オレンジ色から赤
　くちばし：赤みを帯びたオレンジ色、くすんだ黄色
　足：ピンク、足の裏は褐色から黒色
　虹彩：鮮やかな赤
　ヒナの綿羽：最初の 1 ～ 2 週間は非常に濃い灰色、その後灰色
　幼鳥：小さく、薄い黄色の冠羽、頭と首は濃い灰色
身長：53 ～ 58cm
体長：56 ～ 61cm
通常産卵数：1 巣 2 卵
1 つがいが 1 年に育てるヒナの最大数：1 羽

別名：キマユペンギン、タワキ

成鳥

幼鳥

デイビッドが見たフィヨルドランドペンギン

フィヨルドランドペンギン以外のニュージーランドに生息するペンギン、キガシラペンギンとコガタペンギンをごく近くで見ることができる街、ダニーデンから車で6時間行くと、レイク・モエラキ・ビーチロッジに着く。サラとジョンが歓迎してくれた。そして王様のような待遇を受けた。ジョンの料理は、ニュージーランドのどのレストランの食事よりもおいしかった。

レインフォレストの深い木々に覆われた小径を抜けて、浜辺まで歩いた。浅い小川を4回横切って浜辺に着いたとたん、1羽のペンギンもいないという事実に衝撃を受けた。太陽が雲間から顔を出した時、初めてのペンギンが泥だらけの崖から飛び降りてきた。彼は私に気づくと、後戻りして素早く崖を登った。再び降りてくるまで20分近く待った。出てくるや、一風変わった姿勢で素早く走りだし、1分も経たないうちに岩の後ろに隠れ、海に飛び込んだ。私はそれから数時間待ったが、ペンギンに会うことはできなかった。ジョンが、もう1つのコロニーの近くの海からペンギンが1羽出てくるよと知らせてくれた。私は砂山の後ろに隠れながら反対側に走り、写真を撮る用意をして待った。ペンギンは一度海へ引き返したが、数分後に戻ってきて、また一風変わった姿勢で走りだし、森の小径を通って姿を消した。浜辺でさらに2時間待った後に、1羽のペンギンがもう1羽のペンギンと偶然出会うという素晴らしい場面に立ち会うことができた。だが、私がシャッターを切ろうと頭を上げた瞬間、2羽は素早く海に飛び込んだ。

私は2日間の大半を浜辺に寝そべって過ごしていたが、小さな黒いハエのようなサンドフライの群れが絶えず私の頭上でホバリングしていた。私が出会えたペンギンは1ダースにも満たなかったが、そのうち数羽は遠すぎて写真に撮ることすらできなかった。

このペンギンは開けた土地は好まず、海岸でゆっくり時間をかけてからだを乾かしたり羽づくろいしたりすることはほとんどない。フィヨルドランドペンギンは1羽で行動する。写真家にも友好的ではない。まれにしか出会うことができないということが、彼らの困難な現在とそれ以上に不透明な未来とを暗示している。

森に向かって走り去る1羽のフィヨルドランドペンギン

からだを乾かす（モエラキビーチ、ニュージーランド）

フィヨルドランドは孤独なペンギン

フィヨルドランドペンギンについて

生息数の動向

フィヨルドランドペンギンの個体数は安定していると思われているが、減少している生息地もある。個体数ははっきりしていない。フィヨルドランドペンギンは非常に用心深く、巣はレインフォレストの密集した植生の奥深くにあるので、巣を見つけることは難しく時間のかかる仕事になる。海への行き帰りも群れではなく1羽で行動し、その時間も不規則であるため、海岸も個体数を計測するのに適した場所ではない。

生息環境

フィヨルドランドペンギンは、その名前の由来であるニュージーランド南島のフィヨルドランド地方と、その近くの南緯43～46°の間にある小島で繁殖している。ジャクソンヘッド、プリザベーションインレット、イエーツポイント、モエラキビーチ、ダスキー湾、ソランダー島、そしてオープンベイ諸島に生息し、わずかだがスチュアート島でも確認されている。このペンギンは一般的に狭い海岸線地帯を好み、見通しのよい開けた砂浜は風変わりな駆け足で通り過ぎ、密集した植生の中に隠れるように走り込む。換羽後の採餌旅行は遠く離れた所まで泳いでいき、夏の後半から秋にかけてオーストラリアで目撃されたという確かな情報もある。

形態

フィヨルドランドペンギンは、くちばしの根元に皮膚がむき出しになったピンクの部分がないだけで、最も近い類縁関係にあるスネアーズペンギンと外見がよく似ている。他の冠羽ペンギンと同じように背中は濃紺から黒色である。目の上から立ち上がった長くて黄色い冠羽が、耳の脇まで垂れている。大きな冠羽に加えて頭の中心に向かって小さな黄色の縞がある。背中と頭は、非常に濃い青の色合いをした黒色である。フィヨルドランドペンギンを他の冠羽ペンギンから区別する最も簡単な方法は、ほおに数本の細くて白い線があるかどうかを観察することである。下腹部は首の上の方まで白く、足の上からあごの下にかけて背中の黒色に対してS字形の曲線を描いている。くちばしは黄色の線以外はほとんどオレンジ色で、一部に灰色や黒のまだらがある。大きな黒い爪をもった、たいへん長い足はほとんどピンクで、足の裏は黒から濃い茶色である。フリッパーは、外側は黒色で内側の中央はピンクから白色、その周りを多様な幅の黒色の縁が囲っている。幼鳥は、くちばしが茶色で冠羽はまだとても小さく、

似た者どうしのペンギントリオ

目は茶色で、あごは灰色からくすんだ白である。

ヒナ

孵化したばかりのヒナはまだ目が見えず、最初は、背側はむらのある褐色で腹側は白の第1幼綿羽で覆われている。ヒナは生まれてから最初の2週間は、父親の足の上にある抱卵斑で覆われて過ごす。その後2週間経つと成長にともない厚い第2幼綿羽が伸びてきて、時々思い切って巣から出歩くようになる。3週齢で小さなクレイシに加わる。その後、クレイシを出て再び1人きりになり、両親が戻ってきて餌を与えてくれるまで1日の大半を巣の近くで待っている。その後、ゆっくりと綿羽を脱ぎ捨てて、両親が餌を与えてくれなくなると巣立っていく。次の年の1月、生まれたコロニーの周辺で換羽するために多くの時間を過ごす。そのようにして成鳥の羽毛を獲得する。3～5年を経て繁殖を始める。

よそ者を見張る

繁殖と育雛

フィヨルドランドペンギンは、他の冠羽ペンギンと同じように繁殖期に同調性があり、また、巣立ちまで育てるヒナは1羽だけである。繁殖期に関する主要な調査は、1960年代後半にニュージーランドのジャクソンヘッドでウォーラムが実施したが、その後、追跡研究はほとんど行われていない。20週間の繁殖周期は6月下旬から7月初旬に始まる。まずオスが、そしてそのすぐ後メスが、太って元気になってコロニーに到着する。彼らは昨年の配偶者か新しい配偶者とつがいになり、この期間のコロニーは喧噪に包まれけんかが頻繁に起こる。だが、ペンギンたちの関心はすぐに巣づくりに向けられる。8月が巡ってくると、メスは数日おいて2個の卵を産む。最初の卵は2番目の卵より20%小さい。到着してから抱卵までオス、メスともコロニーを去ることは決してない。卵は緑がかった白で、わずかに茶色の模様が混じっている。

2番目の卵が産み落とされてから、31～35日かかる抱卵期が本格的に始まる。オスとメスは交代で抱卵する。最初の2、3日は両親が頻繁に交代し、卵を抱く前に2個の卵を決まった位置に落ち着かせる。約30日間絶食していたメスが、まず約10～13日間の採餌旅行に出かける。その間、オスが1羽で抱卵する。オスがようやく約40～45日間の絶食から解放される時には、体重は以前より30～40%減っている。フィヨルドランドペンギンは他の冠羽ペンギンとは違って、最初から卵を放棄することはなく、2個とも孵化させようとする。最初の卵と2番目の卵が死亡する確率は均等である。巣の約60%で少なくとも1個が孵化し、大多数の巣で2個とも孵化した（Mclean 2000）。孵化はオスが抱卵している時に起こるが、たいていはメスも居合わせている。小さい方のヒナの多くは、たぶん最初の卵から生まれたヒナだと思われるが、1～2日の間に死ぬか姿を消してしまう。つがいの一部は2～3週間は2羽のヒナを育てるが、遅かれ早かれ小さい方のヒナに餌を与えることをあきらめてしまう。大きい方のヒナが先に死んでしまった時は、小さい方のヒナを巣立ちまで育てる。ファリアは1966年に1つの巣から2羽のヒナが巣立ったことを報告したが、ウォーラムが行った複数の研究では、2羽を巣立たせることができた巣は1例も見られなかった。

保護期の全期間、オスが巣にいてヒナを守る。最初、ヒナは体温維持ができるようになるまで、オスの足の上の抱卵斑の中に隠れている。約2週間経つと、ヒナは抱卵斑からはみ出すくらい大きくなっているが、危険が迫ると抱卵斑の中に頭だけ突っ込む。メスは海に行ったり来たりしてヒナに給餌する。約20日後、ヒナがクレイシに加わると、両親はヒナに餌を与えるためだけでなく、自分たち自身のために採餌に出発する。この給餌段階は、ヒナが75日齢になる1週間から10日前に突然給餌を中止するまで続く。しばらくひもじさを我慢した後、ヒナは巣立っていく。平均繁殖成功率は1巣あたり0.5羽である。

採餌

フィヨルドランドペンギンは、イカ、オキアミ、魚などを食べ、たいていの年はこれらの餌を大量に供給してくれる、営巣地近くの海で採餌していると推測される。

ウォーラムの調査では、死んだ複数のヒナの胃を調べたところ、大部分に未消化のイカが残されていて、中には400にものぼる未消化のイカの顎板（がくばん）（くちばし）が残っている胃もあった。

岩かげに佇むフィヨルドランドペンギン（モエラキビーチ、ニュージーランド）

換羽

ヒナが巣立った後、あるいは巣立つ数日前でさえ、フィヨルドランドペンギンの親はすっかり痩せ細り、すぐにでも換羽前の採餌旅行に出かけねばならない。親鳥は、60～90日の採餌旅行で体力と体重を回復させ、大きな危険を伴う換羽に備える。2月に戻ってきて再び上陸するが、中には巣から離れた丘に留まるものもいるし、営巣場所に戻り配偶者と並んで換羽するものもいる。

陸上での換羽の期間は3週間続く。その間に体重のおよそ半分を失う。フィヨルドランドペンギンの幼鳥は成鳥より早く換羽するが、常に生まれたコロニーに戻って換羽するとは限らない。

営巣

フィヨルドランドペンギンは、内陸の海岸から近い場所、時には90mも離れていない所に巣をつくり、急勾配の崖につくることもたびたびある。巣のある場所はうっそうと密集した植生の下で、折り重なった木々や藪で隠されている。折れた枝や倒木の陰につくることも多い。地面が軟らかければ、足を使って、またからだを回転させて腹部で地面に穴を掘って巣をつくる。巣は30㎝ぐらいの大きさで、通常は木の根の周りの藪が繁茂している場所に掘る。10～80個くらいの巣がある小さなコロニーでは、巣と巣の間は少なくとも1.2～1.8m離れている。

オープンベイ諸島では巣は土や岩がむき出しの洞窟の中にあり、そこでは巣と巣はもっと接近している。フィヨルドランドペンギンは、前年の巣が雨で流されていなければ再利用する。石や小枝、木切れを集めてきて無造作にばらばらと巣に敷く。地面に落ちていた葉や枝から引き抜いた葉を敷き詰める。巣をつくるのは主にオスだが、メスも手助けする。巣への固執性は高く、たび重なる大雨で巣が流されると、やむをえず数メートル離れた所に巣を移動する。

相互関係

フィヨルドランドペンギンは、とても臆病で人を怖がる。人がいることに気づくと、不意にその行動を変える。鳴き声とディスプレーは、スネアーズペンギンや他の冠羽ペンギンと似ている。しかし個体差が大きく、鳴き声のアクセントがはっきりしていて声に伴うディスプレーの強度にも差がある。

性的ディスプレーには、広告、求愛、つがいの再確認、巣づくり、巣の交代が含まれる。顕著な性的ディスプレーは、頭を垂直に立てて振り動かしトランペットのような鳴き声を

早朝のモエラキビーチ（ニュージーランド）

出す。多くはオスによるが、メスもまた頭をもち上げる。ふだんはオス、メスともに、お互いにお辞儀をするようにフリッパーとからだ全体を曲げて、お互いのからだにくちばしで優しく触れ合い、羽づくろいする。ペンギンは自分の巣へ行く時に他の巣のそばを通る際は、フリッパーとからだ全体、そしてくちばしと頭を反対側に曲げて宥(なだ)めの姿勢をとる。つがいの維持率は両者が戻った時は高く、同じく巣への固執性も強いと言える。

他のペンギンと同じようにけんかはふつう巣を取り戻す時期に多く、巣を確保した後に入り込もうとする新人に対しては特に戦闘的になる。メスもオスも力ずくで配偶者を獲得する。メスの場合は、別のメスが自分の配偶者と一緒にいる所に出くわした時であり、オスの場合は、コロニー全体のオスが配偶者を得ているのに自分だけがまだ1人の時である。このような時に起こるけんかは3羽すべてを巻き込むこともあり、つがい相手は好意をもった方に加勢する。

繁殖期の間、フィヨルドランドペンギンは多くの他のペンギンたちと違って群れで泳ぐこともないし、ヒナへの給餌が終わるシーズン後半になるまでは、浜辺に一緒に集まることもめったにない。

危機

フィヨルドランドペンギンは、陸上の環境ではほとんど危険はない。フィヨルドランドペンギンを捕食する哺乳類も知られていない。ペンギンより大きな飛ぶ鳥も、密集した植生に覆われた巣を空から見つけることはできない。ウェカと呼ばれる飛べない鳥が卵やヒナを害するとの報告もあるが、卵やヒナがペンギンに故意に見捨てられたのかもしれず、ウェカによる被害があったとしても数は少ない。巣が傾斜地にあると、大水やたび重なる嵐によって卵が洗い流されるという問題がある。またヒナの綿羽が濡れていると断熱効果がなくなる。したがって、寒い夜に1羽で野ざらしになったヒナは危険にさらされる。

フィヨルドランドペンギンの海での危険についてはあまり知られていない。この地域のオットセイが他のペンギンを捕食することは知られているが、フィヨルドランドペンギンは陸上にオットセイがいても怖がらないので、おそらく多数捕食されることはないのだろう。フィヨルドランド地方の沿岸

カメラマンに気づいて……

慌てて走り去る

風雨にうたれるフィヨルドランドペンギン（モエラキビーチ、ニュージーランド）

海域は魚やイカが豊富で容易に採餌できるので、あまり遠く離れた所まで泳いで行く必要はない。

保護活動

ニュージーランド環境保全省（DOC）は、フィヨルドランドペンギンへの接近を厳しく規制している。卵やヒナを傷つける恐れがあるとして、レインフォレストにある繁殖地への立ち入りを許可していない。

このことは、フィヨルドランドペンギンを保護する必要性から見ると、きわめて消極的な姿勢である。DOC から調査のための許可をとることは非常に難しく、フィヨルドランドペンギンを間近で研究しようとする研究者をがっかりさせている。

正確な個体数、生態、期間ごとの変化などを知らなければ、政府や学会が問題に気づく前に、フィヨルドランドペンギンという種は絶滅してしまうかもしれない。この鳥に関する全般的な知識の不足は、これからの保護活動の実施を難しくしている。

興味深い研究

フィヨルドランドペンギンについての研究はわずかで、ウォーラムの研究だけが唯一のすぐれた包括的な研究である。ウォーラムはフィヨルドランドペンギンだけでなく、他の冠羽ペンギンも研究した。1960 年後半から 1970 年前半に行われた彼の研究は、観察や形態計測を主な目的とした、今では古典的な調査である。

たった１羽で海へ向かうフィヨルドランドペンギン

[表]

重さ	資料 1,2	資料 3
繁殖個体　オス	4.5kg（1）	4.2kg
繁殖個体　メス	4.0kg（1）	3.7kg
最初の抱卵　オス	2.7kg（1）	
最初の抱卵　メス	2.6kg（1）	
換羽前　オス	4.9kg（1）	
換羽前　メス	4.8kg（1）	
換羽後　オス	3.0kg（1）	
換羽後　メス	2.5kg（1）	
巣立ち時のヒナ	3.0kg（1）	
ヒナ	91.1g (2)	
卵	117.9g（2）	
長さ	**資料 1**	**資料 2**
フリッパーの長さ　オス	18.5cm	
フリッパーの長さ　メス	17.8cm	
くちばしの長さ　オス	5.1cm	5.1cm
くちばしの長さ　メス	4.6cm	
くちばしの高さ　オス	2.6cm	2.8cm
くちばしの高さ　メス	2.3cm	2.3cm
足指の長さ　オス	12.4cm	
足指の長さ　メス	11.6cm	

SSource 1: Warham 1974—Jackson Head, South Island, New Zealand. Source 2: Grau 1982—Jackson Head, South Island, New Zealand. Source 3: Murie et al. 1991—Open Bay Islands, New Zealan

生態	資料 1	資料 2,3,4
繁殖開始年齢（歳）	4	
抱卵期（日）	30-36	
育雛（保護）期（日）	14-21	21（2）
クレイシ期（日）	51-55	54（2）
繁殖成功率（羽／巣）	0.5	
つがい関係の維持率	高い	64%（オス）62%（メス）(3)
オスのコロニー帰還日	6月下旬～7月中旬	
第1卵の産卵日	7月下旬～8月	
ヒナの巣立ち日	11月	
換羽前の採餌旅行の長さ（日）	60-80	
成鳥の換羽開始日	2月～3月	
陸上での換羽期（日）	21	
繁殖個体の年間生存率		71%（3）
最も一般的な餌		頭足類（4）
次に一般的な餌		甲殻類（4）

Source 1: Warham 1974—Jackson Head, South Island, New Zealand. Source 2: Houston, personal communication (2010) —Not Specified. Source 3: St. Clair et al. 1999—Fiordland, New Zealand. Source 4: Van Heezik 1989— Jackson Bay, New Zealand.

マカロニペンギンのクローズアップ（テネシー水族館、チャタヌーガ）

マカロニペンギン
Macaroni Penguin
Eudyptes chrysolophus

属：マカロニペンギン属
同属他種：
　フィヨルドランドペンギン、シュレーターペンギン、イワトビペンギン、ロイヤルペンギン、スネアーズペンギン
亜種：なし
IUCN レッドリストカテゴリー：絶滅危惧Ⅱ類（VU）

最新の推定生息数
　個体数：2000 万羽
　繁殖つがい：850 万組
寿命：12 年以上
渡り：あり、4 月から 10 月までコロニーを離れる
大規模コロニー：
　亜南極のサウスジョージア島、ケルゲレン諸島、ハード島、マクドナルド諸島、クロゼ諸島、マリオン島
色
　成鳥：黒、白、黄色／オレンジ色、ピンク、灰色
　くちばし：オレンジ色、灰色
　足：ピンク、黒
　虹彩：赤
　ヒナの綿羽：灰色、白
　幼鳥：黒、白、灰色、黄色、ピンク
身長：61 〜 69cm
体長：66 〜 74cm
通常産卵数：1 巣 2 卵
1 つがいが 1 年に育てるヒナの最大数：1 羽

成鳥

デイビッドが見たマカロニペンギン

マカロニペンギンはペンギンの種の中で最も個体数が多い。しかし、テキサス州のダラスの住人にとって、出会うことはたいへん難しい。私はフォークランド諸島でも、亜南極の島々でも、つがいのマカロニペンギンを探すのに何日も費やした。ペブル島で出会えたのはたった1羽の独り者のペンギンだった。ハーフムーン島で出会ったのも1羽きりの孤独なペンギンだった。私はそれ以上マカロニペンギンを追跡してもまったく出会える予感がしなかったので、最後にチャタヌーガにあるテネシー水族館に行かなければならなかった。

展示されているマカロニペンギンの撮影を許可して下さり、たいへん親切にしてくれたエイミー・グレーブスさんに感謝いたします。

ヒゲペンギンに囲まれた孤独なマカロニペンギン

マカロニペンギンの成鳥（テネシー水族館、チャタヌーガ）

マカロニペンギンについて

生息数の動向

1993年、ヴェーラーは世界中にいるマカロニペンギンの個体数は1100万繁殖つがいと見積もった。数カ所の生息地では、マカロニペンギンの個体数は、20年にわたり30%かそれ以上の著しい減少が記録されている。そのためIUCNは、ペンギンの種の中で最大の個体数を誇る最もありふれたペンギンであるにもかかわらず、マカロニペンギンの判定を絶滅危惧II類（vulnerable）に改めた。

生息環境

マカロニペンギンは、南極半島にある大きなコロニーをはじめ、サウスシェトランド諸島などの群島、南アメリカの最南端の島々にある小さなコロニーを含め、多くの場所に生息している。非常に大きなコロニーは、200万つがいを超える最大の個体数をもつサウスジョージア島をはじめ、サウスサンドイッチ諸島、サウスオークニー島、ブーベ島、プリンスエドワード島、マリオン島、クロゼ諸島、ケルゲレン諸島、ハード島、マクドナルド諸島などの南極半島の東側の島々にある。

形態

マカロニペンギンは、のどの色が違っているだけでロイヤルペンギンに似ている。背中、頭、あご、のどは換羽前はこげ茶色だが、換羽後の新しい羽毛は黒光りしている。下腹部は白色で頭部の黒い部分とは明確な輪郭線でくっきりと分かれている。くちばしの後ろ約2.5㎝ぐらいから始まり後方に突き出ている冠羽は、長く、色は黄色から金色である。くちばしは大きく、先が曲がっている。くちばしの前方は茶からオレンジ色で、顔の近くは灰色である。くちばしの両側の根元には、赤からピンクの皮膚が三角形に裸出している。フリッパーは外側に白い縁取りのある黒色で、内側は白くいくつかの黒の斑点があり、先端部はやや幅広く黒色になっている。足はピンクで、くすんだ白の斑点がついている。足の裏とかぎ爪は黒である。幼鳥はやや小さく、冠羽もたいへん短く、くちばしが顕著に小さい。のどは灰色からくすんだ白で、頭部の黒色と腹部の白色もはっきりと分かれていない。

ヒナ

マカロニペンギンのヒナは、まばらな綿羽のコートを着て、脂肪をわずかに蓄えてはいるが体温を維持するには十分でない。2羽のヒナが孵化すると、最初の卵（卵A）から生まれたヒナと2番目に産み落とされたより大きな卵（卵B）から生まれたヒナの間には体重に著しい差がある。巣立つことができるのは1羽だけで、卵Bが失われたり卵Bから生まれたヒナが早期に死んだ時のみ、卵Aから生まれたヒナは巣立つことができる。卵Aから生まれたヒナも巣立ちまでには、卵Bから生まれたヒナと同じ大きさ、体重にまで発育する（Williams 1990）。ヒナは綿羽が生えそろい体重と体力が充実するまで2週間、両親のからだにくるまれて過ごす。

テネシー水族館のマカロニペンギンたち

ペブル島で出会えたのは、たった 1 羽の独り者のペンギンだけだった

生まれてから 20 ～ 25 日経つとクレイシに加わり、体重が 3.1 ～ 3.5kgに達する 54 ～ 70 日という比較的若い日齢で巣立つ。マカロニペンギンの性的成熟は遅く、6 ～ 8 歳になって繁殖を試みる（Williams　and Rodwell 1992）。

繁殖と育雛

マカロニペンギンの繁殖期は同調性が高く、きわめて短期間に 1 羽のヒナだけを巣立たせようとする。営巣地にもよるが、オスが 10 月中旬、あるいは 11 月の最初の週にコロニーに到着し始める。メスは約 1 週間遅れて到着する。マカロニペンギンの成鳥のうちかなりの割合が、繁殖した翌年は繁殖をせず、換羽の時までコロニーに姿を見せない。繁殖期にコロニーに到着しても繁殖しない個体もあり、しかも、メスよりもオスの方が数が多いので、相手のメスを見つけることができないオスもいる（Williams and Rodwell 1992）。短時間に絆の確認を終えると、メスがコロニーに到着してから 11 ～ 12 日以内に、最初に、はるかに小さい卵 A を産み落とす。次に最初の卵より通常 60% 大きい卵 B を 2 ～ 3 日遅れて産卵するが、その卵 B が先に孵化する。

両親とも抱卵期がかなり進行するまで巣に留まるため、長い絶食期を体験する。9 ～ 12 日間の最初の抱卵シフトは役割を分担する。この間に大半のつがいは卵 A を放棄する。最初の抱卵シフトが終わると、オスはほぼ 40 日間の絶食を終えて 20 ～ 40 日間の採餌旅行に出かける。オスが戻ってくるまでメスは約 35 日間絶食を続けているが、オスが戻っても急いで採餌旅行に出かけずに、1 ～ 2 日は巣のそばでオスと一緒に留まる。その後 10 ～ 11 日間の採餌旅行に出かけ、ヒナが孵化する日に戻ってくる。

オスはヒナの保護期である 23 ～ 27 日の全期間、ヒナを守り続ける。しかもオスは、最後の抱卵シフトを受けもっていたので、再度、約 35 日間の長い絶食期に耐えねばならない。両親がともに採餌に出かける頃、ヒナはクレイシに参加するようになる。最初にオスが体力を回復するため 10 ～ 14 日間の採餌旅行にでかける。その間、メスはただ 1 羽でヒナに給餌する。オスが戻る頃にはヒナへの給餌頻度が高まり、52 ～ 60 日齢での巣立ちに備えて加速度的に成長するヒナの要求に応えるために、両親がともに給餌する。マカロニペンギンは、通常 1 羽のヒナのみ巣立たせるので、マリオン島での繁殖成功率は 1 巣につきわずか 0.44 羽、サウスジョージア島で 0.49 羽である（Williams 1995）。

泥の中から石を探す

飼育されているマカロニペンギン（テネシー水族館、チャタヌーガ）

採餌

マカロニペンギンは渡りを行い沖合で採餌する。採餌戦略は生息地と年周期の活動に左右されるように思われる。クロクソールらによる初期の研究では（1988）、サウスジョージア諸島のマカロニペンギンは沿岸に留まり、潜水は約 20m と浅く、繁殖期にはナンキョクオキアミだけを採餌していた。グリーンらは（1998）、ハード島での育雛期に、まったく異なった餌と採餌習性を発見した。ハード島のマカロニペンギンは、ハダカイワシを最も多く採餌し、一部オキアミを採餌した。またボストらは（2009）、マカロニペンギンがケルゲレン諸島から近い緯度にある南極前線（南緯 47°～ 49°）に達し、一部の個体は南極前線内をさらに 3,380km も東へ旅したことを明らかにした。彼らは、繁殖期によく食べているナンキョクオキアミではなく、その他のオキアミを採餌していた。採餌旅行中の遊泳距離をすべて合わせると、驚くべきことに平均 10,460km にもなった。この研究から明らかになった興味深い事実は、冬の採餌旅行では、オスもメスも同じ距離を旅行し、同じ戦略で採餌していたことである。一番遠く離れた海域にいる時は、遊泳速度が遅くなることも分かった。マカロニペンギンはまるまる 6 カ月間も旅を続けたが、その間、1 羽のペンギンも陸地を踏むことはなかった。

グリーンらは（2009）、いくつかの従来とは異なるユニークなアイデアを導入して、換羽前と抱卵期の中距離の採餌旅行に焦点をあてた研究を行った。彼らは、一般的な GPS 記録計はかさばり、水中で抵抗が生じるため、ペンギンの潜水能力が実際よりも低下することを認識していた。そこで、それに代わる「行動位置情報（behavioral geolocation）」と呼ばれる方法を採用した。これは、マイクロチップを外科的にペンギンの体内に埋め込む方法である。皮下にチップを埋め込むため計測値はやや正確さを欠くが、GPS 記録計による抵抗から動物を解放することで、より自然な行動を知ることができる。この研究グループが調査したすべてのペンギンは、以前の GPS を使った研究で明らかになった距離よりもはるかに遠くまで旅行した。GPS 記録計を用いた研究結果とは異なり、この実験群のペンギンはすべて、チップを装着していないペンギンたちと同じだけ体重が増加した。グリーンは、サウスジョージア島（南緯 54°）のマカロニペンギンも、時間がある時は、563km 北上して南極前線に到達したことを確認した。その時の平均遊泳速度は時速 4.7km であった。

チェレルらは（2007）、ペンギンの体内の安定同位体比分

パートナーにお辞儀をする

析をおこなった（動物の同位体比は、その動物が摂食した生物の同位体比を反映する）。その結果から、マカロニペンギンは、胃の内容物を吐き出させて調べた大多数の研究が明らかにしたよりも、もっとたくさんの魚を採餌していることが示唆された。この調査結果は、グリーンらがハード島で行った研究（2009）でも追認されている。

換羽

ヒナの巣立ちに備えて両親は給餌をやめ、換羽前の採餌旅行に行く準備をする。サウスジョージア島では、換羽前の旅行は長くても2週間〜2週間半で他の冠羽ペンギンより短い。旅行中に以前の体重より50〜60%増加する（Williams et al. 1977）。上陸してきた時には、目に見えて太っている。彼らは巣から離れた所に、たいていつがいになって立っている。換羽後の体重の減少は驚くべきもので、1年間のどの時期よりも痩せている。換羽のために陸上にいる時間は20〜22日である（Green et al. 2004）。

グリーンらは（2004）、換羽中のメスの代謝率を研究した。結論として、エネルギーの大部分は換羽によるからだの断熱機能の損失を補うために消費される。体脂肪が減り、皮膚の保護力や羽毛の断熱性が低下するにつれ、からだの震えにより代謝を増加させる。グリーンは、メスの1日のエネルギー消費量は、換羽期も繁殖中の絶食期と有意な差はないということを発見した。さらにまたグリーンはタンパク質合成の大部分は実際には換羽前の採餌旅行中に起こり、換羽期に消費される大量のエネルギーは、以前の調査から仮定されたように新しい羽毛をつくるためのタンパク質の合成に使われるのではなく、むしろ体温の維持調節に使われていると示唆した。

営巣

マカロニペンギンは大きなコロニーを好む傾向があり、急勾配の地形に巣をつくる。地面に浅い穴を掘って巣をつくった後にまとまった雨が降ると、あたり一面泥だらけでぐちゃぐちゃになることもよくある。多くの営巣地で、岩場の傾斜地にある窪みをうまく利用している。浜辺のタソックグラス（イネ科の野草）の根元に巣をつくることもある。巣の縁に小石を並べ、コロニーの周辺に草や葉がある時はそれを敷く。

相互関係

マカロニペンギンは攻撃的である。特にオスは巣のなわばりを守るために、おとなしく巣のそばを通過するものでも容赦なく攻撃する。大きなコロニーに巣が密集しているため、繁殖期の最初の数週間は、ほとんど1日中、オス同士のけんかの騒がしい声が絶えない。ペンギンたちの注意が卵を抱くことに向けられるようになると、コロニーは静かになる。1989年にウィリアムズは、オスの高い攻撃性が、大部分の卵Aが失われる原因の1つになっているという、これまでの仮定が誤っていることを示した。マカロニペンギンのオスは、最初の卵が産み落とされるとすぐに攻撃性を弱める。一方、繁殖期の後半に換羽のために到着する幼鳥は著しく攻撃的である。年長のペンギンにけんかを売り、繁殖中のペンギンに敬意を払うこともない。

ウィリアムズとロッドウェル（1992）は、マカロニペンギンのつがいの忠誠度と巣への固執性について研究した。マカロニペンギンの最優先事項は昨年の巣に戻ることであり、2番目が昨年のパートナーとつがいになることである。これは、オスはどのオスも懸命に前年の巣を取り戻そうとしたが、メスは、前年のオスと再びつがいになったメスだけが前年の巣に留まったことの理由を説明している。メスは、前年の相手がすでに別のメスとつがいになっているのが分かるとすぐに、相手のいない別のオスを探してつがいになる。その結果メスは、ふつう、前年の巣から数mと離れていない所で別の相手と繁殖する。離婚は多くの場合、前年の換羽期に始まっていた（Williams and Rodwell 1992）。

発声

マカロニペンギンは大きさ以外は同じ外見をしている。そこで、つがいやヒナの身元確認をするには、主として鳴き声や出会う場所を頼りにするしかない。なわばりはもつが巣をもたないキングペンギンや、なわばりも巣ももたないエンペラーペンギンは、鳴き声だけを頼りに確認するしかない。ドブスンとジョヴァンタンは（2003）、マカロニペンギンは、最初は巣を待ち合わせ場所として使うことで確認し合い、次に鳴き声を使って最終確認をすることを明らかにした。この研究では、両親は海から戻るとすぐに、抱卵中や育雛中の巣に直行した。巣に着くと2～3回だけ鳴き声をあげるが、巣にいるヒナは待ちかねていて、親が呼びかける前に餌をねだって鳴くので、親鳥がまったく声を出す必要のないこともある。ほんの30秒と経たないうちに2～3羽のヒナがとんできて餌をねだるが、よそのヒナが餌をくすねようとしても、親鳥は、自分のヒナだと確認できなければ、くちばしでつつきフリッパーで平手打ちをあびせる。自分のヒナだと確認した時は給餌を始めるが、途中で数回、給餌を止めて鳴き、幼いヒナの鳴き声の認識能力の強化をはかる。

給餌に要する時間は平均わずか7分半で、少しずつ17回に分けて給餌するが、給餌と給餌の間も、食事が終わってからも、ヒナは鳴いて餌をねだり続ける。ヒナは親が巣から去る時も餌をねだってついて行くが、すぐにあきらめる。エンペラーペンギンのように、時々よそのヒナにも給餌するということはなく、マカロニペンギンの親がほんのわずかでもよそのヒナに給餌するといった光景は観察されたことがない。

危機

年ごとの天候の変化が、採餌能力や繁殖の成功に影響を及ぼす。オオトウゾクカモメ、オオフルマカモメ、ミナミオオセグロカモメ等が卵やクレイシにいる頃のヒナを捕食する。マカロニペンギンが卵Aや卵Aから孵化した少数のヒナを守らずに死なせてしまうという事実は、飛翔性の天敵の犠牲となって死亡するヒナの数を把握することを難しくする。ナンキョクオットセイやヒョウアザラシは、成鳥が海から上陸する時をねらって捕食する。しかしマカロニペンギンは、他の種のペンギンよりアザラシによる捕食の影響は少ない。他の種と同じように、海洋の汚染と漁業がマカロニペンギンに脅威を与えている。

保護活動

マカロニペンギンは、ペンギンの種の中で一番個体数が多い。しかも、めったに人が訪れることのない場所で繁殖している。それ故、保護活動の主要な対象にはなっていない。マカロニペンギンはよく調査されていて、動物園での飼育にもよく順応する。他の海鳥と同じように地球温暖化の影響を受けるので、保護のためには地球温暖化を抑える努力が必要である。

歩き回るマカロニペンギン（テネシー水族館）

はい、ポーズ！（テネシー水族館）

興味深い研究

ウィリアムズとロッドウェルは、1992年に書かれた『帰還率、およびつがい相手と営巣場所への固執性の年変動』の中で、マカロニペンギンとジェンツーペンギンの巣への復帰率の変化に影響を及ぼす問題について調査した。種の生き残りは、新しい繁殖個体が補充されるかどうかに依存している。マカロニペンギンのメスは、6歳になるまで繁殖行動を起こさない。6歳を過ぎても繁殖行動を起こさないものもいる。また、2羽のヒナを巣立たせようとする種もあるのに対し、マカロニペンギンの親は1羽のヒナしか育てないため、1巣あたりの繁殖成功率はきわめて低い。したがって、年ごとの繁殖率は健全な個体数を維持するのに重大な意味をもつ。このウィリアムズとロッドウェルの研究によると、1987年には、前年の繁殖に成功し、次の繁殖期まで生存し、一度はコロニーに帰ってきていた繁殖個体のうち14%が繁殖を行わなかった。研究期間中の他の年には繁殖を試みたつがいが70～80%いたのに対し、1987年は劣悪な年で、前年の1986～1987年に繁殖したつがいのうち、翌1987～1988年にも繁殖を試みたつがいはわずか35%であった。この年の雪と氷の条件が例年より厳しかったので、他の営巣地を選んだつがいがいたのかもしれない。

平年に繁殖し、その翌年オスもメスもともに帰還したペンギンのうち、約75%が前年からの相手と再びつがいになった。巣の場所への固執性と繁殖成功率との明らかな相関関係は認められなかった。離婚したメスが同じ営巣場所に戻ってきた場合は、ほとんどが元の巣の近くの場所で繁殖することができた。しかし、離婚したオスのうち、翌年も繁殖できたオスは61%にすぎなかった。オスは新しいつがい相手を見つけることよりも、前年からの巣を確保することに懸命になる。またオスの方が数が多いことも、オスが相手を探すことをいっそう難しくしている。

換羽中に記録されたつがいの行動から、ペンギン研究において、できるだけ多くの要因を考慮することの重要性が浮き彫りになる。ウィリアムズとロッドウェルによると、直前の繁殖期を一緒に過ごしたマカロニペンギンのつがいのうち、25%のつがいが相手と別れて換羽したが、そのうち半数は別の異性と一緒に換羽し、残りの半数は1羽で換羽した。つがい相手と別れて換羽したペンギンのうち74%は、別れた相手と再び営巣することはなかった。次の年、同じ巣に戻らなかった成鳥の3分の2は別の相手と再婚したが、その多くは、前年の終わりに一緒に換羽した相手であった。全繁殖個体の3分の1は、翌年の繁殖を行わなかった。この研究は、マカロニペンギンの離婚と新しいつがいの形成は、前年の換羽期に始まっていると結論づけている。

マカロニペンギンの頑丈なくちばしと黄色の冠羽（フォークランド諸島）

［表］

重さ	資料 1	資料 2,3	資料 4,5
帰還時の繁殖個体　オス	4.7kg	4.3kg (2)	
帰還時の繁殖個体　メス	4.8kg	4.3kg (2)	
最初の抱卵　オス	3.4kg	3.9kg (2)	
最初の抱卵　メス	4.0kg	3.9kg (2)	
換羽前　オス	6.4kg	5.3kg (2)	5.1kg (4)
換羽前　メス	5.7kg	5.3kg (2)	4.8kg (4)
換羽後　オス	3.7kg	3.1kg (2)	3.3kg (4)
換羽後　メス	3.2kg	3.1kg (2)	2.9kg (4)
第 1 卵	90.7g	95.3g (3)	95.2g (5)
第 2 卵	149.7g	149.7g (3)	149.7g (5)
長さ	**資料 6**	**資料 7**	**資料 8**
フリッパーの長さ　オス		22.1cm	20.8cm
フリッパーの長さ　メス	16.5-17.8cm	21.1cm	19.8cm
くちばしの長さ　オス	5.3-6.3cm	6.9cm	6.4cm
くちばしの長さ　メス	5.1cm	6.1cm	5.5cm
くちばしの高さ　オス	2.2-3.0cm	3.0cm	3.6cm
くちばしの高さ　メス	2.3cm	2.8cm	3.3cm
足指の長さ　オス			8.9cm
足指の長さ　メス			8.9cm

SSource 1: Williams 1995—South Georgia Island. Source 2: Davis et al. 1989—Bird Island, South Georgia. Source 3: Williams 1995—Bird Island, South Georgia. Source 4: Croxall 1982—Not Specified. Source 5: Gwynn 1953—Marion Island, Prince Edward Islands. Source 6: Williams 1995—Heard Island, Australia. Source 7: Davis and Renner 2003—Various Locations. Source 8: Williams 1995—Crozet Islands.

生態	資料 1	資料 2,3,4,5	資料 6,7,8
繁殖開始年齢（歳）	5-6	5-6 (2)	
抱卵期（日）	34.9-35.5	35-37 (2)	40 (6)
育雛（保護）期（日）	34-40	25 (2)	21 (6)
クレイシ期（日）	23-25	およそ 35 日 (2)	40 (6)
繁殖成功率（羽／巣）	0.96-1.5		0.43 (6)
つがい関係の維持率	71-79%		
オスのコロニー帰還日	10 月	11 月初旬 (2)	10 月末 (7)
第 1 卵の産卵日	11 月下旬	11 月 25 日 (2)	11 月中旬 (7)
ヒナの巣立ち日	2 月中旬〜下旬	2 月末 (2)	
換羽前の採餌旅行の長さ（日）	12(メス)14(オス)	14 (3)	22-38 (7)
成鳥の換羽開始	3 月中旬	3 月初旬 (2)	
陸上での換羽期（日）	24	21 (2)	
繁殖個体の年間生存率	49-78%		
平均遊泳速度	時速 7.6km		時速 7.5km (7)
最高遊泳速度		時速 8.2km (4)	時速 8.3km (7)
最深潜水記録		100m (3)	163m (8)
コロニーからの最大到達距離		1911km (5)	2362km (7)
最も一般的な餌	ナンキョクオキアミ	オキアミ (3)	オキアミ (7)
次に一般的な餌	魚類	魚類 (3)	魚類 (7)

Source 1: Williams 1995—South Georgia Island. Source 2: Davis et al. 1989—Bird Island, South Georgia. Source 3: Croxall et al. 1988—Bird Island, South Georgia. Source 4: Clark and Bemis 1979— (Captivity) Detroit Zoo, Detroit, Michigan. Source 5: Green et al. 2009—Bird Island, South Georgia. Source 6: Williams et al. 1977—Marion Island, Prince Edward Islands. Source 7: Brown 1987—Marion Island, Prince Edward Islands. Source 8: Green et al. 1998—Heard Island, Australia.

換羽を終えた直後のイワトビペンギン（ペブル島、フォークランド諸島）

イワトビペンギン
Rockhopper Penguin
Eudyptes chrysocome

属：マカロニペンギン属

同属他種：

マカロニペンギン、ロイヤルペンギン、
シュレーターペンギン、スネアーズペンギン、
フィヨルドランドペンギン

亜種：キタイワトビペンギン、ミナミイワトビペンギン

IUCN レッドリストカテゴリー

キタイワトビペンギン：絶滅危惧 IB 類（EN）
ミナミイワトビペンギン：絶滅危惧 II 類（VU）

最新推定生息数

個体数：360 万羽
繁殖つがい：
ミナミイワトビ：123 万組
キタイワトビ：24 万組
(Birdlife International, Workshop 2008)

寿命：十分に研究されていないが、野生で 10 ～ 15 年、飼育下で 25 ～ 30 年と推測される

渡り：あり、5 月から 10 月までコロニーを離れる

大規模コロニー

ミナミイワトビ：
チリ南部、フォークランド諸島、アルゼンチン南部
キタイワトビ：
ゴフ島、トリスタン・ダ・クーニャ諸島のミドル島を含む南大西洋地域、アムステルダム島などのインド洋の島々

※ミナミイワトビをさらに分類してヒガシイワトビを 3 番目の亜種とすることもある。イワトビペンギンの分類は、生物学者の間でも大きな意見の相違があるテーマである。キタイワトビとミナミイワトビ（+ヒガシイワトビ）は別種であると主張している学者もいる。本書ではいくつかの理由があるが、上記の種に少なからず存在する類似点から、イワトビペンギンは 1 つの種で、2 つの亜種があると考える。

色

成鳥：黒、白、黄色、オレンジ色／赤、ピンク
くちばし：オレンジ色から赤、黒
足：ピンクに灰色の斑点、足の裏と爪は黒
虹彩：明るい赤
ヒナの綿羽：茶色
幼鳥：灰色、黒、白

身長：48 ～ 56cm

体長：50 ～ 58cm

通常産卵数：1 巣 2 卵

1 つがいが 1 年に育てるヒナの最大数：1 羽

ミナミイワトビペンギンの成鳥

ミナミイワトビペンギンの換羽
（ニューイングランド水族館）

キタイワトビペンギンの幼鳥

デイビッドが見たイワトビペンギン

イワトビペンギンは、現在、他のペンギンや美しい鳥たちの生息地でもある多くの島々で繁殖している。私はキャンベル島、マックォーリー島などの亜南極の島々で観察した。それらの島々へは船で行くことができるが、上陸は厳しく制限されている。

イワトビペンギンを撮影するためのベストポイントは、疑いなくフォークランド諸島である。シーライオン島、サンダース島でイワトビペンギンが歓迎してくれる。そこではマユグロアホウドリも数メートルの近くから見ることができる。首都スタンリーと空港がある東フォークランド島でも観察できる。中でも最高の場所は、少なくとも2つの大きなイワトビペンギンのコロニーがあるペブル島である。

親切なロッジのホステス、ジャッキーは私が写真マニアであることを理解してくれ、1時間もかかる島の片端まで車で送ってくれた。私たちは、暴風雨の中、イワトビペンギンの大きなコロニーに行った。2時間ほど待ったが嵐は止まなかった。私はその日の撮影をあきらめて、ロッジに戻りたいと言った。ジャッキーは、嵐はまもなくおさまり、1時間以内に撮影に最適な天候になるだろうと力説した。私はジャッキーのことを最高の気象予報士だと言わざるをえない。

30分も経たないうちに、コロニー全体が暖かな日の光にあふれた。私はランドローバーから跳び出し、コロニーへ歩き始めた。しかし、あたり一面泥だらけで歩くのも困難で何度もつまずいた。暴風雨がこの小さな鳥たちにとってどんなにたいへんかを理解した。しかもこの泥、大部分はペンギンの糞である。臭くて汚いコロニーの中、転ばないように注意しながら、海に向かって歩くペンギンの後ろについていった。数千羽のペンギンたちが岩場を登ったり降りたり、翼が生えて飛べたらいいのにとでもいうように、ぴょんぴょん跳びはねている。換羽中で、じっと立っているものもたくさんいる。羽づくろいしているものもいる。海から岩場まで、あたり一面イワトビペンギンで埋め尽くされた光景は壮観だった。

崖から引き返し、車に乗り込むまでの間にブルーの防水スーツは泥にまみれ、すっかり茶色になっていた。だが、私のカメラには、それまでで最高のペンギンの写真が何枚も収められていた。

あの日イワトビペンギンを間近で観察し、自分で撮った写真を今見直してみると、ペンギンとして生きることがいかに困難か、1羽1羽のペンギンがいかに大きなエネルギーと計り知れない能力を秘めているかを教えてもらった気がする。

イワトビペンギンのコロニー（ペブル島、フォークランド諸島）

イワトビペンギンについて

生息数の動向

警戒すべき減少傾向にある。原因はよく分かっていないが、イワトビペンギンの個体数は急激に減少している。2008年のバードライフ・インターナショナル国際会議は、1973年から2010年の間にキタイワトビの個体数は57%減少し、ミナミイワトビの繁殖個体数は34%減少すると推定した。この傾向に反して、チリのいくつかの繁殖地では個体数が増加しているという（Oehler et al. 2007）。減少の深刻さを理解するには、キタイワトビが生息するゴフ島の状況を考察するとよい。1950年に200万羽いたキタイワトビが、2006年にはたった6万5000羽に減ってしまった。同じような急激な減少はキャンベル島でも見られた。1942年に80万羽いたが、1986年には5万1000羽まで激減した。この状況はフォークランド諸島でも同様に深刻である。この50年間に、150万だった繁殖つがいが2005年には21万繁殖つがいまで落ち込み、その傾向は現在も続いている。

生息環境

キタイワトビのコロニーは、トリスタン・ダ・クーニャ諸島（ミドル島およびイナクセシブル島）とゴフ島を含む南大西洋地域、サンポール島やアムステルダム島などのインド洋の島々など狭い範囲に限られている。

ミナミイワトビの分布域は非常に広大で、地球をぐるりととりまく南緯46～54°の間にある。チリの先端に位置する島々やアルゼンチンからフォークランド諸島、ケルゲレン島、プリンスエドワード諸島、マリオン島、マクドナルド島、ハード島、クロゼ諸島に至るまで、またニュージーランドの南にある島々からアンティポデス諸島、バウンティ諸島、オークランド諸島、マックォーリー島、キャンベル島に至るまで、広範囲に生息している。世界中の28の動物園でも、2つの亜種を合わせて500羽が飼育されている。

形態

イワトビペンギンの成鳥は冠羽ペンギンの中で一番小さい。ペンギン全種の中では3番目に小さい。羽色はシンプルで美しく、背中の黒と腹部の白が大部分を占める。細い黄色の線以外は頭全体が黒い。首の上部で羽毛が黒から白に突然くっきりと切り替わっている。白と黒の境目のラインは首の周りでゆるい曲線を描いていて、首から上品によだれ掛けをかけているようにも見える。冠羽は、くちばしの根元から目の上まで1cmくらいの幅の黄色の線となって延び、そこから先が頭の後ろに立ち上がっている。黄色の線と冠羽は、急いで散髪したかのように後部に跳ね上がり、特に歩く姿は不機嫌な

ペンギンのキス

大学教授のようにも見える。鮮やかな赤い目とオレンジ色のくちばしが加わり、色彩のコントラストが美しい。フリッパーは外側は黒、内側はピンクから白で黒い縁取りがある。

幼鳥は、成鳥とは大きく異なる。黄色の縞は見えず冠羽もほとんどない。背中とフリッパーの縁取りは、黒というよりもむしろ濃紺である。目は茶色に見える。首元の黒と白の切り替えは判然とせず、灰色から濁った白色である。くちばしは、成鳥の明るいオレンジ色とは似ても似つかない、黒と灰色とピンクの交ざった濁った色である。

ヒナ

イワトビペンギンのヒナは茶色の綿羽に覆われて、ほとんど4週間両親に保護されて育つ。その後、クレイシに加わる。約50日経つとヒナは茶色の綿羽を脱ぎ捨てる。完全に換羽するまで10～12日かかり、この間も両親が餌を与え続ける。

ミナミイワトビペンギンのヒナは生まれてから70日ぐらい経った2月に巣立つ。最初の1年の幼鳥の生存率は40%を下回る。イワトビペンギンは性的成熟が遅く、5歳ぐらいで成熟を迎えるが、多くは8歳になってから生まれたコロニーに戻って繁殖を試みる。

繁殖と育雛

ミナミイワトビペンギンのオスは10月初旬、冬の採餌旅行の後、海岸に打ち寄せられるように上陸する。メスは約1週間後に到着する。繁殖の開始時期は、世界各地のミナミイワトビのコロニーの間で6週間もの差がある。オスが最初にしなければならない仕事は、昨年使っていた巣の所有権を宣言することである。その後、巣の新しい材料を運び込み、もとの巣の中央に並べる。メスが到着すると、求愛と絆の再確認のために相当騒がしいやり取りが繰り広げられる。その後メスは巣材を配置する。11月中旬、2個の卵が産み落とされ

小さいが堂々としたイワトビペンギン

荒れた海から上陸を試みるイワトビペンギン

る。2番目に産み落とされた卵は、最初の卵より30%重い(Williams 1995)。2番目の卵を産むとすぐに、メスは35日間の抱卵期の第1シフトに入る。オスはこの時までにおよそ35日間の絶食期間が経過しているので、待ちに待った2～4週間の大旅行に出かける。オスが帰ってくると、メスと交代して抱卵シフトに入る。メスは約40日間の絶食の後、10～14日間の採餌旅行に出かける。

メスは卵が孵化する直前に戻ってくる。2番目に産み落とされた卵Bは、最初に産み落とされた卵Aより数日遅く抱卵が始まったにもかかわらず最初に孵化する。イワトビペンギンの繁殖習性はひどく要領が悪い。彼らのからだの小ささと絶食期間の長さはつり合いがとれず、あまりにきわどいタイミングなのでどんな失敗も許されない。つがい相手の帰還が少しでも遅れると、餓死を免れるためには巣を見捨てるしかない。約3週間続く育雛期の初期、イワトビペンギンの両親は変わった方法で育児を分担する。メスが毎日採餌に出かけ、その間、巣で子どもを懸命に守り育てるのはオスの仕事である。しかし、ヒナを狙って手当たり次第捕食するオオトウゾクカモメや他の大きな鳥たちに囲まれているので、いつも育児に成功するとは限らない。

イワトビペンギンは2羽のヒナを巣立たせることはせず、通常、孵化から10日間に、B卵から生まれた強いヒナに優先的に餌を与えて1羽を死なせてしまう。ヒナBが早く死んだ時には、代わりにヒナAが巣立ちまで育てられる。クローセンとピュッツ(2002)は、フォークランド諸島で、1つの巣から2羽のヒナが巣立つというきわめてまれな例を観察した。驚くべき発見であった。

ヒナがクレイシに参加するようになると、オスは25日にわたる2回目の絶食期に備えて、約1週間の採餌旅行に出かけて体力を回復する。メスは毎日採餌に出かけ、ヒナに餌を与える。オスは戻ると、ヒナが65～70日後に巣立つまで、再びメスと一緒になって、ヒナに餌を与える責任を分担する。繁殖成功率はそれぞれの繁殖地と年度によりばらつきが大きい。キタイワトビの繁殖成功率は1巣あたり0.28～0.52羽である(Guinard et al. 1998)。フォークランド諸島のミナミイワトビの繁殖成功率は1巣あたり0.35～0.61羽である(Clausen and Pütz 2002)。

イワトビペンギンは、1年おき、またはそれ以上繁殖をとばすことが他の種よりも多いということが明らかにされた。3年にわたり繁殖係数を測定した研究によると(Hull et al. 2004)、3年連続で繁殖したペンギンはわずか5%だった。同じ3年間に2度繁殖を試みたのは35%にすぎない。オスがメスよりも多い偏った性比のために、30%のオスは3年間の研究期間を通じて1回も交尾しなかった。

採餌

キタイワトビもミナミイワトビも日和見的採餌をすることが特徴とされる。すなわち、年間を通して様々な採餌状況や利用できる餌の種類に適応する。彼らは繁殖や換羽の日程により決まる必要なエネルギーはもちろん、場所、深さ、餌の

種類に応じて採餌戦略を調整する。

研究者はペンギンのメニューを判断するいくつかの方法をもっている。従来の方法では、陸に上がったペンギンを捕まえて胃の中のものを吐き出させて調べる。近年は、最新技術を応用した化学的手法と同位体分析によって、餌の内容を解析する方法が大きく前進した。羽毛か皮膚に含まれる、ある種の餌や環境に含まれる特定の化学元素、同位体、原子を分析することで（同位体は水の中にも存在し食物連鎖によって取り込まれる）、餌の種類や採餌海域を明らかにすることができる。新旧両方の手法を合わせることによって、ペンギンの餌についてより正確な情報を多数入手できるようになった。

イワトビペンギンは決して怠け者ではない。彼らの平均潜水時間は 53 ～ 193 秒で潜水深度は 10.4 ～ 44.2m、1 時間あたり平均 14 ～ 40 回の潜水を繰り返す（Birdlife Conference 2008）。しかしながら、これらの平均値は、ある特定の日にどのように潜水するのかということについてはほとんど何も教えてくれない。研究の数が増加するにつれて、新しい採餌戦略が発見される。イワトビペンギンはあたかも、場所ごと季節ごとに新しい戦略で採餌しているかのようである。

イワトビペンギンは、オキアミ、頭足類、魚などを食べることが知られている。しかし、南インド洋から南太平洋に生息しているミナミイワトビは甲殻類（オキアミ）を集中的に採餌している。一方、チリからアルゼンチン沖に生息しているキタイワトビはイカなどの頭足類に重点をおいている。

換羽

からだが小さい上に、繁殖スケジュールが厳しく、複数の長い絶食期間があるため、イワトビペンギンにとっての換羽は、他のペンギンにもまして大きな苦痛を伴う体験であり、より多くの準備を必要とする。その結果、換羽前の採餌旅行は他のペンギンより長い。キタイワトビで約 60 日間、ミナミイワトビは少し短く約 30 日間である。3 月中旬に一斉に上陸し、からだを揺すったり震わせたりしながら巣の近くで約 25 日間を耐える。換羽が完了すると、真新しい、よく目

ただじっと立っているペンギンもたくさんいた

立つつやつやの羽毛を身にまとったイワトビペンギンは、冬の長い採餌旅行に行くため海の中へと消えていく。未成熟個体や非繁殖個体は、もっと早く１月か２月に換羽を終える。

営巣

コロニーはたいへん大きく、巣と巣は接近し密集している。イワトビペンギンという名前が示すように、高くて急な岩の斜面に巣をつくり、タソックグラスがあればその茂みを利用する。小さい洞窟を使うものもいる。小さな鳥にぴったりの小さな巣は、オスが運んできた材料を使ってメスがつくる。巣の材料はタソックグラス、泥炭、小石などである。硬い岩以外に何もない時は、簡素な巣を岩の上につくる。イワトビペンギンは、ヒナを狙う鳥類の激しい攻撃を免れようとして、ウやアホウドリのコロニーの中に巣をつくることも多い。

相互関係

イワトビペンギンは、小さく神経質で、何をするにも性急に行動しているように見える。単に歩いている時でも、いらいらと何かに怒っているかのようである。彼らは頻繁にけんかをする。頭を前方に突き出し、くちばしを開いて敵に向かう。待ったなしで決闘に突入し、くちばしでつつき、噛みつき、ついにはフリッパーで平手打ちする。

つがい相手を引きつける時は神経質に頭とからだを震わせ、何度も頭を上に向ける。見込みのありそうなパートナーの注意を引きつけることに成功すると、お辞儀をして相互羽づくろいを始める。やがてつがいは近づいて、まるで抱き合うかのように寄り添い、互いの頭をそれぞれの肩の上に置く。お互いのくちばしに優しく触れ合い、ペンギンのキスといってもおかしくない動きをする。

頭を少し下げた姿勢で、コロニー内を歩き回ってから巣に戻ると、オスは優しくフリッパーを使って、メスに対し、腹ばいになり頭を上に向けるように促す。オスはメスの上にまたがりフリッパーでメスのからだを押さえる。メスが受け入れてくれたら、１分たらずその姿勢のままでいる。それから横に移動して、メスが立ち上がるのを待っている。その後、再びお辞儀をするか、恥ずかしそうなポーズをとり、お互いの緊張をとく。

岩の上で換羽するイワトビペンギン

換羽もいよいよ、もう一息

発声

イワトビペンギンは、騒々しい声を頻繁に使う群れである。鳴き声にはコンタクトコール、性的コール、敵対コール、ヒナ確認コールの４種類がある。コンタクトコールは海上で最もよく用いられる、高音で短く中断する鳴き声である。「恍惚の鳴き声」としても知られている性的コールは、強烈で興

奮したハイピッチな鳴き声で、お互いに顔を合わせず頭を空に向かって真っ直ぐ突き出し、全身を伸ばしきる動作をする。性的コールはつがいの1羽でも、またつがいが同時に何回も何回も繰り返す。敵対コールは、ハイピッチの拍動音あるいは摩擦音で、口論がけんかに近づいて行くように激しさを増していく。ヒナの確認コールは、2つの音声要素をもち、両方が合わさって確認、すなわち音声サインとなる。音声サインを再現することは考えるほど簡単ではない。両親の鳴き声を録音して聞かせても、多くのヒナは応答しない。特に巣のそばに両親の姿が見えない時はまったく反応しない。巣のそばにペンギンのぬいぐるみを置いて応答させようとしても、多くの年長のヒナは彼らの両親の呼びかけだけに応答する。

危機

何か相当大きな問題がイワトビペンギンの個体数を急激に減らしている。しかしそれが何かを確実に知っている人はいない。まだ証明されていない、多くの仮説が立てられているが、科学者は現在までのところ、確実な答えを発見できずにいる。明確な犯人が分からないため、イワトビペンギンの大きなハンディキャップである、特別に厳しい繁殖と換羽のスケジュールに疑いが向けられている。イワトビペンギンのからだは小さく、栄養を十分に蓄えることができないため、わずかなミスも許されない。また大きなコロニーでは、繁殖地周辺の餌を急速に食べ尽くしてしまう。このような理由から、イワトビペンギンは、環境の変化に対応できず、自らのライフスタイルと生態系の犠牲になっているのかもしれない。

科学者は、イワトビペンギンの激減を、餌である魚の量と移動に影響を与える海水温の変化や海水の酸性化に関連づけようとしている。しかし、イワトビペンギンはかなり遠くまで泳いでいく能力がある。他の科学者は、イワトビペンギンの餌が姿を消していること、あるいは、増加する捕食者に対しなすすべがないことが原因だと主張する。一方、未確認の病気が蔓延（まんえん）したと考える科学者もいる。

卵はオオトウゾクカモメ、カラカラ、カモメをはじめ、生息地域にいる他の鳥たちに略奪される。イワトビペンギンは小さいので、これらの大型で空を飛べる鳥たちの競争相手ではない。鳥たちは、イワトビペンギンのヒナや卵をほとんど意のままにひったくることができる。海上ではオットセ

仲間に囲まれて換羽するのも生き残るための知恵

イ、ヒョウアザラシ、アシカその他の水生哺乳類に捕食される。オットセイの個体数は、捕獲が禁止された結果増え続けていて、それがペンギンが以前にもまして減少している原因になっている可能性もある。油田探査や油の流出事故によって、毎年数千羽のペンギンが犠牲になっている。漁業者もさらにペンギンの餌を枯渇させている。漁網にからまって窒息死するイワトビペンギンも少なくない。

保護活動

イワトビペンギンが短期間に大きく減少したことは、科学者たちの注意を大いに喚起した。しかし、イワトビペンギンを助けたいと思っても、実際にはまだ原因の究明もできず、有効な対策も立てることができない。十分な個体数をもっていた種がほとんど絶滅しかけているのはなぜなのか、世界中の科学者がパニックになりながら探っているが、その答えはまだ見つけることができない。そのためイワトビペンギンは憂慮すべき状況におかれている。

イワトビペンギンの危機的な状態を認識したバードライフ・インターナショナルは、その原因と有効な救済策を見つけるために、2008年6月にロンドンで特別会議を開催した。そして『イワトビペンギンの調査および保護計画：個体数変化を調査する行動計画（国際研究部会議事録、2008年6月5日、エジンバラ)』という詳細な小冊子を発行した。会議では、最初に、現在のイワトビペンギンの生息数について議論が噴出した。そのため、数十年間調査されていないイワトビペンギンの生息地の大規模調査を実施するよう緊急の勧告が採択された。最後に、イワトビペンギンを救うための基本計画を話し合ったが、会議参加者に残されたのは答え以上に多くの疑問であった。会議が公表した長い勧告リストの大部分は、今後の調査の要請であった。たとえ世界中が注目しても、より明確な調査結果が入手できるまで、イワトビペンギンの激減の謎は解けないだろう。

興味深い研究

広く認められていることだが、最初に産んだ卵Aは、2番目に産んだ卵Bより小さく、卵Bから孵化したヒナの方が体重も重い。その上、理由は分からないが、数日遅く産んだ卵Bの方が早く孵化する。

セントクレアは1966年に、冠羽ペンギン類はどうして卵Aより先に卵Bを孵化させる傾向があるのか、その理由を調査した。セントクレアは卵の重量や産卵順序、その他のパラメータ間の関連性を確定しようとした。しかし最後まで、この不思議な逆転現象を説明する信頼性の高い説明は発見できなかった。セントクレアの目標とパラメータの設定が

水際で群れになる

岩場から海へジャンプ！

ペンギンには歯がない

誤っていたと考えたポワブロは、考え方を根本から変えてみた。彼女は自然の順序に従おうとせず、まったく異なる手法をとった。卵Bや、卵Bから孵化したヒナをこっそり盗み、卵AとAから孵ったヒナだけを巣に残したのである。誰もが驚いたことに、より小さな卵Aから孵化したヒナの巣立ちまでの生存率は、コントロール群の卵Bから孵化したヒナの生存率と変わらなかった。

要するに、生存の可能性に関する限り、冠羽ペンギン類が大きな卵Bを選り好みする生物学的な理由はほとんどない。チャンスさえ与えられれば、AのヒナもBのヒナと同等の生存の可能性をもっているのである。

ポワブロの研究から明らかになったもう1つの興味深い事実は、フォークランド諸島に生息するイワトビペンギンの一部が、従来観察されたことのなかった事例として、実際に2羽のヒナを巣立たせたことである。

綿羽を脱ぎかけた痩せたヒナ

［表］

重さ	資料 1	資料 2	資料 3
採餌後の繁殖個体　オス		3.4kg	4.1kg
採餌後の繁殖個体　メス		3.1kg	3.9kg
最初の絶食後　オス		2.3kg	3kg
最初の絶食後　メス		2.5kg	2.5kg
換羽前　オス	4.3kg		3.5kg
換羽前　メス	3.6kg		
換羽後　オス	2.4kg		2.3kg
換羽後　メス	2.2kg		
巣立ち時のヒナ	2.2kg	2.2-2.4kg	
第 1 卵	80g	88.2g	
第 2 卵	115g	115g	
長さ	**資料 4**	**資料 5**	**資料 6**
フリッパーの長さ　オス	17.5cm	16.7cm	16.7cm
フリッパーの長さ　メス	16.7cm	16.1cm	16.7cm
くちばしの長さ　オス	4.6cm	4.7cm	4.6cm
くちばしの長さ　メス	4.0cm	4.1cm	4.1cm
くちばしの高さ　オス	2.0cm	2.1cm	2.1cm
くちばしの高さ　メス	1.8cm	1.8cm	1.7cm
足指の長さ　オス	11.5cm		
足指の長さ　メス	11cm		

Source 1: Williams 1995—Falkland Islands. Source 2: Hull et al. 2004—Macquarie Island, Australia（1993-1994）. Source 3: Hull et al. 2004—Macquarie Island, Australia（1995-1996）. Source 4: Williams 1995—Gough Island. Source 5: Williams 1995—Campbell Island, New Zealand. Source 6: Warham 1963—Macquarie Island, Australia.

生態	資料 1	資料 2,3,4,5,6	資料 7,8,9,10
繁殖開始年齢（歳）	4		2-5（Avg.4.5）(7)
抱卵期（日）	33-34	33（2）	32-34（7）
育雛（保護）期（日）	24-26	26（2）	24-26（7）
クレイシ期（日）	40-50	41-45（2）	44（8）
繁殖成功率（羽／巣）	0.41-0.61（クロゼ諸島）	0.6 以下（2）	0.28-0.52（7）
つがい関係の維持率	59%（キャンベル島）	70%（3）	47%（8）
オスのコロニー帰還日	11 月初旬	10 月 21 日〜 24 日(2)	11 月初旬（9）
第 1 卵の産卵日	11 月下旬	11月11日〜16 日(2)	11 月下旬（9）
ヒナの巣立ち日	3 月	2月24日〜 3月10日(2)	2 月下旬（9）
換羽前の採餌旅行の長さ（日）	23-30	28-38（2）	
成鳥の換羽開始	4 月 10 日	3 月下旬（2）	4 月中旬（9）
陸上での換羽期（日）	24-26	24-27（2）	
巣立ち後 2 年間の生存率		39%（3）	39%（7）
繁殖個体の年間生存率		72-84%（3）	84%（7）
平均遊泳速度	時速 7.6km	時速 7.4km（4）	時速 4.8-9.7km（7）
最高遊泳速度		時速 8km（4）	時速 9.7km（7）
最深潜水記録		168m（5）	113m（10）
コロニーからの最大到達距離	1609.3km		2011.7km（7）
最も一般的な餌	オキアミ	オキアミ（6）	イカ（7）
次に一般的な餌	魚類	魚類（6）	オキアミ（7）

SSource 1: Williams 1995—Heard Island, Australia. Source 2: Warham 1963—Macquarie Island, Australia. Source 3: Guinard et al. 1998—Amsterdam Island. Source 4: Pütz et al. 2006—Marion Island, Prince Edward Islands. Source 5: Tremblay and Cherel 2000—Amsterdam Island（Northern Rockhopper）. Source 6: Birdlife International 2008—Kerguelen Island. Source 7: Birdlife International 2008—Amsterdam Island. Source 8: Hull et al. 2004—Macquarie Island, Australia. Source9: Birdlife International 2008—Marion Island, Prince Edward Islands. Source 10: Schiavini and Rey 2004—Tierra del Fuego, Patagonia（Southern Rockhopper）.

ロイヤルペンギンのコロニー（マックォーリー島、オーストラリア）

ロイヤルペンギン
Royal Penguin
Eudyptes schlegeli

属：マカロニペンギン属

同属他種：

マカロニペンギン、イワトビペンギン、シュレーターペンギン、フィヨルドランドペンギン、スネアーズペンギン

※ロイヤルペンギンはマカロニペンギンの亜種だと考える研究者もいる。

亜種：なし

IUCN レッドリストカテゴリー：絶滅危惧Ⅱ類（VU）

最新推定生息数

個体数：210 万羽

繁殖つがい：85 万組

※ 1980 年代の推定だが、以来、生息数の大きな変化はないと思われる。

寿命：平均 12 年、それより長く生きる個体も多い

渡り：あり、4 月から 9 月までコロニーを離れる

大規模コロニー：

マックォーリー島（南緯 54° 30′ 東経 158° 57′ にあるオーストラリアのタスマニア州に属す亜南極の島）の固有種

色

成鳥：黒、灰色、白、オレンジ色／赤、黄色、ピンク

くちばし：オレンジ色から赤、先端に近い部分は灰色

足：ピンク、足の裏は黒

虹彩：赤から明るい褐色

ヒナの綿羽：褐色から濃い灰色

幼鳥：背中は濃い灰色、非常に短い黄色の冠羽、のどは灰色

身長：64 ～ 69cm

体長：69 ～ 74cm

通常産卵数：1 巣 2 卵

1 つがいが 1 年に育てるヒナの最大数：1 羽

幼鳥

成鳥

デイビッドが見たロイヤルペンギン

マックォーリー島へは簡単には行けない。行けるのは、オーストラリア政府の仕事に就くか、研究者として許可を受けた少数の幸運な者だけだ。それ以外の方法は、唯一、毎夏許可される数少ないクルーズに参加することである。ニュージーランドの南端かタスマニアのホバートから、よほどの幸運に恵まれない限り、荒天の海を越えて行くことになる。3～4日の航海である。クルーズには、ふつう他の亜南極の島々も組み込まれていて、費用は70～130万円ぐらいである。私はヘリテージ・エクスペディションの一員になって、スピリット・オブ・エンダビー号という小さな船に乗船した。船長のネーサンとその乗組員は、これまでに出会った誰よりも探検旅行のプロフェッショナルで、この航海は、私が費やした努力や資金に余りある価値があった。

サンディビーチに上陸すると、ロイヤルペンギンがおおぜいで迎えてくれた。ペンギンたちがぎっしり集まった騒がしい共同体は、けんかをするペンギンたちの鳴き声であふれていた。彼らは非常にエネルギッシュにきびきびと動き回り、特にまだ若い成鳥はお互いにけんかを売っていた。大きなくちばしを使いたがっているかのように、いたる所で、海の中でさえもくちばしつつきの決闘が起きていた。そんな光景には初めて出会った。コロニーの方へなおも歩いていくと、ペンギンはよそもののペンギンに対しては情け容赦なく攻撃するが、つがい相手には愛情ある優しい態度で接していることに気がついた。つがいは何時間もかけて、ふだんけんかに使うくちばしでお互いに触れ合っている。

オーストラリア・リサーチセンターで、温かい紅茶とおいしいケーキのもてなしを受けてくつろぎながら、私が出会ったロイヤルペンギンのことを思い起こしていた。あの感情豊かなロイヤルペンギンと私たちの間に、一体どれほど多くの類似点があるだろうか。

ロイヤルペンギンの夫婦

水際で立ち上がったロイヤルペンギン（サボイビーチ、マックォーリー島）

ロイヤルペンギンのイルカ泳ぎ

ロイヤルペンギンについて

生息数の動向

不明。しかし安定的維持の状態にあると思われる。

およそ85万繁殖つがいで変化していない。この情報は、25年前に行われた最後の詳細な個体数調査によるものなのでやや古い。しかし研究者は、同じ個体数を最新の推定数として認めている。

生息環境

ロイヤルペンギンはマックォーリー島だけで繁殖している。マックォーリー島はオーストラリア領で、ニュージーランドから南へ885km離れた、太平洋の亜南極に位置する。オーストラリア公園局の職員と研究者が数人暮らしている。ロイヤルペンギンと他の3種のペンギン、キング、ジェンツー、イワトビペンギンにとって、この小さな島がわが家である。冬期、ロイヤルペンギンはこの島を離れ、160km彼方にある南極還流へと向かう。

形態

ロイヤルペンギンは、のどの色が違うだけでマカロニペンギンとよく似ている。ロイヤルペンギンはのどの部分が白く、マカロニペンギンは黒い。

ロイヤルペンギンの成鳥は、背中の黒色は頭頂部へ、そこからくちばしの上の三角形へと続いている。下腹部から首、顔の目の上まで白く、そこで頭頂の黒い三角形と出会う。明

海岸に集まるロイヤルペンギン（マックォーリー島、オーストラリア）

るい黄色の冠毛がくちばしの近くから延びている黒い飾り羽と互いにからみ合い、後頭部まで数センチ突き出ている。フリッパーは黒く、外側が白く縁どられ、裏面は濁った白色である。くちばしは明るいオレンジ色から赤色で、基部にわずかな濃い灰色の斑紋がある。顔の両側に、くちばしから目にかけて、羽毛のない、皮膚の露出した、鮮やかなピンクの三角形が見られる。

ロイヤルペンギンの幼鳥は成鳥に比べて、顔の周りが淡い灰色からくすんだ黒色で、のどは白色ではなく濁った灰色をしているので、成鳥とはっきりと区別できる。また繁殖個体に比べて体型が細く、冠羽の代わりにくちばしの上部から非常に短い黄色の羽毛が延びているだけである。

ヒナ

ヒナは褐色から濃い灰色の綿羽を身につけている。3～4週間は巣で両親に保護されて育つが、その後クレイシに移動する。若いロイヤルペンギンは、非常に攻撃的で出会ったものには誰でもけんかをしかける。このことから、クレイシをつくる2つの主な目的が推測される。1つはヒナをむら気な若鳥から守ること、もう1つはオオトウゾクカモメやオオフルマカモメの攻撃から守ることである。綿羽が抜け落ち、ヒナが十分な大きさに育つとクレイシは解散する。この頃多くのヒナは、フリッパーを不規則に震わせてひょうきんなダンスを踊り、コロニー中が興奮のるつぼと化す。

ヒナは生まれてから約65日で巣立つ。海に出た最初の1年で約40%が死んでしまう。繁殖年齢まで生き残れるのはたった20～30%である（Williams 1995）。生き残った幼鳥の大部分は、1年後に両親の巣の近くに戻ってきて換羽する。それから平均5年経つと繁殖を始める。

繁殖と育雛

ロイヤルペンギンは、コロニー内の繁殖期に関して高い同調性が見られる。しかし、繁殖が効率的と見なせるかといえば、そうではない。ロイヤルペンギンは、2個卵を産んでも、ヒナは1羽しか育てないので、繁殖成功率は他のどの種のペンギンより低い（Williams 1995）。繁殖経験のあるオスは、9月末から10月初旬にかけて昨年の巣の場所に戻ってくる。メスは7日ほど遅れて到着する。幾多のけんかの後、やかましい鳴き声もおさまり、コロニーの中は、つがいが交わす愛と優しさにあふれ、穏やかさに包まれる。

10月下旬に2個の卵を産む。まず10月20日頃小さい卵を産み、その4～6日後に、最初の卵より55%重い卵が産まれる。2番目の卵が産まれなければ別だが、最初の卵のほとんどは孵化しない。通常メスは、最初に産んだ卵を巣から放り出すか放置して、オオトウゾクカモメが捕食するにまかせる。繁殖中の成鳥は求愛期から抱卵期まで長期間絶食する

幼鳥のクローズアップ

小競り合い

採餌に出かける

海の中まで追いかけてけんかする

が、絶食期間はオスの方がメスより長い。2番目の卵を産むと、まずメスが抱卵する。オスはようやく約35日間の絶食から解放され、約2週間の採餌旅行に出かけることができる。採餌旅行から戻ったオスは、メスから抱卵を引き継ぐ。メスは14日間の採餌旅行に出かける。通常、ヒナが孵化する時には両親がそろっている。

それから3週間の間、オスは1羽だけでヒナを保護する。メスは2〜3日おきにヒナに餌を与えるため戻ってくるが、オスはその間ずっと絶食が続く。2個の卵が孵化しても、母親は大きなヒナだけに餌を与え、小さい方のヒナを死なせてしまう。約20日齢になると、ヒナはクレイシに加わる。オスが後半の給餌を手伝うこともあるが、ヒナが約65日後に巣立つまで、2〜3日おきに餌を与え続けるのは母親の役目である。通常、繁殖成功率は1巣0.3〜0.5羽である。繁殖に失敗したつがいが、同じ年に再度繁殖を試みることはない。

採餌

ロイヤルペンギンは潜水がたいへん上手で、軽々とやってのける。繁殖期には南極前線まで冒険するものもいる。南極前線の海域はたいへん深いが、ロイヤルペンギンは浅い部分で採餌するのを好む。この南極還流は周囲の海水より低温で、通常はマックォーリー島の南を流れているが、時々進路を変更する。ペンギンもその後を追っていく（Shirihai 2002）。繁殖中の他のペンギンはマックォーリー島の周辺に留まり、激しい採餌競争に巻き込まれる。抱卵期には14〜20日間にわたり採餌するので、マックォーリー島から645kmも離れた所まで採餌旅行にでかけるものもいるが、それでも、配偶者を抱卵から解放するために遅れずに巣に戻ってくる（Hull 1997）。採餌活動の大半は、午前7時から午後6時の間に行う。この間、一定の速度で潜水し、およそ40%の時間は水面下にいる。時々活動をやめて休息する。ロイヤルペンギンの遊泳速度はイルカ泳ぎを含めて平均時速6.8kmだが、抱卵期はメスの方がオスより時速1.6kmほど速く泳ぐ。最高遊泳速度として時速9.97kmが記録されている（Hull 1997）。

換羽が終わるとすぐマックォーリー島から離れ、冬の採餌旅行に出かける。冬の間、ロイヤルペンギンがどこにいるか、その行方は誰も知らない。しかし、タスマニアから南極の端まで広い範囲で目撃が記録されている。

サンディベイでの調査によると、ロイヤルペンギンの餌は50%以上がオキアミで、その他は小さなハダカイワシ科の魚類やイカなどであった（Shirihai 2002；Marchant and Higgins 1990）。ペンギンは餌を大量に消費する。ある研究論文の推定によると、マックォーリー島の170万羽の繁殖個体が換羽前の採餌旅行中に消費する餌の量は1万3000トンである（Hull et al. 2001）。ここに非繁殖個体の消費量を加えると、ロイヤルペンギンたちは1年に9万トン以上の餌を

ロイヤルペンギンのダンス

消費していることになる。

換羽

1月末にヒナが巣立つとすぐにロイヤルペンギンは5週間にわたる換羽前の採餌旅行に出かける。この旅行中に1日に約83gずつ、全体で約3kg体重を増やす。マッコォーリー島の浜辺に上陸した時、健康なオスの換羽前の体重は6.8kg、メスで6.4kg近くになっている。換羽期に入ると、巣の近くで多くはつがい相手と寄り添い、使い古された羽毛が抜け落ち、新しい羽毛に生え変わるまで4週間じっとしている。24〜29日間の絶食期間に、換羽前の採餌旅行で増やした体重より多くはないとしても、そのほとんどを失ってしまう。3月末、この厳しい試練が終わると再び最高に気もちの良い場所、南極海へと戻っていく。

営巣

ロイヤルペンギンはすべて、小さなマッコォーリー島で繁殖している。コロニーの大きさは、数十万もの騒がしいつがいが集まっている大きなものから、たった60つがいの小さな集団までまちまちである。多数の巣が$1.2m^2$の広さに1つの割合で密集している。コロニーは浜辺の近くにある、限られた平坦な場所から斜面に向かって広がっている。オスは巣の材料として、石や枯れた草、骨などを運んでくる。メスは、オスが集めた巣材を新しい巣に並べたり、以前使った巣に並べ直して、卵を産む用意をする。石の収集はオスの趣味で、巣をつくる必要のない時でも石集めをする。多くのオスは、ヒナが孵化してからもまだ、時には換羽が始まるまで石を集めている。砂浜に巣をつくる親鳥は、浜辺に寝そべり、辛抱強くからだを回転させて穴を掘り、数個の石を置き乾いた草を敷いて巣をつくる。砂や泥の上に無造作に卵を産むつがいもいる。こうした怠惰なカップルは、たいてい卵を失くしてしまい、ヒナを巣立ちまでうまく育て上げることはめったにない。

相互関係と発声

ロイヤルペンギンの若鳥は非常に数が多く、繁殖の開始がどちらかといえば遅いので、どうしても攻撃的になりやすい。若鳥は自分より幼い鳥や成鳥を相手に数えきれないほどのけんかをし、いつもその中心にいる。これが、ロイヤルペンギンのけんかは終わることはないという印象を与える。通常、このような攻撃性がロイヤルペンギンの第一の特徴として注目されるが、実は、ロイヤルペンギンは驚くほど愛情深い。つがい形成の儀式はたくさんあり、海上で冬を生き残った大多数のカップルは、同じ相手と再びつがい関係を結ぶ。つがい関係を結ぶ最初のサインは、つがい相手のメスの注意を引きつけるために、まずオスが騒々しく頭を上下に揺すりからだを震わせる。この広告ディスプレーには、大きな叫び声やうなり声が伴う。メスもまた同じディスプレーで応じる。そ

行儀の悪い幼鳥は厳しくしつける

くちばしの決闘開始

の後すぐに、メスが返してくれた愛のディスプレーに感謝を表し、さらに新しい石をメスのもとに運ぶ。優しくお辞儀をして、優しい鳴き声を出す。カップルは、触れ合いながら何時間も相互羽づくろいをする。オスとメスは、ただ一緒にいるだけで楽しいというように寄り添っている。しかし、この至福のひと時もオスが若鳥の侵入者を見つけて撃退しなければならない時がくると、あっけなく中断される。メスも巣を守るために若鳥を攻撃する。

十分な絆ができると、オスはメスを優しく下へ押しつけ最初はくちばしで、それからフリッパーを素早く動かして交尾に最適の体勢をとらせる。メスがこの誘いを受け入れると腹ばいになり、オスはその背中に乗る。交尾は産卵の直前まで何度も続く。独身の繁殖しないオスの中には、換羽開始のぎりぎりまで、若いメスや1歳の幼鳥に無理やり乗ろうとするものもいる。

ロイヤルペンギンは、時々くちばしを上に向けて首を伸ばして頭部を振る。巣を交代する時には、戻ってきたペンギンが肩を丸め、フリッパーを地面にほぼ垂直に下に向け、優しくお辞儀をする。この感動的ないじらしいジェスチャーの後に優しい鳴き声が続く。長い採餌旅行の後は、フリッパーを上に向けて、ロバのような声やトランペットのような声を出して、つがいの相手であることを確認してもらう必要がある。巣にいるつがい相手もフリッパーを下に向けて同じ姿勢をとって応える。通りがかりの若鳥が、つがいの間に割って入ろうとすることもあるが、3羽がくちばしをあけてにらみ合ったかと思うと、つがいが力ずくで邪魔者を追い払う。家族から離れている時は、ロイヤルペンギンはとても神経質でけんかっぱやくなる。特に、冬の長い旅行から帰った直後の1週間は、コロニー中が小競り合いやより深刻なけんかでいっぱいになる。産卵する頃にはけんかはおさまる。

前年に生まれた幼いロイヤルペンギンは、換羽するために浜辺に戻ると、すぐにくちばしつつきや、ちょっとしたけんかを繰り返し、浜辺だけでなく海に入っても続ける。この争いにはいつも大きな叫び声が伴うので、コロニーは喧噪の渦と化す。

ロイヤルペンギンは、換羽前の採餌旅行で長期間留守にした後戻ってくると、自分の巣の場所へ行くまでに営巣中の仲間の近くを通らなければならないことがある。仲間からの攻撃を避けるために、フリッパーを前に出し、半ばお辞儀をして平和的なポーズをとる。もし自由に通行することを拒否されると、巣に帰ろうとする鳥は、いったん立ち止まり声を発しながら頭を上に向ける。しかしたいていはけんかは起こらず、再び平和的なポーズをとってから、自分の巣へと歩いて行く。

ロイヤルペンギンは、仲間（通常はつがいの相手）と一緒の時、特に海に入る前には羽づくろいに多くの時間を費やす。しばしば海に飛び込み、水浴びをしたり、360度からだを回転させて海上に浮かんでいたりする。だがそこでも、近くに無礼な若鳥が来れば、くちばし対決やけんかを始める理由になることもある。

危機

ロイヤルペンギンは、海上ではオットセイ、シャチ、サメなどに捕食される。陸上ではオオトウゾクカモメやオオフルマカモメが卵やヒナを襲う。営巣地近くにアザラシのハーレムがあるため、巨体を引きずって歩くゾウアザラシに巣が壊されたり、卵が押しつぶされたりする。ウサギやネズミなどの外来動物は、かつて、ロイヤルペンギンに直接影響を及ぼす島の植生や環境を破壊して、間接的な被害を与えた。

最大の、また最も理解されていない脅威は海水温である。ロイヤルペンギンの餌は南極還流に依存している。気候の変化によって海水温が上がると、たとえ1～2℃であってもマックォーリー島近辺まで回遊してくる魚が減り、餌の量が減少する。魚がさらに南下すると、ロイヤルペンギンも巣からはるか遠くまで泳いで行かなければならない。両親が巣に時間内に戻ることができないと、ヒナは餓死してしまう。

保護活動

ロイヤルペンギンはオーストラリア国民である。マックォーリー島の環境保全はタスマニア州政府によって管理されている。いうまでもなく、ペンギンオイルの製造を禁止したことがロイヤルペンギンを絶滅から救った。現在、タスマニア州政府とオーストラリア政府は、製油業者が島にもち込んで野生化した動物を駆除することによって、破壊された環境をもとに戻そうとしている。数年前から数百万ドルをかけて、ラット、ネズミ、ウサギなどの外来動物を島から一掃する大規模なプログラムを実行している。

この島で暮らす4種のペンギンや数知れない鳥類に害を及ぼすことなく、害獣を毒殺したり罠にかけるためには、多額の費用がかかった。この島への旅行を制限したり、周辺の漁業を禁止することによって、ロイヤルペンギンの絶滅の脅威を最小限にできるだろう。

感情豊かなロイヤルペンギンと私たちには、一体いくつの類似点があるだろうか

［表］

重さ	資料 1	資料 2	資料 3
帰還時の繁殖個体　オス	5.0kg	4.3-7.0kg	6.3kg
帰還時の繁殖個体　メス	4.9kg	4.2-6.3kg	6.3kg
最初の抱卵　オス			4.5kg
最初の抱卵　メス			4.0kg
換羽前　オス	6.8kg	5.7-8.1kg	6.6kg
換羽前　メス	7.1kg	5.2-8.1kg	6.6kg
換羽後　オス	4.0kg		4.0kg
換羽後　メス	3.8kg		4.0kg
巣立ち時のヒナ	5.0kg		
第 1 卵	113.4g	99.8g	95.3g
第 2 卵	149.7g	158.8g	154.2g
長さ	**資料 1**	**資料 2**	**資料 3**
フリッパーの長さ　オス		18.9cm	
フリッパーの長さ　メス		18.6cm	
くちばしの長さ　オス	6.9cm	6.6cm	6.6cm
くちばしの長さ　メス	6.1cm	6.1cm	5.8cm
くちばしの高さ　オス	3.0cm	2.8cm	3.3cm
くちばしの高さ　メス	2.7cm	2.6cm	2.9cm
足指の長さ　オス		7.8cm	
足指の長さ　メス		7.6cm	

Source 1: Hull and Wilson 1996, Hull et al. 2001—Sandy Bay, Macquarie Island, Australia. Source 2: Williams 1995—Various Colonies, Macquarie Island, Australia. Source 3: Warham 1971—Bauer Bay, Macquarie Island, Australia.

生態	資料 1	資料 2	資料 3
繁殖開始年齢（歳）		7-8	
抱卵期（日）	33-36	35	
育雛（保護）期（日）	21	22	
クレイシ期（日）	少なくとも 40 日	40-45	
繁殖成功率（羽／巣）	0.38	0.49	
つがい関係の維持率		High	
オスのコロニー帰還日	9 月 25 日～ 10 月 2 日	9 月末	9 月～ 10 月
第 1 卵の産卵日	10 月中旬（16 日）	ピークは10月20日～23日	10 月中旬
ヒナの巣立ち日	1 月末	2 月中旬	1 月末
換羽前の採餌旅行の長さ（日）	30 日もしくはそれ以上	30-35	36
成鳥の換羽開始	3 月初旬（10 日）	3 月	2 月末（23 日）
陸上での換羽期（日）	24-29	24-29	28
巣立ち後 2 年間の生存率		43%	
繁殖個体の年間生存率		86%	
平均遊泳速度			時速 4.8-7.2km
最高遊泳速度			時速 9.9km
最深潜水記録			226m
コロニーからの最大到達距離			600km
最も一般的な餌		甲殻類	小魚
次に一般的な餌		小魚	甲殻類

Source 1: Warham 1971—Bauer Bay, Macquarie Island, Australia. Source 2: Williams 1995—Various Colonies, Macquarie Island, Australia. Source 3: Hull 1999, Hull 2000, Hull and Wilson 1996, Hull et al. 2001—Sandy Bay, Macquarie Island, Australia.

岩の上のスネアーズペンギン（スネアーズ諸島、ニュージーランド）

スネアーズペンギン
Snares Penguin
Eudyptes robustus

属：マカロニペンギン属
同属他種：
　マカロニペンギン、ロイヤルペンギン、シュレーターペンギン、イワトビペンギン、フィヨルドランドペンギン
亜種：なし
IUCN レッドリストカテゴリー：絶滅危惧II類（VU）

最新推定生息数
　個体数：8 万 5000 羽
　繁殖つがい：3 万 1300 組
寿命：平均 11 年、21 年生きた例もある
渡り：あり、4 月から 8 月までコロニーを離れる
大規模コロニー：
　スネアーズ諸島
　（ニュージーランド　南緯 48° 01′ 東経 166° 36′）の固有種
色
　成鳥：黒、白、黄色、オレンジ色、一部ピンク
　くちばし：明るいオレンジ色、黒
　足：上部はピンクと黒、下部は黒と黒い爪
　虹彩：赤、亜成鳥は褐色
　ヒナの綿羽：褐色
　幼鳥：黒、白、灰色、ピンク、薄いピンク、黄色
身長：51 ～ 56cm
体長：53 ～ 61cm
通常産卵数：1 巣 2 卵
1 つがいが 1 年に育てるヒナの最大数：1 羽

幼鳥

成鳥

デイビッドが見たスネアーズペンギン

ニュージーランド政府は、スネアーズ諸島への上陸を禁止している。しかも、周辺は常時強風が吹き荒れる非常に危険な海域で、訪れるのは容易ではない。私は、ヘリテージ・エクスペディションのスネアーズ諸島と他の亜南極の島々をめぐるクリスマスクルーズに参加することにした。

数週間前の南極クルーズでは大きな失望を味わっていた。数日間、船が氷に閉じ込められて、予定していたアデリーとヒゲペンギンの写真を撮ることができなかったのだ。スネアーズ諸島周辺の複雑な天候のことはよく知っていたので、この航海で予定通り写真を撮るチャンスが訪れるように、ただひたすら祈るばかりだった。

水平線上に美しいスネアーズ諸島が見えてきた時、気もちが高揚した。最初のゾディアックに乗り込んで、クレーンで海面に降ろされた時は、何もかもが素晴らしく見えた。しかし、私たちは島へ行くことはできなかった。

突然風が吹き始め、私たちの冒険に待ったをかけたからだ。数分後には巨大な波が押し寄せてきて、私たちは悪戦苦闘してようやく船に戻った。しかも、またもや落胆を味わうことになった。この航海の若きリーダーであるネーサン・ラスが、上陸計画を中止したのだ。1時間も経たないうちに、私たちは次の目的地に向かって出発していた。スネアーズペンギンの写真を撮る機会を失ったのは明らかだった。

しかし、ネーサンは簡単にあきらめる男ではなかった。旅程を繰り上げて他の島々を先に回り、帰りにこの島を観察するチャンスを広げようと考えたのだ。航海の最終日、船が2度目に島への接近を試みた時は、美しく穏やかな天候に恵まれた。ネーサンのおかげだった。全員がゾディアックに乗り、ほんの数メートルの所で美しいスネアーズペンギンとの時間を過ごすことができた。

ペンギンたちは、いつもの活発な活動を見せて私たちを歓迎してくれた。愉快なポーズをとったり、海へ飛び込んだり、羽づくろいしたり、私たちをちらっと見たり……。

ゾディアックを操縦しているアダムは、みんなが最高の写真を撮れるように、できる限りボートを島に近づけてくれた。周囲はどこもかしこも、静かな水面にキラキラと日光がきらめいていた。最高の1日に恵まれた。じっと観察していると、スネアーズペンギンはたいへん穏やかで、互いに対する愛情にあふれていた。ペンギンたちは、ヒナに餌を与えるために、元気いっぱい岩だらけの丘を登っていく。

スネアーズ諸島への航海は確かに困難だが、その先には、スネアーズペンギンたちの小さいが素晴らしい楽園がある。

海から帰ったばかりのずぶ濡れのスネアーズペンギン

傷ついたスネアーズペンギン

崖の上で休む幼鳥

スネアーズペンギンについて

生息数の動向

安定的に維持されている。ニュージーランド環境省の最新の個体数調査によると、最大の生息地であるノースイースト島で2万5900組、ブロートン島で5100組の繁殖つがいが数えられた。この数にウエスタンチェインの280組を加えると、合計3万1300繁殖つがいになる。過去10年間の調査では、これとほぼ同数かやや少なく、新たに繁殖を開始する若鳥を含め、繁殖を試みる成鳥の数が年ごとに変動することを示している。

生息環境

スネアーズペンギンは、ニュージーランドの南端からさらに南へ約209.2kmに位置するスネアーズ諸島の固有種である。スネアーズ諸島の全体の広さは3.5k㎡で、主要なコロニーは2カ所ある。最大のコロニーはノースイースト島にあり、もう1カ所は、そこから1.6km離れたブロートン島にある。西南西に5km行った所にある、5つの岩礁からなるウエスタンチェインにも3つ目の小さなコロニーがある。スネアーズペンギンの生息域は、他のどのペンギンと比べても最も小さい。ニュージーランド政府は、有害動物がもち込まれる恐れがあること、また生態学的脅威を受けやすいことを理由に、スネアーズ諸島への上陸を禁止している。

形態

スネアーズペンギンの成鳥は、フィヨルドランドペンギンと非常によく似ていて、成鳥も未成熟個体も海で泳いでいる時はほとんど見分けがつかない。背中と頭部は艶(つや)光りした黒色で、のどの上部で黒から白に切り替わっている。腹部は白色で、からだの脇で白と黒にくっきり分かれている。フリッパーのつけ根の黒い部分は楕円を描いて白い部分に入り込んでいる。冠毛は長く、ほとんどは鮮やかな黄色で、くちばしのつけ根から始まり目の上を通って後頭部に延びている。ぼさぼさの冠羽は黒色の頭頂部でよく目立つ。冠毛は乾いている時には立っているが、濡れると顔の側面になでつけられて線のように見える。

くちばしの周囲に羽毛のないピンクの裸出部があり、正面から見るとピンクの三角形に見える。成鳥は卵を温めるための抱卵斑がある。下腹部にある抱卵斑は、羽毛がなく皮膚が裸出しているため、卵を効率よく温めることができる。

フリッパーは、外側が黒く、くすんだ白で縁どられている。裏側はピンクがかった白で、先端に黒い斑点がついている。この黒い斑点の濃さや大きさは個体差がある。くちばしは明るいオレンジ色から赤色で、がっしりと太い。「頑丈」を意味する種名のロブストゥスはここから名づけられた。足には

ケルプに埋もれたスネアーズペンギン

ケルプでおおわれた島への上陸は楽ではない

採餌に行くために海に入る

黒の数個の斑点がついたピンクの水かきと黒い爪があり、足の裏は黒い。虹彩は赤である。

幼鳥は、成鳥よりもかなり小さく、冠羽もなく、首は灰色である。くちばしはかなり鈍い黒から褐色で、わずかな部分だけがオレンジ色か明るい茶色をしている。虹彩は赤というよりむしろ茶色である。

ヒナ

ヒナは頭部、首、上半身にチョコレート色の綿羽を身につけている。のどの下部から首の大部分、下半身は白い。ヒナは両親の保護のもとで3週間過ごすが、後にクレイシに移動する。1月初旬、ヒナは綿羽を脱ぎ捨て始め、生まれてから70～75日目に巣立つ。その時体重は一般的に2.5kgになっている。巣立つ前の数日間、年長のヒナは水の近くの上陸場所を歩き回る。成鳥が海に出たり海から戻ったりするのを見ていて、自らも1～2分水に入ることがある。最初は群れの一員として島から泳ぎ去る日まで、泳ぎの練習を続けて自信をつける。

海に出て最初の年をようやく生き延びた数少ない幼鳥は、10～11カ月以内に、換羽のためにスネアーズ諸島に戻ってくる。最初の1年の死亡率は50％を上回るが、その1年間をどこでどう過ごしているのかまったく分かっていない。

6歳頃に、出生コロニーに戻って繁殖する。

繁殖と育雛

9月の第1週にオスがまずコロニーに到着し、メスは約1週間遅れて現れる。オスは営巣場所に強い固執性を示す。配偶者への固執性はまだ十分に研究されていないが、オスが若いメスの求愛コールに応えることもよくある。しかしこうした初期の恋愛関係も、ほとんどは、前年のつがい相手の怒りによって壊されてしまう。夫婦関係が再確認されるか新たに確立されると、メスは巣を修繕する。9月の終わり頃、青みがかった卵を産む。3～7日後に2つ目の卵を産む。この2つ目の卵は最初の卵より30％大きく、驚いたことに、こちらの卵の方が先に孵化する。

最初の10日間の抱卵シフトは両親が平等に卵の世話を分担し、採餌に出かけることなく空腹のままコロニーに留まり、頻繁に抱卵を交代する。その後、オスが平均37日の絶食から解放され最初の長期の採餌旅行に出かける。約12日後、オスが戻ってくるまでメスは1羽で抱卵を担当する。オスが戻ってくるとメスと交代し、メスの約40日に及ぶ絶食はようやく終わる。その後は、卵が孵化するまでオスが抱卵する。

海からの帰宅

契を結ぶスネアーズペンギンのつがい

コロニーまでの道は遠い（スネアーズ諸島、ニュージーランド）

ほぼ半数の巣では2個の卵が両方とも孵化するが、保護期の間ヒナの採餌を担うメスは、2番目の卵から孵化した大きなヒナに優先的に給餌する。そのため1週間以内に小さなヒナは餓死するか、捕食者の餌食になってしまう。メスが採餌のために海まで往復する間、オスは巣に留まり、ヒナがクレイシに加わることができるようになるまで保護する。ヒナがクレイシに加わると、両親はともに海に出て採餌する。ウォーラムは、クレイシ期の大部分はメスが主に給餌を担当するので、オスが37日間の絶食から早く回復できることに気がついた。

午後、採餌から戻ったメスは急いで巣に帰り、大きな声で呼びかける。つがい相手のオスがいれば、鳴いて挨拶を返しお辞儀をする。たいていの場合数羽のヒナが呼び声に応えて、近くのクレイシから出てくる。その中の1羽が何度もお辞儀を繰り返し、ピーピー鳴いて母鳥に応答する。だが最初にやってくるヒナは、たいてい食事目当てのよそのヒナである。餌を与える親は自分の子を見分けることができるので、そうでないと分かると、ヒナをフリッパーでたたき、鋭いくちばしでつつくことさえある。ようやく本当のヒナを識別すると、ヒナは親のわきにぴったり寄り添い、くちばしを上げ、母親の大きなくちばしの中にさし入れて口を開ける。母鳥は、1～2分おきに小さな塊になった餌を口移しに与える。約10分後、満足したヒナは、友達のいるクレイシに戻る。両親は自分のヒナだけに餌を与える。ウォーラムによると、母鳥は、自分のヒナが死に、ヒナに与えるはずの餌をもっている時でも、見知らぬヒナに餌を与えることはない。通常の年の繁殖成功率は、1巣0.5羽であると推定される（Warham 1974）。

採餌

スネアーズペンギンは12羽程度の群れで採餌する。通常の潜水は平均25.9mで、スネアーズ諸島から遠く離れることはない。しかし、抱卵期の長期にわたる採餌旅行ではコロニーからはるか遠くまで冒険する。測定された最も深い潜水記録は119.8mであった（Mattern et al. 2009）。小魚、オキアミ、イカなどを採食する。

換羽

繁殖期の長期間の絶食で失ったエネルギーと体重をとり戻すために、スネアーズペンギンの換羽前の採餌旅行は最長70日に及ぶこともある。3月末から4月上旬に陸上での換

羽が始まり、24～30日かかる。換羽期間中に体重は激減し、換羽前に太った体重の50%まで減少する。非繁殖個体は数週間早く換羽し、マックォーリー島、キャンベル島、ステュアート島など、他の亜南極の島々で換羽している個体もしばしば目撃される。

営巣

スネアーズペンギンは乾燥した枝、小枝、骨、小石、泥などで小さくて浅い巣をつくる。腹部を地面に押しつけ、回転させ、足を使って巣の形を整え深くする。中には、岩にあいた穴や、折れた枝の小枝の隙間を利用して、小石を縁に並べて巣をつくるものもいる。

スネアーズペンギンは起伏のある島の中でも、木で覆われ日陰になっている所に巣をつくるのを好む。しかし、海に近い、平らな所に巣をつくることもある。コロニーの大きさは10～1200羽の範囲で、巣は38cm程度離れてつくられる。大水が出たり、覆っていた茂みが乾燥して枯れてしまった時など、数年ごとにコロニー全体を別の場所に移す。

相互関係と発声

スネアーズペンギンは他の冠羽ペンギンと比べて攻撃性は弱い。ほとんどのけんかは繁殖期の初めに起こる。他の冠羽ペンギンと同じくスネアーズペンギンは交尾の間、声を震わせながら上下に頭をゆするディスプレーをする。さらに抱卵中に交代する時、つがい相手に挨拶する時も、音声は違っているが同じディスプレーをする。長期の別離の後では、この鳴き声はもっと激しくなる。

つがいの関係は非常に感情的で、ソフトで低い声で呼びかけるだけでなく、相互のお辞儀のディスプレーを伴う。また、寄り添ってお互いに首を交差させ、「ペンギンハグ」と呼ばれる姿勢をとったり、相互羽づくろいをしたり、お辞儀をしたりして何時間も過ごすこともある。換羽前の長期旅行から無事に帰ってきたつがいは、換羽期間中も巣のそばで一緒にじっとしている。研究者は、ヒナが巣立ったずっと後でも、ときおり交尾するのを目撃している。

けんかの大部分は、巣とその材料をめぐるオス同士の争いである。巣を壊したり、巣の所有権を主張している若いペンギンに、以前の巣の持ち主が立ち向かっていくこともある。

メスもまた時々、つがい相手のオスを助けて闘う。だが、ほとんどのメスのけんかは、交尾期、2羽のメスが同じオスに求愛し奪い合う時に起こる。オスはたいがい、けんかに勝ったメスを配偶者として受け入れるが、けんかに勝つのは多くの場合、前年からのつがい相手である。

最もひどい厄介者は、繁殖に失敗したペンギンたちで、コロニー内をわけもなくぶらつきながら抱卵中のメスに八つ当たりし、そのせいで時にはメスが巣を放棄してしまうことも

岩だらけの海岸で、羽を乾かし羽づくろいをする

海藻の中で（スネアーズ諸島、ニュージーランド）

ある。くちばしを打ちつけ合う決闘もよく起こり、特にコロニーへ戻ってきた幼鳥の間で多く見られる。決闘の前に1～2度の短い叫び声をあげ、シュシュという音やうなり声を発すると決闘が終わった合図である。時には、まだ決着がついていないとでもいうように、前のラウンドが終わるとすぐにまた次のラウンドを始める。くちばしで激しくつつき合い、傷つくこともある。

対立を望まない営巣中のスネアーズペンギンは、他の巣の近くを通る時、フリッパーを半開きにし肩を丸めた宥（なだ）めのディスプレーをすることによって、安全に通行させてもらう。

危機

スネアーズ諸島にはアザラシやニュージーランドアシカが生息しているが、スネアーズペンギンにとって危険度は低い。より脅威となるヒョウアザラシは、幸いにもこの島々に姿を見せることはまれである。カモメやトウゾクカモメが卵やヒナを襲うが、他の種のペンギンに比べると少ない。たぶん、スネアーズ諸島には海鳥が採食できる餌が他に十分にあるからだと思われる。営巣期のコロニーには腐りかけた卵や死んだヒナがいたる所に見られるので、低空で飛ぶカモメやトウゾクカモメが1羽で残されたヒナがいても襲わないのは、より少ない労力でもっと簡単に餌を手に入れることができるからだと思われる。しかし、巣立ちの時期になると、オオフルマカモメが海へ向かう巣立ちビナをしばしば襲う。

ウォーラムは、2番目の大きな卵から孵化したヒナの死因の多くは、スネアーズ諸島の冷たく長い暴風雨に曝されることが原因であろうと推測している。他の冠羽ペンギンと同じように、最大の脅威はスネアーズ諸島の沿海を流れる寒流の予測できない変動によって、時々、コロニーの近くで餌が採れなくなってしまうことである。

保護活動

ニュージーランド政府は、ペンギンが生息する他のいくつかの島々と同じように、スネアーズ諸島への上陸を固く禁じている。これは、一般人の立ち入りにより、雑草や外来生物がもち込まれる脅威を取り除くことにより、ペンギンの役に立っている。調査プロジェクトはたまに許可されるが、スネアーズペンギンに関する調査はあまり行われていない。正確な研究データがなければ、将来の保護活動の実施もままならない。

興味深い研究

ペンギンがどのような餌を好んで採餌するかを理解することは、効果的な保護活動を実施するための重要な基本的データである。ペンギンの種がそれぞれ何を採餌しているかに関して多くの研究が行われているが、海から戻ってきたペンギンを捕まえて、胃の内容物を吐かせて分析する、という手法が主流である。

スネアーズペンギンの調査はほとんど行われていない。マターン、ヒューストン、ララスらは、ペンギンの餌を徹底的

に調査した数少ない研究者である。彼らの研究の最も興味ある点は、採餌や餌についての結果ではなく、彼らが提起した疑問である。ペンギンは餌を速く消化しなければならないので、餌は胃の中を短時間で通過する。したがって、上陸してきたペンギンの胃の中の餌は、特に採餌旅行の早い段階の餌の嗜好性を正確に表していないのではないか、と考えたのである。

マターンが胃の内容物に疑問をもったのは、12～14日間の採餌旅行から戻ってきたところを捕えたすべてのオスの胃の中が、ほとんど空っぽだったからである。胃には、イカのくちばし、魚の耳石、消化途中のオキアミがいくらか残っていただけだった。島から離れている間に体重が相当増加したことを考えれば、オスは上陸前に、採餌した餌をほぼ完全に消化しきったことになる。研究者は、消化されにくいものだけが胃に残ったと推測した。胃の残留物を調べてみると、オスの餌はオキアミやイカでなく、ほとんどが魚であるということが明らかになった。しかし、メスの胃の内容物を調べると、大部分が消化されていないオキアミだった。ここでさらに新たな疑問に突き当たった。

メスがオスとはまったく違う餌を採餌するなどということがあるのだろうか？　メスの胃の中が餌でいっぱいだった理由は、ヒナの餌を運んでいたからだと想定できる。オスの胃が空っぽだったということと、メスがヒナに餌を運ぶ可能性とを関連づけて考えると、胃の内容物に関するこれまでの研究の信頼性に疑問が生じる。他の研究で記録された内容物が実際にペンギンの胃の中にあったことは間違いない。だが、それが本来誰のための食べ物なのかはまったく別の問題である。多くの研究がペンギンの成鳥の餌は主にオキアミである、と結論づけている。だが、オキアミは魚やイカに比べてカロリーが少ないため、ますます疑問は深まる。

マターンが気づいたように、オキアミには高濃度の成長ホルモンが含まれているために、ある種のペンギンは、ヒナにオキアミ類を好んで与えている可能性がある。また、餌に関する多くの研究の結論が、ヒナのための餌を十分に考慮に入れずに、成鳥がわざわざヒナのための餌を採ることはなく、ヒナにも自分と同じ餌を与えているという仮定に基づいていた可能性もある。ペンギンのからだにビデオカメラを装着すれば、実際に何をいつ採餌しているか、もっと正確なデータが得られるだろう。ペンギンの糞の分析も一般的になりつつある。

お腹をすかせたヒナたちの待つコロニーへ、岩だらけの丘を登って行く

[表]

重さ	資料 1	資料 2,3	資料 4
帰還時の繁殖個体　オス			3.3kg
帰還時の繁殖個体　メス			2.8kg
育雛期終了時　オス	3.4kg		
育雛期終了時　メス	2.7kg		
保護期終了時　オス	2.6kg		
保護期終了時　メス	2.5kg		
換羽前　オス	4.3kg	4.2kg (2)	
換羽前　メス	3.9kg	4.2kg (2)	
換羽後　オス		2.1kg (2)	
換羽後　メス		2.1kg (2)	
巣立ち時のヒナ	2.9kg		1.8-3.0kg
第 1 卵	99.8g	95.3g (3)	99.8g
第 2 卵	127.0g	127.0g (3)	124.7g
長さ	**資料 1**	**資料 4**	**資料 5**
フリッパーの長さ　オス	18.3cm	18.3cm	18.8cm
フリッパーの長さ　メス	17.5cm	17.5cm	17.8-18.0cm
くちばしの長さ　オス	5.9cm	5.8cm	5.6-5.8cm
くちばしの長さ　メス	5.2cm	5.3cm	5.1-5.3cm
くちばしの高さ　オス			3.0-3.3cm
くちばしの高さ　メス			2.8-3.0cm
足指の長さ　オス	9.4cm	11.6cm	
足指の長さ　メス	9.2cm	10.9cm	

Source 1: Warham 1974—Northeast Island, Snares Islands, New Zealand. Source 2: Croxall 1982—Snares Islands, New Zealand. Source 3: Massaro and Davis 2004, Massaro and Davis 2005—Snares Islands, New Zealand. Source 4: Stonehouse 1971—Snares Islands, New Zealand. Source 5: Miskelly 1997—Western Chain, Snares Islands, New Zealand.

生態	資料 1,2,3	資料 4	資料 5
繁殖開始年齢（歳）	6 (1)		
抱卵期（日）	33 (2)	35	
育雛（保護）期（日）	15-21 (2)		
クレイシ期（日）	50 (2)		
繁殖成功率（羽／巣）	0.5-0.8 (2)		
つがい関係の維持率	高い (2)		
オスのコロニー帰還日	9月初旬 (2)	8月下旬	9月
第 1 卵の産卵日	9月28日～10月2日(2)	9月末～10月	10月～11月
ヒナの巣立ち日	1月～2月初旬 (2)	1月下旬	2月下旬～3月
換羽前の採餌旅行の長さ（日）	少なくとも 60 日 (2)		
成鳥の換羽開始日	3月25日 (2)	2月末～3月	5月～6月
陸上での換羽期（日）	24-30 (2)	21	
巣立ち後 2 年間の生存率	20-40% (2)		
繁殖個体の年間生存率	85% (3)		
最深潜水記録	120m (2)		
コロニーからの最大到達距離	2400km (2)		
最も一般的な餌	甲殻類 (2)		
次に一般的な餌	頭足類 (2)		

Source 1: Warham 1974—Northeast Island, Snares Islands, New Zealand. Source 2:Houston 2007—Snares Islands, New Zealand. Source 3: Williams 1995—Snares Islands, New Zealand. Source 4: Stonehouse 1971—Snares Islands, New Zealand. Source 5: Houston,personal communication—Western Chain, New Zealand.

額（ひたい）
背中
くちばし
目
上くちばし
後頸
前頸
（首）
あご
下くちばし
体の下面
（胸と腹）
フリッパー
フリッパー
の外側
水かき
爪
足
フリッパーの内側

ペンギンのからだ
驚異のマシーン

7000万年の進化を通じて、ペンギンは陸上でも水中でも極限状況に適応してきた。ペンギンのからだと生理機能は、他の生物なら生き延びることができなかったかもしれない数々の激変を乗り越えることを可能にした。例えばエンペラーペンギンは564mの深さまで潜水できるだけでなく、最長22分間も潜水を続けられる。さらに、酸素を使い尽くす前に海面に戻ることができ、急浮上しても、血液中に気泡を生じることも窒素酔いにかかることもない。さらに感動的なのは、この同じペンギンが、陸上では、65kmも氷の上を歩いて、前年と同じ営巣場所を見つけることができ、そこで立ったまま110日間もの絶食に耐えることができる。気温−57℃、風速50mに達する環境で生き延び、なんと繁殖までする。

氷上を再び65km歩いて戻り、極寒の海に潜り、餌を見つける。ペンギンこそ、まさに驚くべき自然の奇跡なのだ！

伴侶を見つけようと広告ディスプレーに懸命なヒゲペンギン

海岸の岩の上で休むジェンツーペンギン

ペンギン目ペンギン科の身体的特徴

体長

一番大きなエンペラーペンギンのオスの体長は130cm。一番小さなコガタペンギン(体長は41cm)の約3倍もある。立った時の身長は約1mになる。人とは違い、だが他の鳥類と同じように、ペンギンのからだは足の上に直立してはいない。からだの下部と尾は足の後ろで後方へ曲がっている。足がからだの末端にはないため、身長と体長は異なる。体長を正確に測るには、鳥のからだをあおむけに寝かせて、くちばしを伸ばし、そのくちばしの先から尾羽の先までの長さを測らなければならない。

体重

ペンギンの体重は種によって異なる。当然、最も背の高いペンギン、エンペラーペンギンが最も重い。太ったコガタペンギン約30羽分が1羽のエンペラーペンギンの体重に相当する。ペンギンの体重は劇的に、また頻繁に変動するので計測するのは容易ではない。所定の日の体重は、繁殖期か換羽期かによって左右される。実際、繁殖期には、1カ月の絶食によって25〜30%も体重が減少することは珍しくない。減った体重はやがてもとに戻るが、次の絶食期には再び体重が減ってしまう。絶食期の1カ月から次の月への体重の変化は、ペンギンがいかに困難な生活をしているかを特徴的に示している。

ペンギンは全種、毎年の換羽期に40〜55%もの体重の減少を体験する。からだを保護している防水性の羽を失うと、新しい羽が生えてくるまで海に入って採餌することができない。彼らの餌はすべて海の生き物によって成り立っているので、海以外ではまったく餌を見つけることができない。繁殖期と換羽期には、長期にわたり地上で過ごさなければならないという生態的制約があるので、ペンギンは餌資源から引き離されて絶食を余儀なくされる。

共通の形態

ペンギンの形態は、からだの大きさ、体長、体重、形、色、羽毛のパターンなどがそれぞれの種によって異なっている。しかし、同じ種内のペンギンはすべて同じに見え、よく注意して見ても、それぞれの個体の区別をすることは難しい。研究者の報告によると、ペンギンたちは自分の家族を目で見た

敵意むきだしのジェンツーペンギン

3種のペンギンが集まった貴重な1枚（キング、ロイヤル、ジェンツー）

だけでは認識できないにもかかわらず、配偶者やヒナをはっきりと識別できるなんらかの手がかりをもっているらしい。雌雄の区別もたいへん難しい。通常、同じ種の中ではオスの方がメスよりも大きいが、雌雄の大きさは部分的に重なっているので、平均より大きいメスもいれば小さいオスもいる。また、生殖腺はからだの内部にあるので、外見からの区別をますます難しくしている。1歳かそれ以上の未成熟個体は、繁殖年齢に達した成鳥とはいくらか違った羽毛をしているので、成鳥からは区別できるが、その他の未成熟個体から個体を識別することはできない。

ペンギンのすべての種は、ペンギン特有の姿をしている。すなわち、独特の羽毛と丈夫なくちばし、そしてフリッパー（大きく変化して櫂（かい）のようになった翼）である。羽毛は、背中は黒、腹面は白で燕尾服のようである。種によっては、目立つ色で飾られたものもあるが、あくまでも主な色は黒と白で、それ以外の色はのど、あご、頭部、くちばし、足など小さな部分に限られている。

ペンギンの黒と白の羽色は水中で保護色となっている。水中の捕食者が上を見た時、ペンギンの腹面の白は、明るい空の色に溶け込んでしまう。逆に、上からの捕食者が下を見た時、黒の背中は海の深部の暗さに溶け込んでしまう。また、反対に、ペンギン自身が捕食者として餌を探している時にも、この保護色が役立つ。

海岸がたくさんの美しい鳥の群れで埋め尽くされている時、ただ1カ所を見れば、ペンギンをすぐに見つけることができる。フリッパーである。ペンギン以外にフリッパーをもつ鳥はいない。フリッパーがあれば、その鳥は間違いなくペンギンである。

フリッパー

ペンギンは鳥のような翼をもたないし、もつ必要もない。その代わりにフリッパーをもっている。遊泳時や潜水時、推進力としてフリッパーを使う。フリッパーとそれを動かす強い筋肉が水中でのペンギンの原動力である。海中から跳び出して、海面上を跳躍するイルカ泳ぎ（ポーポイジング）をする時も、フリッパーを使って素晴らしいジャンプをする。フリッパーの構造と全身の筋力が、ペンギンを最高のダイバーにしている。他の海鳥が潜水する時は、翼ではなく足を使うので、ペンギンのようなみごとな潜水はできない。フリッパーは陸上にいる時も役に立つ。敵をフリッパーで強くたたいて撃退したり、フリッパーをパタパタはばたかせて配偶者の関心を惹くだけではない。歩く時はフリッパーでバランスをとり、氷上を滑る時は櫂のようにも使う。巣をつくる時にも重宝である。ペンギンは音声信号（鳴き声）によって、コミュ

ペンギンの多くの種が、他の鳥類のすぐ近くに巣をつくる

ニケーションをとるが、意思をさらにはっきり示すためにフリッパーを使う。人間が手を使ってジェスチャーをするように、ペンギンはフリッパーをボディランゲージに使う。

骨

ペンギンの骨格は4000万年以上前から変化していない。その骨格は他の鳥類とはまったく異なっている。その違いはフリッパーの骨に最もよく表れている。飛翔するためには、きわめて軽い骨と、そのからだを空中に浮かせることのできる大きな翼が必要である。空を飛ぶ鳥の骨は、できるだけ軽くて丈夫にするために、内部が多孔質で桁(けた)構造になっている。一方フリッパーの骨は、ペンギンの力強い潜水を支えるために、高密度で、重く、極端に短い。硬くて頑丈な骨が、融合して1枚の板のようになっている。フリッパー以外の骨も潜水に適するように適応している。こんなに重い骨では、翼があったとしても、空を飛ぶことは不可能である。

ペンギンの骨格には、他の鳥とは異なるもう1つの特徴がある。ペンギンの胸腔は頑丈な骨で守られているだけでなく、湾曲したそれぞれの肋骨の回りに長さ5cmぐらいの鉤状突起があり、隣の肋骨と触れ合うように並んでいる。これらの骨により、潜水時の大きな水圧によって胸腔がつぶれるのを防ぐことができる。それらの骨は、建築構造の横桁と同じような役割を果たしている。

足

ペンギンの足の骨は、構造的にからだの後ろの方についていて、膝(ひざ)のほかに上部と下部の骨を含めてもたいへん短い。この短い足では、堅くすべりやすい氷原を走ることはできない。多くの種は、急いで移動したい時は、腹を雪面につけて足でけって進む「トボガンすべり」でエネルギーを節約する。この短くて、後方についている足でからだを支えているので、歩く時にはペンギン独特のよちよち歩きになってしまう。しかし、水中では足を後ろにぴったりつけて、舵(かじ)やブレーキとしてつかいながら、進みたい方向に自由に優雅に泳ぐ。他の多くの潜水性の鳥とは異なり、推進力として足を使うことはなく、舵として使う。

膝を含む足の上部は、他の鳥類とは違い水平になっている。膝と膝から上は腹部に隠れているため、外からは見えない。それにより、水面下で水の抵抗が少なくなるだけでなく、からだの前方に重心がくるので、倒れずに歩行できる。このようなユニークな足の配置は、外からは部分的にしか見えないが、潜水と歩行というまったく異なる機能を両立させるため

雪の上でトボガン滑りをするエンペラーペンギン

イワトビペンギンの見事な冠羽

の最善の策であると言える。両足には水面下で摩擦をやわらげる水かきがある。水かきのある両足には、前を向いた大きく鋭い3本の鉤づめとその横に小さく突き出た爪があり、歩行の時に地面をしっかりつかむことができる。

肺、呼吸、ガス交換システム

ペンギンはすべての種が素晴らしい潜水能力をもっている。ペンギンが生活している厳しい環境の中では、酸素の取り込みを効率よく行うことは死活問題である。ペンギンのからだは、この目的に最も適したからだに作られている。闘いに備えて兵力を調えておく老練な指揮官のように、ペンギンのからだは酸素をいつでも効率よく利用できる。ペンギンの呼吸器系は、気管と気管支と2つの肺で形成されている。ペンギンは、体内に多量の酸素を蓄えることができる。肺には、ヒトや潜水することのできない鳥たちに比べ、大量の空気が蓄えられている。血管は血液量の割に太い。血液中には、空気中の酸素を取り込むヘモグロビンが多量に含まれており、肺から筋肉へと酸素を循環させている。また、筋肉組織中にあるミオグロビンもさらに酸素を貯蔵できる。実に、ペンギンの体内にある酸素量のほぼ50%が筋肉中に蓄えられている。

ペンギンは潜水する前に、からだの各部に予め大量の酸素を蓄える。潜水し肺に入ってくる空気が断たれると、酸素節約作戦に切り替える。最初に心拍数を下げる。他の多くの動物では、活動すると心拍数が増大するのがふつうであるが、エンペラーペンギンを対象にした調査によると、潜水前には1分間に平均175拍だった心拍数が、最も深い所では57拍まで低下した。肺に残った酸素は、脳や心臓といった重要な臓器だけに供給され、緊急に必要でない消化器や他の機能は停止する。ペンギンのからだは、利用できる体内の酸素分子をすべて活用し、最も酸素を必要としている部位に送り届ける。驚くべきことに、あらゆる手段を動員し尽くし、酸素濃度が急激に低下しても、ペンギンのからだは正常に働いている。ほとんどの動物では、そのような低酸素状態になれば組織に障害が起こるだろう。

長時間、深く潜水すると、血液中に窒素の気泡が形成される。人間の場合なら致命的な障害を引き起こすが、ペンギンは窒素中毒にはならない。また、かなり深く潜水する時には、筋肉中の酸素を使用した時に生ずる多量の乳酸を除去する必要がある。乳酸が蓄積されると筋肉の動きが制限され、痛みが生じる。しかしペンギンは、乳酸脱水素酵素（デヒドロゲナーゼ）と呼ばれる特殊な酵素を産生し、蓄積した乳酸の影響を除去することができる。ペンギンが通常の酸素呼吸を始めると、乳酸濃度は平常値に下がる。

血液循環

ペンギンは、体温が許容範囲以下に下がりそうな時、独特の方法で血液循環を部分的に変更できる能力をもっている。ペンギンは、弁の役割をする特殊な筋の活動によって、フリッパー、足、体表の一部などへの血液の供給を一時的に制限することにより、その温度をきわめて低く調節することができる。エンペラーペンギンの場合、成鳥のフリッパーの先端部は、組織に不可逆的な損傷を与えることなく9℃まで低下した（Williams 1995）。フリッパーを主要な血液循環系から切り離すことにより、からだの中心部の体温を、生命維持に不可欠なすべての組織が適切に機能できるように、38℃に維持することができる。

その上ペンギンは、「対向流熱交換」システムを利用することもできる。このシステムでは、外気に接しているフリッパーや足部の静脈は、心臓から末梢へと流れている太い動脈のすぐ近くを、動脈に重なるように走行している（Williams

1995)。静脈は動脈に比べはるかに細いため動脈の熱で温まるが、動脈が冷えすぎることはない。この対向流熱交換システムはペンギンが冷たい外気を呼吸した時に体温が低下しすぎないように、鼻腔でも働いていることは明らかである。この並外れた血液循環システムは、フンボルトペンギンやガラパゴスペンギンがそれぞれの生息環境で高温にさらされた時にも使われる。

胃と腸

食べ物は開いたくちばしを通って体内に入っていくが、ペンギンは歯がないので餌を丸ごと飲み込む。舌とくちばしには特殊なとげがあって、餌がくちばしからすべり落ちないようになっている。食べ物が長い食道をすべって流れるように、特殊な腺から粘液が分泌される。ペンギンはそ嚢をもっていない（消化する前に食べ物を保存しておく所で、他の鳥はもっている）。胃は前胃と砂嚢の２つに分かれている。前胃では酸性の胃液が分泌されて、食べ物の化学分解が始まる。繁殖期には、この前胃にヒナに与えるための餌を貯えておくこともできる（Alterskjær et al. 2002）。採餌後に上陸する前と上陸後しばらくの間、胃内を通常の消化時の pH5 よりも弱酸性の pH6 に維持することができる（Thouzeau et al. 2004）。弱酸性に維持することによって、ヒナに吐き戻して与えるまで、餌をもとの状態に保つことができる。

砂嚢で、餌はすりつぶされ砕かれる。砂嚢は厚い筋肉壁をもっていて、内部はまるでサンドペーパーのように粗くてザラザラの表面になっている。ペンギンの砂嚢には、食べ物を砕きやすくするためイカのくちばしのような未消化の餌の一部、その他の硬い部分、石、砂などが入っている。ボーヌらの研究（2009）によると、ヒナでも砂嚢に石や砂があり、自分で石を飲み込むか、親から受け取ることが示唆されている。砕かれた食べ物は押し下げられて、肝臓でつくられ胆嚢を経由して分泌される胆汁や、膵臓（すいぞう）から分泌される重炭酸ナトリウム分泌液と混ざる。消化された大部分の食物は、比較的短く狭い小腸で、特別な酵素の助けによって分解され、大部分の栄養分が吸収される。残りかすは、緑がかったほとんど液状の排泄物となって、強い筋肉の力で総排泄腔から押し出される。長い間、胃に留まっている、硬くて大きい餌の一部や石をのぞき、ペンギンの消化は効率よく短期間で終了する。ほとんどの食べ物は 6 ～ 24 時間以内に消化されて排泄される。この短時間の消化プロセスにより、ペンギンは、まるまる 1 日海で過ごす間に、体重の 30 ～ 50％にも相当する食べ物を消化できる。

腎臓

ペンギンは、窒素性の廃棄物（尿素）はもとより、その他の老廃物を除去して血液を浄化するために、２つの腎臓をもっている。他の鳥類と同様に、ペンギンも尿と糞を総排泄腔から同時に排泄する。

羽毛

鳥類の羽毛は、皮膚を隙間なく覆っている。羽毛は鳥類の空気力学的な形態を維持するために重要な役割を果たしてい

マゼランペンギンのクレイシに紛れ込んだジェンツーペンギン（フォークランド諸島）

換羽中のイワトビペンギン

る。ペンギンはもちろん飛ぶことはできないし、遠くからでは全身が羽毛に覆われているかどうか、まったく分からない。だが見かけはさておき、もちろんペンギンも、全身が羽毛に覆われている。ペンギンの羽毛密度は1cm^{2}あたり30～40本で、飛翔性の鳥のほぼ3倍の密度である（Dawson et al. 1999）。実際、ペンギンの羽毛は他の鳥のどれにも似ていない。ペンギンの羽毛は、他の鳥のように整然と1列に並んでいるのではなく、フリッパーを含めた全身に、不揃いにだがびっしり生えている。

ペンギンの羽毛は、柔らかな綿羽と硬い羽毛とのはっきり異なる2つの部分でできている。綿羽はからだに近い部分にあり、換羽期をのぞき、体表の下に部分的に残っている。換羽期には古い羽毛を押し出しながら新しい羽毛が成長してくる。換羽期のペンギンは、羽毛全体が逆立ち、まるで別の鳥のように見える。羽毛の硬い部分がふつう外から見える部分で、逆方向に撫でてみるとザラザラで、目の粗いサンドペーパーのような感触である。羽枝は羽軸の両側にあり、皮膚の防水性を保つために重要である。それぞれの羽毛は特別の筋肉につながっていて、ペンギンは羽を立てたり寝かしたりして、からだを寒さや水から守っている。

幼いヒナは、厚くて柔らかな綿羽で覆われていて、生まれて最初の数週間の保温に役立つ。この綿羽は、ヒナが保温のための脂肪を十分に蓄え、海に出ていく準備ができると抜け落ちて、羽毛に生え変わる。

陸上での断熱

温血で恒温動物であるペンギンは、人間とほぼ同じ、38℃の体温を維持しなければならない。ペンギンは時には、その体温を維持することが難しいほど極端な気温と破壊的な強風にさらされる。ペンギンのもつ防寒対策の1つは、皮下脂肪を蓄えることである。これには種による違いがあり、小さなペンギンほど皮下脂肪も少ない。

またペンギンは羽づくろいをするが、くちばしを使って羽毛に防水のための油を塗ることも断熱に役立っている。しかし陸上での断熱効果の大部分は羽毛による。目に見えない綿羽は特別の筋肉につながっていて、皮膚との間に空気の層をつくることができる。空気は優れた断熱材であり、皮膚との間にできた空気の層が、羽毛の外側を通る冷たい空気からペンギンを守ってくれる。あいにくこの仕組みは、閉じ込められた空気が水圧で漏れ出してしまうため水中では機能しない。

しかしながら、ペンギンは生理学的限界まで追いつめられると、いつもそうするように、行動により生き残りを図る。エンペラーペンギンやキングペンギンのヒナは、寒さに対する最後の防御としてハドリングを行う。ペンギンたちはお互いのからだをぴったりくっつけて体温の低下を防ぐ。お互いを断熱材として利用するのである。

ペンギンはまた高温にさらされることもある。フンボルトペンギンなど温暖な地域の種は、30℃を超えると危機的な状態になる。しかし多くのペンギンは、例えばエンペラーペンギンの場合、はるかに低い15℃でも危険である（Luna－Jorquera 1996; Gilbert et al. 2006）。高温から身を守るために、ペンギンは直射日光をさえぎる巣穴に入ったり、風が吹いていればフリッパーを広げたり、冷たい水を浴びたりする。しかし、換羽中は水に入ることができないし、まったく日陰のない場所で営巣しなければならない種もある。他の方法でうまくいかない時は、寒さから身を守るために用いるのとまったく同じように、生理学的な方法で暑熱に耐える。

ヒナの体温調節

成鳥のもつ驚くべき体温調節機構とは異なり、孵ったばかりのヒナは自分では体温を一定に維持することができない。他に解決法がないため、両親はヒナの上にかぶさり、四六時

古い羽毛を脱ぎかけたイワトビペンギン

中、自分の体温で温めてやらなければならない。また、生まれて1、2週間のヒナは、生き残るためには、抱卵嚢の中にかくれていなければならない。冷たい外気に数分以上さらされると、ヒナは凍死するか脱水状態で死亡する。

興味深いことに、ヒナは大きな体温の変化にも耐えられるが、その変化にも限界がある。生まれて7日から10日以内に小さなヒナは、大きな体温の変化に耐えられるように準備を始める。生理学的な発達をとげて成鳥になるまでの中間的手段として、早い時期からヒナの綿羽は十分に発達し、防寒の役割を果たすことができる。しかしながら綿羽は、急速に蓄積されて大きな断熱効果を果たす皮下脂肪の役割を補うにすぎない。ヒナの断熱効果の50%は皮下脂肪による。したがって、定期的に給餌されないと、からだに十分な脂肪が蓄えられていないために十分な断熱性が得られず、ヒナは餓死する前に凍死する（Barré 1984）。

換羽

成鳥のペンギンは少なくとも年1回、換羽する。陸上での換羽の期間は、種と気候によって違い、2～5週間続く。換羽期と繁殖期は近いが、その間に、体重と皮下脂肪を回復するための特別な期間が存在する。換羽はある意味ではスーツを新調するようなものだが、それほど簡単なことではない。それどころか、ペンギンのからだに極限までストレスがかかる厳しい期間である。換羽期の最大の難題は、多くのエネルギーが必要な時に、食べ物がまったく手に入らないことである。換羽期には、たくさんの新しい羽毛をつくり出すため、エネルギー不足はよりいっそう深刻になる。換羽には羽毛の材料となる特定のアミノ酸が必要であり、そのためのエネルギーが必要になる。古い羽毛が押し出されると、生存に必要な断熱機能と防水機能が失われるため、ペンギンは海に入ることができない。陸上に取り残された気の毒なペンギンは、ひもじい思いをしながら、やつれた様子で海岸にたたずんでいる。

そんな逆境を生き抜くために、成鳥は換羽期に入る前に皮下脂肪をたっぷり貯えておく必要がある。換羽前の採餌期間はアデリーペンギンとエンペラーペンギンの場合、わずか2週間、スネアーズペンギンで10週間程度である。この期間に体重を30～50%増加させておく必要がある。両親がヒナに給餌する期間、餌が少ない年には、ヒナのそばに留まるか、それとも自分の餓死を避けるためにヒナを置き去りにして死なせるか、親鳥は悲劇的な選択を迫られる。けれども換羽期のペンギンは、体調がどんなに悪く、飢餓状態に追い込まれても海に入ることはできない。

換羽期は3つの段階に分けられる。最初の段階はまだ海にいて、皮膚の下で新しい羽毛の成長が始まる時期。第2段階は上陸して絶食期が始まり、皮膚を通して古い羽毛が新しい羽毛に押し出される時期。この時点で一部の羽毛、特にフリッパーの古い羽毛が抜け落ち始める。第3段階は古い羽毛がほとんど抜け落ちて、海に入る前に、防水性を高めるため羽づくろいに精を出す時期。皮下脂肪を使い果たしたこの時期が最も危機的な時期である。ペンギンの体内では、生き残りのエネルギーを供給するために、タンパク質や体組織が少しずつ分解されていく。

代謝

ペンギンは、外気温が臨界温度を超えて著しく変化（通常は低下）しない限り、体温を維持するために代謝を変える必要はない。陸上での臨界温度は、ペンギンの多くの種で0℃周辺、エンペラーペンギンで－25℃である。外気温が臨界温度より低下した時に深部体温を38℃に保つためには、断熱と血液循環だけでは不十分になる。その場合には、最後の生命線を守るために、からだを過活動状態にして代謝率を高める。代謝率は段階的に上昇する。震えと燃焼カロリーを増加させる代謝系を長時間働かせることで熱を産生し、生命維持を確実にする。

陸上に住んでいる多くの動物と同じように、ペンギンもまた代謝を変えることで暑さと闘う。代謝率が上がると呼吸が早まり、その呼吸により熱が奪われ体温が下がる。

絶食中の代謝と体重の変化

ペンギンは陸上にいる間、やむをえず絶食する時期がある。例えば、ペンギンのヒナは海に潜ることができるようになるまで餌を自分で採ることができないため、両親が海から餌を運んできてくれるまで、時には何週間も絶食状態で待っていなければならない。

成鳥も年1回の換羽期には絶食しなければならないし、さらに多くの種では、求愛、抱卵、育雛を含む繁殖期に、最も長い絶食期を乗り越えねばならない。

絶食期間は種によって大きな違いがある。エンペラーペンギンの営巣地は海から内陸へ最大100kmも離れているため、オスは最高115日もの絶食に耐えなければならない。繁殖期のアデリーペンギンの絶食期間は最長37日だが、これに対しマカロニペンギンのメスは42日の絶食期を過ごす。アフリカペンギンは換羽期には30日近く絶食するが、繁殖期には数日以上絶食することはない。

長い絶食はペンギンを痛めつける。エンペラーペンギンのオスの場合は41%体重が減少し、はるかに絶食期間の短いメスでも22%の体重を失ってしまう（Williams 1995）。キングペンギンは28日間の絶食期に30%の体重を失う（Fahlman et al. 2004）。マカロニペンギンもまた、繁殖期の最初の絶食期間に30%の体重を失ってしまう（Williams 1995）。ペンギンの多くの種は、繁殖期にさらに長期間絶食しなければならないが、体重の減少は換羽期の方がはるかに大きい。

絶食を強いられるのは成鳥だけではない。キングペンギンの両親はヒナを巣に置き去りにして、100日近い絶食を強いる。可哀そうなヒナは、なんと50%も体重が減ってしまう！　ある研究者の報告では、飼育下で空腹状態で放置されたキングペンギンのヒナは166日間も生き続けたが、体重が72%も減っていた（Cherel et al. 1987）。

このように長い絶食の間、ペンギンはエネルギーを節約するために代謝を変化させる。消化などの必須ではない機能を止め、身体活動を低下させ、特定の部位（下腹部、足、フリッパーなど）の体温を低く保つ。しかし、絶食が続き、脂肪（断熱作用をもつ）が失われると、ペンギンは深部体温を維持するために、再度代謝を高めなければならない（Fahlman et al. 2005）。

尾腺の脂をくちばしにつけるエンペラーペンギン

尾腺と羽づくろい

ペンギンは尾のつけ根にある尾腺からの分泌物を、くちばしにつけて羽づくろいする。尾腺からはワックスエステルを成分とした脂が分泌され、羽づくろいしながら羽毛全体に塗る。尾腺は2つの部分に分かれていて、それぞれの小さなこぶのように見える皮膚の表面から脂が分泌される。

羽毛に塗られた羽づくろい用の脂は断熱性があり、薄い膜を張って熱が逃げるのを防ぎ、防水性を保つ。この脂の断熱性は、水中ではさらに重要になる。

ペンギンは、からだについた砂やほこりをとることから羽づくろいを始める。それから、くちばしを尾のつけ根にある尾腺にこすりつけて、脂を羽毛全体に塗る。まず、くちばしを尾腺にこすりつけ、次に、上下にくちばしを動かしてからだに脂を塗りつける。ペンギンはこの羽づくろいに毎日数時間を費やす。つがいのペンギンは、営巣期や育雛期に、愛情をこめて相互羽づくろいをする。頭の先から尾羽の先まで脂でつやつやにして、海に入る準備をする。

くちばし

ペンギンはどの種もすべて硬くて鋭いくちばしをもっている。このくちばしは小魚、イカ、オキアミなどを採食しやすい形状をしている。くちばしの先は曲がっていて、内側にはのどの奥に向かって小さなとげのような突起がある。舌にもブラシのようなとげがある。そのため、ペンギンの口に飲み込まれた小さな魚は逃げることはできない。またペンギンのくちばしには、塩腺からの排泄物を誘導する特殊な溝がついている。塩腺は、過剰な体内の塩分を濾過して鼻孔から排出

キングの長いくちばし

エンペラーペンギンのクローズアップ

する器官である。鼻孔から排出された水分が溝を伝わる様子は、鼻水を垂らしているように見える。海岸から遠く離れて、時には数カ月以上に及ぶ時もあり、摂取できる唯一の水分である海水から塩分を除去する能力が、ペンギンの生存にとって非常に重要となる。

くちばしの大きさや厚さは、何を主な餌にしているかによって異なる。オキアミを好む種は、硬い殻をかみ砕きやすいように厚いくちばしをもつ傾向がある。エンペラーやキングペンギンのように、ほとんど小魚を食べている種は、長くて薄いくちばしをもっている。くちばしは羽づくろいにも使うし、仲間のペンギンも含め、他の動物の攻撃に反撃する際にも使う。ペンギン同士のコミュニケーションの道具としても重要である。

塩分除去

ペンギンは他の海鳥と同様、腎臓に加えて、眼窩(がんか)の上に塩腺と呼ばれる塩分を除去する器官をもっている。この塩腺はくちばしのそばの鼻孔近くにあり、腎臓と同じ働きをする。塩腺は血液中の塩分濃度が高くなると働く。血中の過剰な塩分を濾(こ)しとり、血液を安全な塩分濃度に戻し、過剰な塩分をからだから排出する。鼻孔から排出される液体の塩分濃度は、尿の塩分濃度よりはるかに高い。この過剰な塩分を含む液体は、鼻孔からくちばしにある特殊な溝を通って放出される。ペンギンは海水を摂取するので、その結果、血液の塩分濃度が高くなる。腎臓だけでは血液を浄化しきれないため、塩腺の発達は、海での生活に不可欠な適応である。

目と視力

ペンギンは陸上でも水中でも正確にものを見る能力が必要である。しかしこれは、水と空気の特性が異なるため、ペン

ギンのからだに難題をつきつける。光スペクトルの赤と黄色の光は水中深くでは消えてしまい、すべてが青か緑に見える。ペンギンは深い水中でも完全な色覚を維持できるように、網膜に、紫紅色から青色の領域を集中的に感知する視覚色素をもっている（Bowmaker and Martin 1985）。

水中と空気中では光の屈折率が異なるので、目から入る光の角度が変わる。そのため、人間は水中では遠視になる。一方多くの水生動物は、空気中では近視になる。しかし、ペンギンは両方の環境に適応し、陸上でも水中でも同じように正常な視力をもっているというのが、多くの研究者の一致した意見である。ヤコブ・シバクは、目の中を観察するために、イワトビペンギンとともに数えきれないほど夜を過ごし、目の内部の写真を撮った。その結果、ペンギンの目と人の目の構造は、全体的にほとんど同じであるということを発見した。ペンギンも角膜と虹彩、そして水晶体をもっている。水晶体は網膜上に焦点を結ぶレンズの働きをし、網膜は脳の視神経につながっている。ところがペンギンの角膜は、水中での視力を補正できるように、人間の角膜に比べ非常に扁平である。またペンギンの虹彩は、水晶体を大きく変形することのできる強力な筋肉につながり制御されている。陸上にいても水中にいても、ペンギンはその環境に応じて虹彩を補正できる。水晶体は人間に比べて大きく、形状も異なる。興味深いことに、この研究で調査したペンギンの群れでは、けがによる失明を除き、眼病の証拠はまったく認められなかった（Howland and Sivak 1984）。

ペンギンは水の中でも外でも優れた視力をもっているので、イルカ泳ぎをすると、空気中で近視になるアザラシより有利な立場に立つことができる。アザラシは逃げるペンギンが空中に出ると見失い、取り逃がしてしまうこともある。

耳と聴力

一見したところ、ペンギンには耳がないように見える。騒音の中で他のペンギンの鳴き声を理解し、コミュニケーションをとっているのにと、不思議に思うかもしれない。もちろんペンギンにも耳はある。耳たぶがないだけである。頭の両側に２つの小さな穴があいていて、この穴の中に内耳がある。潜水中に抵抗が生じて邪魔になるので、人間のような外耳はない。ペンギンは羽毛に覆われた、外からは見えない２つの穴でしっかり聴くことができる。

聴力はペンギンにとって非常に重要であり、１羽１羽のペンギンは特有の声をもっている。ほとんど同じに見える10万羽のペンギンの鳴き声があふれるコロニーの中でも、ペンギンは、配偶者や子どもの鳴き声を聴き分けることができる。ペンギンがお互いに何を話しているのか、私たち人間にはよく分からないが、話したいことがたくさんあることだけは確かである。

岩の上で親密な会話

生殖腺

ペンギンのオスは腹部に２つの精巣を、メスは１つの卵巣をもっている。両方の生殖腺とも、特殊な管によって総排泄腔につながっている。

総排泄腔を相互に接触させると交尾が完了する。

尾羽

ペンギンは全種、足の後ろに、硬くて長い 20 本足らずの羽が集まった尾羽がついている。多くのペンギンでは尾羽は硬くて短いが、ブラシ状の尾をもつジェンツー、アデリー、ヒゲペンギンは、長くて目立つ「鳥らしい」尾羽をしている。

病気と死因

ペンギンの主な死因として、捕食されることと餓死することの２つが挙げられる。ヒナは処女航海に出た時に、成鳥になってからは換羽期に餓死することが多い。アフリカ、フンボルト、ガラパゴスペンギンなどは、海水温が劇的に上昇し、主な餌となる小魚がいなくなってしまうと餓死の危険にさらされる。

海では、アザラシ、特にヒョウアザラシによる捕食が最も多い。アシカ、シャチ、その他大型の海棲動物による捕食もあるが、はるかに少ない。陸上では、成鳥は野生化したネコ、イヌ、その他人間がもち込んだ動物の犠牲となり、ヒナはオオトウゾクカモメ、オオフルマカモメ、サヤハシチドリその他大型の鳥類に捕食される。

もう１つの死因は、結氷などの自然現象や漁網などの人工的な障害物による溺死である。油や化学薬品の流出などによる水質汚染も原因になる。さらに、二酸化炭素の増加による海水の酸性化がいたる所で起きている。換羽期や体脂肪が低下している時には、日射病により死に至る。

ペンギンは通常、丈夫な動物である。しかし、動物園などでは肺に侵入したカビに感染することも多い。また、肺や気嚢周辺、その他の部分が腫瘍に侵されたり、陸上の寄生虫やハエからの感染、特に、カに媒介されるマラリアに感染することもある（Hocken 2002）。

オオトウゾクカモメに襲われたらしいマゼランペンギンのヒナ

ペンギン８種の合成写真（左から：ジェンツー、ガラパゴス、アフリカ、フンボルト、マゼラン、キガシラ、キング、エンペラー）

用語解説

広告ディスプレー（Advertising Display）
繁殖前のオスがメスの気をひいたり、また巣のなわばりの優位を主張したりするために行うディスプレー（ディスプレーの項を参照）。からだを伸ばし、頭を高く上げ、くちばしを空に向ける。メスも同じディスプレーで応じることがある。

敵対行動（Agonistic Behavior）
競争、闘争、逃走などに伴うペンギンの攻撃的な社会行動。実際に損傷を与える行動、与えると脅す行動、もしくは損傷を被ることをできるだけ避けようとする行動が観察される。

疑似親行動（Alloparental Behavior）
成鳥が自分の子ではないヒナに対して親らしくふるまうことで、最もよく見られる行動は給餌である。

祖先種（Basal）
現生動物に進化した古代の動物を記述するための専門用語で、「原始的（primitive）」に近い意味をもつ。私たちが現在目にする動物に似ているが、必ずしも同じような姿、形をしているとは限らない。

繁殖（Breeding）
生殖行動、すなわち子孫を残すための一連の行動。ペンギンの繁殖は全てが陸上で行われる。交尾の項参照。

一腹ヒナ数（Brood）
鳥が 1 回の繁殖で孵化させたヒナの数。

抱卵（Brooding）
親鳥は卵を温めるために、卵の上に腹ばいになる。この状態を表す用語。ヒナを温めたり、保護している時にも、この用語を使う。

抱卵斑（Brood Patches）
卵やヒナを抱いている時期に、親鳥の下腹部に現われる、羽毛がなく皮膚が露出した部分。温かい血液が流れる血管がはりめぐらされているので、卵やヒナに直接体温を伝えることができる。

発声（Call）
様々な状況で発せられる連続した声や歌のことで、それぞれに独特の姿勢や動作が伴う。ペンギンは固有の音声信号を用いて、配偶者やヒナを識別する。

頭足動物（Cephalopods）
代表的な動物はイカとタコである。左右対称の海の動物であるイカとタコは、軟体動物門の頭足綱類に分類される。

総排泄腔（Cloaca）
鳥類の尻の穴、すなわち肛門のこと。鳥はここから尿、糞便、精子などを排出する。鳥類は外性器をもっていないので、交尾の時は総排泄腔を短時間交接することで、精子の受け渡しを行う。

集団繁殖性（Colonial）
繁殖をコロニーで行うこと。数組からさらに多くの繁殖つがいが、ごく接近して集まっている場所をコロニーと言う。

同属種（Congeners）
生物分類の同じ属に含まれる動植物。

交尾（Copulation）
鳥類の性交のこと。ペンギンの生殖腺はからだの内部にあるので、総排泄腔を接触させることで精液を注入し、メスの体内で受精する。繁殖の項参照。

甲殻類（Crustacean）
水生の節足動物の大部分を占め、外骨格をもち、脱皮をしながら成長する。オキアミ、エビ、カニ、ロブスターなどがよく知られているが、特にオキアミはペンギンの餌としてたいへん重要である。

冠羽（Crest）
頭部にある王冠状の飾り羽のこと。通常、ディスプレーに用いられる。

ディスプレー（Display）
頭、フリッパー、くちばしなどの動きで相手に種々の情報を伝える、ペンギンのボディランゲージのこと。

DNA 解析（DNA Research）
様々な生物の染色体内の DNA と遺伝子を調べること。それにより、その生物の構造や機能がよく理解できるようになる。DNA は生体の遺伝的成り立ちが記号化されて書き込まれた「青写真」である。からだを構成している 1 つ 1 つの細胞にはまったく同じ DNA が入っている。DNA は両親の DNA の組み合わせである。

綿羽（Down）
孵化した直後のヒナを覆っている、短く、ふわふわした綿のような羽毛のこと。成鳥の羽毛が生えてくるまで、ヒナは綿羽で寒さから守られる。綿羽は巣立つ前に脱ぎすてられる。

恍惚のディスプレー（Ecstatic Display）
ペンギンのカップルが、求愛し、つがい関係を維持する時、また巣で交代する時に演じられるディスプレー。ディスプレーの項参照。

エルニーニョ（El Niño）
南方振動（サザンオシレーションあるいはエンソ）としても知られている世界的な気候変動のこと。東太平洋で、年により数週間から1カ月、不定期に、原因不明の海水温の上昇が起こる。数年に1回は数カ月続くことがあり、海域一帯の海洋生物が大きな影響を受ける。エルニーニョが起きると、ある地域には暴風雨やふだん見られない滝のような大雨が降るかと思うと、別の地域では、うってかわって異常乾燥が起こる。魚の回遊にも影響を及ぼし、ペンギンの餌となる魚がコロニーから遠くに姿を消してしまう。

固有の種（Endemic）
特定の地理的地域にのみ見られる種のことを言う。ペンギンの場合は、繁殖期に特定の地域だけで見られれば、固有種である。

野生化（Feral）
一度飼いならされた動物が、その飼育下から逃れて、少なくとも部分的に野生の状態に戻ることを指す。逃れた動物が、その自然地域にとって外来動物である場合、生態系の破壊につながる場合がある。

巣立ち（Fledging）
ヒナが完全に独立し、親鳥の助けがなくても生きていくことができるようになること、またその時点。ペンギンにとって独立とは、海に潜り自分自身で餌を捕ることができるようになることを言う。すべてのペンギンのヒナは、巣立ちと同時に海に入り、長い期間、時には1年以上も海で過ごす。ヒナが巣立つと、繁殖の成功として数えられる。

軽いフリッパーたたき（Flipper Patting）
フリッパーで相手に繰り返し触れたり、軽くたたく行動がよく見られる。通常は、交尾を促す行動である。

強いフリッパーたたき（Flipper Slapping）
なわばりへの侵入者など、敵対する個体や邪魔なペンギンをフリッパーで強くたたく。

採餌（Foraging）
餌すなわち食物を探して採食する行動のこと。
ペンギンは潜水して採餌を行う。

GPS（global positioning system）
ペンギンの背中に装着する小型の防水性をもった機器。ペンギンの位置や遊泳速度を記録し、発信する。GPSは自動車にも使われているが、より小型で防水性能の高い機器が使われている。

グアノ（Guano）
岩や泥土の上に堆積した鳥類の排泄物のこと。ペンギンは排泄物を液体と固形物に分けることができないので、すべての排泄物が同時に排泄されてグアノとなる。植物の良い肥料となるため採取される。

恒温性（Homeothermic）
温血性と同じ。周囲の(外部の)気温にかかわらず、自分自身の体温を保つことができる生物のこと。

幼鳥（Immature）※訳注：Juvenileを使うこともある
綿羽を脱ぎ巣立っても、まだ、繁殖年齢に達した成鳥と完全に同じ羽毛にはなっていない幼いペンギンのこと。成鳥とはいくぶん違って見える。ほとんどの種では、さらに1年後の通常の換羽を経て成鳥と同じ羽毛になる。

外来種（Introduced Species）
もともと生息していた地域以外で生息する種や、人間の活動によって新しい違う場所に移された生物種。

IUCN（International Union for Conservation of Nature and Natural Resources）
国際自然保護連合。自然がもつ本来の姿と、その多様性を保護しつつ、自然資源の持続可能な利用を確保するために設立された国際的な自然保護機構。レッドリストを発行している。

レッドリスト（IUCN Red List of Threatened Species）
IUCNが発行し更新するリストで、それぞれの専門分野の研究者グループが、野生生物を調査した結果に基づき、野生生物1種ごとの個体数と絶滅危機の度合いを査定している。「軽度懸念（Least Concern）」は生息数が安定していて、心配のない種に与えられる評価である。3世代の間に一度でも生息数が30％以上減少すると、絶滅危惧Ⅱ類（vulnerable）に分類される。生息数がさらに減少すると、より深刻な絶滅危惧種（IA類・IB類）に分類される。

未成熟個体(若鳥)（Juvenile）
※訳注：Immatureを使うこともある
成鳥の羽毛をすでにもち自立しているが、まだ繁殖していない個体。種によって異なるが、1歳ぐらいから繁殖年齢に達するまでの亜成鳥のこと。

オキアミ（Krill）
膨大な生物量の海の生物。エビに似た外見の甲殻類で、オキアミ目に分類される。ペンギンをはじめ、いろいろな魚や海洋哺乳類の共通の餌になっている。

代謝（Metabolism）
生命を維持するために、細胞やからだの中で連続的に起きている化学反応のこと。代謝作用により物質が分解、合成され、生きていくために欠くことのできないエネルギーや物質が生み出される。

渡り鳥（Migrant Birds）
毎年決まった季節に繁殖地から離れ、繁殖期にまた同じ場所に戻ってくる鳥類のこと。

換羽（Molting）
古くなった羽毛を新しいものに換えること。多くの鳥類は少しずつ換羽するが、ペンギンは毎年1回、一度に換羽を行う。新しい羽毛は皮膚下の古い羽毛の基部で成長し、古い羽毛を押し出すことによりスムーズに換羽することができる。換羽中、ペンギンは防水性を失い、海に入ることができないため、絶食を余儀なくされる。

一夫一妻（Monogamy）
数回の繁殖期にわたり、同じ配偶者と関係を継続する行動。

単系統群（Monophylogeny）
単一の共通の祖先から遺伝子が伝わっている生物のこと。同じ分類群に属する。

出生コロニー（Natal Colony）
それぞれのペンギンが生まれたコロニー。

巣への固執性（Nest Fidelity）
ペンギンは毎年、前年つくった巣に戻ってくる傾向がある。メスが到着する前に営巣場所を確保し「所有」するのはオスである。配偶者と死別、離婚したメスは巣を変える。

繁殖成功率（Nest Success Rate）
1つの巣で、巣立ちまで生き延びたヒナの数の平均。巣立ったヒナの数を巣の数で割って算出する。

夜行性（Nocturnal）
夜間に活動すること。

浮き魚（Pelagic Fish）
群集性の回遊魚で、ふだんは海面近くにいる。表層魚とも言う。

羽毛（Plumage）
鳥類は、様々な色、模様、配色の羽毛で全身覆われている。ペンギンも羽毛でびっしり覆われている。

イルカ泳ぎ（Porpoising）
ポーポイジングとも言う。イルカのように海中から跳び出し、海面上を飛び、また海に潜ることを繰り返す泳ぎ方。エネルギー効率が劣る泳ぎ方だが、捕食者に追われた時には、連続的に息継ぎができ、また、捕食者を惑わし逃げられる可能性がある。

羽づくろい（Preening）
羽毛をなめらかにして、きれいに保つこと。
ペンギンは羽づくろいをしながら、防水性を保つために、尾のつけ根にある尾腺から分泌された脂をくちばしにつけてからだ中の羽毛に塗る。

吐き戻し（Regurgitate）
ペンギンの親がヒナに餌を与える方法。半消化した餌を胃にためておき、吐き戻してヒナに与える。

ルッカリー（Rookery）
コロニーとも言う。集団繁殖地のこと。
※訳注：本書の訳ではコロニーを用いる。

塩腺（塩類腺）（Salt Glands）
血液中の余分な塩分を取り除くための特殊な鼻腺のこと。塩腺により、ペンギンの血液中から余分な塩分が取り除かれ、安全な塩分濃度が保たれる。過剰な塩分は体外に排出される。

群泳魚（Schooling Fish）
社会性を持ち、大群で同じ方向に同調的に遊泳する魚。

定住性（Sedentary）
渡りをしないこと。1年中、あるいは1年の大半をコロニーの近くで過ごす鳥類。

群集魚（Shoaling Fish）
社会性を持ち、群れで遊泳する魚。

同調行動（Synchronized Behavior）
繁殖行動や換羽などの同じ行動パターンが、群れ全体やコロニー全体で一斉に起こること。

自立保温　（Thermal Independence）
両親の助けがなくても、自分で体温を保つことができるようになること。

トボガンすべり（Tobogganing）
腹ばいになり、フリッパーで動きを制御しながら、通常は氷の上をすべって進むこと。

水中データロガー（Underwater Data Loggers）
ペンギンに装着して、採餌旅行における距離や進路、潜水時の深さやパターンを追跡するために研究者が用いる記録装置。

尾腺（尾脂腺）（Uropygial Gland）
ペンギンの尾のつけ根にある腺。この腺から分泌する脂をくちばしで体中の羽毛に塗り、防水性を保つ。

雪の岩山とジェンツーペンギンの群れ

付録

ペンギンに会える動物園・水族館

訳注：著者調べ。全飼育施設ではありません。また飼育種は変更していることもあります。

ペンギンに会える動物園・水族館（アメリカ合衆国）				
主要施設	都市	州	電話番号	ペンギンの種類
Montgomery Zoo	Montgomery	AL	1 334 241 4400	African
Little Rock Zoo	Little Rock	AR	1 501 666 2406	African
Wildlife World Zoo and Aquarium	Litchfield Park	AZ	1 623 935 WILD	African
Monterey Bay Aquarium	Monterey	CA	1 831 648 4800	African, Magellanic
SeaWorld: San Diego	San Diego	CA	1 612 224 9800	Emperor, King, Adelie, Gentoo, Humboldt, Magellanic, Macaroni, Chinstrap
California Academy of Sciences: Steinhart Aquarium	San Francisco	CA	1 415 379 8000	African
San Francisco Zoo	San Francisco	CA	1 415 753 7080	Magellanic
Santa Barbara Zoological Gardens	Santa Barbara	CA	1 805 962 5339	Humboldt
Six Flags Discovery Kingdom	Vallejo	CA	1 707 644 4000	African
Cheyenne Mountain	Colorado Springs	CO	1 719 633 9925	African
Denver Zoo	Denver	CO	1 303 376 4800	Humboldt
Pueblo Zoo	Pueblo	CO	1 719 561 1452	African
Mystic Aquarium	Mystic	CT	1 860 572 5955	African
Jacksonville Zoo	Jacksonville	FL	1 904 757 4463	Magellanic
Jungle Island	Miami	FL	1 305 400 7000	African
SeaWorld: Orlando	Orlando	FL	1 407 351 3600	Magellanic, Macaroni, Rockhopper, Adelie, King, Gentoo
Tampa's Lowry Park Zoo	Tampa	FL	1 813 935 8552	African
Georgia Aquarium	Atlanta	GA	1 404 581 4000	African
Blank Park Zoo	Des Moines	IA	1 515 285 4722	Magellanic
Zoo Boise	Boise	ID	1 208 384 4260	Magellanic
Tautphaus Park Zoo	Idaho Falls	ID	1 208 612 8470	African
Brookfield Zoo	Brookfield	IL	1 708 688 8000	Humboldt
Lincoln Park Zoo	Chicago	IL	1 312 742 2000	Rockhopper, Chinstrap, King
Shedd Aquarium	Chicago	IL	1 312 939 2438	Rockhopper, Magellanic
Henson Robinson Zoo	Springfield	IL	1 217 753 6217	African
Fort Wayne Children's Zoo	Fort Wayne	IN	1 260 427 6800	African
Indianapolis Zoo	Indianapolis	IN	1 317 630 2001	King, Gentoo, Rockhoppers
Tanganyika Wildlife Park	Goddard	KS	1 316 794 8954	African
Sedgwick County Zoo	Wichita	KS	1 316 660 9453	Humboldt
Louisville Zoo	Louisville	KY	1 502 459 2181	Rockhopper
Newport Aquarium	Newport	KY	1 859 261 7444	King, Gentoo, African
Audubon Aquarium of the Americas	New Orleans	LA	1 800 774 7394	African, Rockhopper

New England Aquarium	Boston	MA	1 617 973 5200	African, Rockhopper, Little
The Maryland Zoo in Baltimore	Baltimore	MD	1 410 366 5466	African
Maine Aquarium	Biddeford	ME	1 207 286 3474	Magellanic
Detroit Zoo	Detroit	MI	1 248 541 5717	King, Macaroni, Rockhopper
Potter Park Zoo	Lansing	MI	1 517 483 4222	Magellanic
Children's Zoo at Celebration Square	Saginaw	MI	1 989 759 1408	African
Minnesota Zoo	Apple Valley	MN	1 800 366 7811	African
Hemker Wildlife Park	Freeport	MN	1 320 836 2426	African
Como Park Zoo and Conservatory	St. Paul	MN	1 651 487 8200	African
Saint Louis Zoo	St. Louis	MO	1 314 781 0900	Humboldt, King, Gentoo, Rockhopper
Roosevelt Park Zoo	Minot	ND	1 701 857 4166	African
Lincoln Children's Zoo	Lincoln	NE	1 402 475 6741	Humboldt
Omaha's Henry Doorly Zoo	Omaha	NE	1 402 733 8400	King, Gentoo, Rockhopper
Adventure Aquarium	Camden	NJ	1 856 365 3300	African
Jenkinson's Boardwalk	Point Pleasant Beach	NJ	1 732 892 0600	African
Turtle Back Zoo	West Orange	NJ	1 973 731 5800	African
Binghamton Zoo	Binghamton	NY	1 607 724 5461	African
Bronx Zoo	Bronx	NY	1 718 220 5188	Magellanic
New York Aquarium	Brooklyn	NY	1 718 265 3474	African
Central Park Zoo	New York	NY	1 212 439 6500	Gentoo, Chinstrap, King
Atlantis Marine World	Riverhead	NY	1 631 208 9200	African
Seneca Park Zoo	Rochester	NY	1 585 336 7200	African
Rosamond Gifford Zoo	Syracuse	NY	1 315 435 8511	Humboldt
Akron Zoo	Akron	OH	1 330 375 2550	Humboldt
Cincinnati Zoo	Cincinnati	OH	1 513 281 4700	King
Columbus Zoo	Columbus	OH	1 800 MONKEYS	Humboldt
Toledo Zoo	Toledo	OH	1 419 385 5721	African
Tulsa Zoo	Tulsa	OK	1 91 669 6600	African
Oregon Zoo	Portland	OR	1 503 226 1561	Humboldt
Erie Zoo	Erie	PA	1 814 864 4091	African
Philadelphia Zoo	Philadelphia	PA	1 215 243 1100	Humboldt
Pittsburgh Zoo & PPG Aquarium	Pittsburgh	PA	1 412 665 3640	Gentoo, King, Macaroni
National Aviary	Pittsburgh	PA	1 412 323 7235	African
Lehigh Valley Zoo	Schnecksville	PA	1 610 799 4171	African
Roger Williams Park Zoo	Providence	RI	1 401 785 3510	Humboldt
Riverbanks Zoo and Garden	Columbia	SC	1 803 779 8717	Gentoo, King, Rockhopper
Bramble Park Zoo	Watertown	SD	1 605 882 6269	African

Tennessee Aquarium	Chattanooga	TN	1 800 262 0695	Macaroni, Gentoo
Ripley's Aquarium of the Smokies	Gatlinburg	TN	1 888 240 1358	African
Knoxville Zoo	Knoxville	TN	1 865 637 5331	African
Dallas World Aquarium	Dallas	TX	1 214 720 2224	African, Little
Dallas Zoo	Dallas	TX	1 214 670 5656	African
Fort Worth Zoo	Fort Worth	TX	1 817 759 7500	African
Aquarium Pyramid at Moody Gardens	Galveston	TX	1 800 582 4673	King, Chinstrap, Rockhopper, Gentoo, Macaroni
SeaWorld: San Antonio	San Antonio	TX	1 210 674 1511	Rockhopper, Gentoo, Chinstrap, King, Macaroni, Magellanic
Caldwell Zoo	Tyler	TX	1 903 593 0121	African
Hogle Zoo	Salt Lake City	UT	1 801 582 1631	African
The Living Planet Aquarium	Sandy	UT	1 801 355 3474	Gentoo
Metro Richmond Zoo	Moseley	VA	1 804 739 5666	African
Woodland Park Zoo	Seattle	WA	1 206 548 2500	Humboldt
New Zoo	Green Bay	WI	1 920 434 7841	African
Henry Vilas Zoo	Madison	WI	1 608 266 4732	African
Milwaukee County Zoo	Milwaukee	WI	1 414 256 5412	Humboldt, King, Rockhopper
Racine Zoo	Racine	WI	1 262 636 9189	African

雪を踏みしめて歩くジェンツーペンギンたち

ペンギンに会える動物園・水族館（世界）				
主要施設	都市	国	電話番号	ペンギンの種類
Aquarium Mar Del Plata	Mar Del Plata	Argentina	54 223 467 0700	Magellanic, Rockhopper, King
Mundo Marino	San Clemente	Argentina	54 225 243 0300	Magellanic, Rockhopper
Melbourne Zoo	Melbourne	Australia	61 3 9285 9300	Little
Melbourne Aquarium	Melbourne	Australia	61 3 9923 5999	King, Gentoo
Perth Zoo	Perth	Australia	61 8 9474 0444	Little
Sea World	Queensland	Australia	61 7 5588 2222	Little
Taronga Zoo	Sydney	Australia	61 2 9969 2777	Little, Fiordland
Sydney Aquarium	Sydney	Australia	61 7 5519 6200	Little
Tiergarten Schönbrunn	Vienna	Austria	43 1 877 92940	Humboldt, King, Rockhopper
Zoo van Antwerpen	Antwerp	Belgium	32 3 407 186 105	King, Gentoo, Humboldt
Sea Life Blankenberge	Blankenberge	Belgium	32 50 42 43 00	Humboldt
Pairi Daiza	Brugelette	Belgium	32 68 25 0850	African
Acqua Mundo	Guarujá	Brazil	55 13 3398 3000	Magellanic
Niteroi Zoo	Rio de Janerio	Brazil	55 21 2721 7069	Magellanic
Fundação Parque Zoológico de São Paulo	São Paulo	Brazil	55 11 5073 0811	Magellanic
West Edmonton Mall	Edmonton	Canada	780 444 5200	African
Biodome de Montreal	Montreal	Canada	514 868 3000	King, Gentoo, Rockhopper, Macaroni
Beijing Andover Tai Ping Yang Underwater World	Beijing	China	86 10 6871 4695	Humboldt
Harbin Polar Land	Harbin	China	86 451 8819 0909	Gentoo
Nanjing Andover Underwater World	Nanjing	China	86 25 84441119 210	Emperor
Shanghai Ocean Aquarium	Shanghai	China	86 21 5877 9988	African
Zoo Liberec	Liberec	Czech Republic	420 482 710 616	Humboldt
Prague Zoo Praha	Praha	Czech Republic	420 296 112 230	Humboldt
Zoo Zlín	Zlín	Czech Republic	420 577 914 180	Humboldt
Aalborg Zoo	Aalborg	Denmark	45 96 312 929	Humboldt
Copenhagen Zoo	Copenhagen	Denmark	45 72 200 200	Humboldt
Odense Zoo	Odense	Denmark	45 66 111 360	King, Rockhopper
London Zoo	London	England	44 20 7722 3333	African, Rockhopper
Zoo d'Amiens	Amiens	France	33 3 22 69 61 00	Humboldt
Marineland: Le must de la Côte d'Azur	Antibes	France	33 4 93 33 49 49	King, Humboldt, Macaroni, Gentoo, Rockhopper
Nausicaa Centre National de la Mer	Boulogne-sur-Mer Cedex	France	33 3 21 30 99 99	African
Océanopolis	Brest	France	33 2 98 34 40 40	King, Gentoo, Rockhopper
Bioparc Zoo de Doué	Doué la Fontaine	France	33 2 41 59 18 58	Humboldt

再会を果たしたエンペラーペンギンの親子

英国国旗に敬礼！

Océarium du Croisic	Le Croisic	France	33 2 4023 0244	African
Zoo De La Palmyre	Les Mathes	France	33 8 9268 1848	African
Zoo de Mulhouse	Mulhouse	France	33 3 6977 6565	African
Safari de Peaugres	Peaugres	France	33 4 7533 0032	African
Le Parc des Oiseaux	Villars Les Dombes	France	33 3 7398 0554	Humboldt
Aachener Tierpark Euregiozoo	Aachen	Germany	49 241 5 93 85	African
Zoo Augsburg	Augsburg	Germany	49 821 5 671 490	Magellanic
Zoo Berlin	Berlin	Germany	49 30 254010	African, Humboldt, Rockhopper, King
Tierpark und Fossilium Bochum	Bochum	Germany	49 234 95029 0	Humboldt
Zoo Am Meer Bremerhaven	Bremerhaven	Germany	49 471 308 41 0	Humboldt
Kölner（Cologne）Zoo	Cologne	Germany	49 180 5 280101	Humboldt
Zoo Dortmund	Dortmund	Germany	49 231 50 28581	Humboldt
Zoo Dresden	Dresden	Germany	49 351 47 80 60	Humboldt
Zoo Duisburg	Duisburg	Germany	49 203 305590	African
Aquazoo Düsseldorf	Düsseldorf	Germany	49 211 89 96150	Gentoo
Zoo Eberswalde	Eberswalde	Germany	49 3334 2 27 33	Humboldt
Zoo Frankfurt	Frankfurt am Main	Germany	49 69 212 33735	Gentoo

エンペラーペンギンのヒナは地球上で最も愛らしい生き物

Zoo Halle	Halle	Germany	49 345 5203 300	Humboldt
Erlebnis-Zoo	Hannover	Germany	49 511 856266200	African
Jaderpark	Jaderberg	Germany	49 04 454 9113 0	Humboldt
Karlsruhe Zoo	Karlsruhe	Germany	49 721 133 6815	Magellanic, Humboldt
Sea Life Konstanz	Konstanz	Germany	49 7531 128270	Gentoo
Zoo Krefeld	Krefeld	Germany	49 2151 955 20	Humboldt
Zii Landau in der Pfalz	Landau in der Pfalz	Germany	49 6341 13 7010	Humboldt
Tierpark Hellabrunn	Munchen	Germany	49 8962 5080	King, Gentoo, Humboldt
Allwetterzoo Münster	Münster	Germany	49 2 51 89 04 0	African
Tiergarten Nuernberg	Nuernberg	Germany	49 911 5 45 46	African
Tierpark Nürnberg	Nürnberg	Germany	49 911 54546	African, Humboldt
Zoo Osnabrück	Osnabrück	Germany	49 541 951050	Humboldt
NaturZoo Rheine	Rheine	Germany	49 5971 16148 0	Humboldt
Zoo Rostock	Rostock	Germany	49 381 2082 0	Humboldt
Zoo Schwerin	Schwerin	Germany	49 385 39551 0	Humboldt
Tiergartem Straubing	Straubing	Germany	49 9421 21277	African
Zoo Wilhelma	Stuttgart	Germany	49 711 5402 0	African
Welt Vogel Park	Walsrode	Germany	49 5161 60 44 0	Humboldt
Zoo Wuppertal	Wuppertal	Germany	49 202 563 36 00	King, Gentoo, African

Zoo Leipzig	Leipzig	Germany	49 341 59 33 385	African
Budapest Zoo	Budapest	Hungary	36 1 273 4900	African
Belfast Zoo	Belfast	Ireland	353 28 9077 6277	Gentoo, Humboldt
Fota Wildlife Park	Carrigtwohill, Co.Cork	Ireland	353 21 4812678	Humboldt
Dublin Zoo	Dublin	Ireland	353 1 474 8900	Humboldt
Curraghs Wildlife Park	Ballaugh	Isle of Man	44 1624 897323	Humboldt
Ramat Gan Safari	Ramat Gan	Israel	972 3 6305325	African
Aquarium of Genoa	Genoa	Italy	39 10 2345666	Magellanic, Gentoo
南知多ビーチランド	愛知県知多郡	日本	0569 87 2000	キング・ジェンツー・フンボルト
青森県営浅虫水族館	青森県青森市	日本	0177 52 3377	イワトビ・フンボルト
旭川市旭山動物園	北海道旭川市	日本	0166 36 1104	キング・ジェンツー・イワトビ・フンボルト
千葉市動物公園	千葉県千葉市	日本	043 252 1111	キング・アフリカ・フンボルト
東京都葛西臨海水族園	東京都江戸川区	日本	03 3869 5152	イワトビ・フンボルト・コガタ
新江ノ島水族館	神奈川県藤沢市	日本	0466 29 9960	アフリカ・フンボルト
福岡市動物園	福岡県福岡市	日本	092 531 1968	キング・フンボルト
日立市かみね動物園	茨城県日立市	日本	0294 22 5586	フンボルト

ダラス・ワールド・アクアリウムのコガタペンギン

上越市立水族博物館	新潟県上越市	日本	025 543 2449	マゼラン・イワトビ
鴨川シーワールド	千葉県鴨川市	日本	04 7093 4803	キング・ジェンツー・マカロニ・イワトビ・フンボルト
神戸市立王子動物園	兵庫県神戸市	日本	078 861 5624	キング・フンボルト
熊本市動植物園	熊本県熊本市	日本	096 368 4416	フンボルト
釧路市動物園	北海道釧路市	日本	0154 56 2121	フンボルト
京都市動物園	京都府京都市	日本	075 771 0210	イワトビ・フンボルト
マリンピア松島水族館	宮城県宮城郡	日本	022 354 2020	キング・ジェンツー・マカロニ・イワトビ・アフリカ・フンボルト・マゼラン
長崎ペンギン水族館	長崎県長崎市	日本	095 838 3131	キング・ジェンツー・マカロニ・イワトビ・アフリカ・フンボルト・マゼラン・コガタ
長崎バイオパーク	長崎県西海市	日本	0959 27 1090	フンボルト
名古屋市東山動物園	愛知県名古屋市	日本	052 782 2111	キング・イワトビ・フンボルト
名古屋港水族館	愛知県名古屋市	日本	052 654 7080	エンペラー・アデリー・ヒゲ・ジェンツー
新潟市水族館マリンピア日本海	新潟県新潟市	日本	025 222 7500	イワトビ・フンボルト
伊豆・三津シーパラダイス	静岡県沼津市	日本	055 948 2331	キング・イワトビ・アフリカ・フンボルト
アクアワールド茨城県大洗水族館	茨城県東茨城郡	日本	029 267 5151	フンボルト
男鹿水族館GAO	秋田県男鹿市	日本	0185 32 2221	ジェンツー・イワトビ
大阪市天王寺動物園	大阪府大阪市	日本	06 6771 8401	キング・イワトビ・フンボルト
おたる水族館	北海道小樽市	日本	0134 33 1400	ジェンツー・フンボルト
越前松島水族館	福井県坂井市	日本	0776 81 2700	キング・イワトビ・フンボルト
札幌市円山動物園	北海道札幌市	日本	011 621 1426	フンボルト
東京都恩賜上野動物園	東京都台東区	日本	03 3828 5171	キング・マカロニ・アフリカ
サンシャイン国際水族館	東京都豊島区	日本	03 3989 3466	アフリカ
宇都宮動物園	栃木県宇都宮市	日本	0286 65 4255	マゼラン
アドベンチャーワールド	和歌山県西牟婁郡	日本	0739 43 3333	エンペラー・キング・アデリー・ヒゲ・ジェンツー・イワトビ・アフリカ
横浜・八景島シーパラダイス	神奈川県横浜市	日本	045 788 8888	キング・アデリー・ジェンツー・マカロニ・イワトビ・アフリカ・マゼラン・コガタ
横浜市立野毛山動物園	神奈川県横浜市	日本	045 231 1307	フンボルト
Vogelpark Avifauna	Alphen aan den Rijn	Netherlands	31 172 487 575	Humboldt
DierenPark Amersfoort	Amersfoort	Netherlands	31 33 422 71 00	African
Natura Artis Magistra	Amsterdam	Netherlands	31 900 27 84 796	African
Burger's Zoo	Arnhem	Netherlands	31 26 442 45 34	African
Dierenpark Emmen	Emmen	Netherlands	31 591 850850	Humboldt
Aqua Zoo Friesland	Leeuwarden	Netherlands	31 511 431214	Humboldt
Ouwehands Dierenpark	Rhenen	Netherlands	31 317 650 200	Humboldt
Diergaarde Blijdorp	Rotterdam	Netherlands	31 10 443 14 95	King

Kelly Tarlton's Antarctic Encounter	Auckland	New Zealand	64 9 531 5065	King, Gentoo
International Antarctic Centre	Christchurch	New Zealand	64 3 353 7798	Little
Oamaru Blue Penguin Colony	Oamaru, Otago	New Zealand	64 3 433 1195	Little
Oceano de Lisboa	Lisbon	Portugal	351 21 891 7002	Magellanic, Rockhopper
Moscow Zoo	Moscow	Russia	7 495 255 5375	Humboldt
Edinburgh Zoo	Edinburgh	Scotland	44 131 334 9171	Gentoo, Rockhopper, King

固い絆で結ばれたジェンツーペンギンの夫婦

Two Oceans Aquarium	Cape Town	South Africa	27 21 418 3823	King, Rockhopper, African
East London Aquarium	East London	South Africa	27 43 705 2637	African
Bester Birds and Animals Zoo Park	Pretoria	South Africa	27 12 807 4192	African
Zoo Barcelona	Barcelona	Spain	34 932 256 780	Humboldt
Loro Parque	Canary Islands	Spain	34 922 37 38 41	Humboldt, Gentoo, Rockhopper, Chinstrap, King
L' Oceanográfic	Valencia	Spain	34 902 100 031	Humboldt
Borås Djurpark	Borås	Sweden	46 33 35 3270	Humboldt
Kolmården Zoo	Kolmarden	Sweden	46 11 24 9000	Humboldt
Taipei Zoo	Taipei	Taiwan	886 2 2938 2300	King, African
Siam Ocean World	Bangkok	Thailand	66 2687 2000	African
Chiang Mai Zoo	Chiang Mai	Thailand	66 5 322 1179	Humboldt
Dubai Aquarium	Dubai	UAE	971 4 448 5200	Gentoo
Amazon World Zoo park	Arrenton Isle of Wight	UK	44 1983 867122	African
Drusillas Park	Alfriston	UK	44 1323 874100	Rockhopper, Humboldt
Twycross Zoo	Atherstone, Warwickshire	UK	44 844 474 1777	Humboldt

ペリカンのそばで休むフンボルトペンギンの成鳥と幼鳥

子育てに休みはない

Blackpool Zoo	Blackpool	UK	44 1253 830 830	Magellanic
Banham Zoo	Banham, Norfolk	UK	44 01953 887771	African
Birdland Park and Gardens	Bourton-on-the-Water, Glos	UK	44 1451 820480	King, Humboldt
Bristol Zoo	Bristol	UK	44 117 974 7300	African
Cotswold Wildlife Park and Gardens	Burford	UK	44 1993 823006	Humboldt
Blair Drummond Safari and Adventure Park	Stirling	UK	44 1786 841 456	Humboldt
Chessington: World of Adventures	Chessington	UK	44 871 663 4477	Humboldt
Chester Zoo	Chester	UK	44 1244 380 280	Humboldt
Colchester Zoo	Colchester	UK	44 1206 331292	Humboldt
National Seal Sanctuary	Cornwall	UK	44 871 423 2110	Humboldt
Welsh Mountain Zoo	Colwyn Bay, North Wales	UK	44 1492 532 938	Humboldt
South Lakes Wild Animal Park	Cumbria	UK	44 1229 466086	Humboldt
Dudley Zoological Gardens	Dudley	UK	44 844 474 2272	Humboldt
Whipsnade Zoo	Dunstable	UK	44 1582 872171	Humboldt
Exmoor Zoo	Exmoor	UK	44 1598 763352	Humboldt
Sea Life Great Yarmouth	Great Yarmouth, Norfolk	UK	44 871 423 2110	Humboldt
Harewood Bird Garden	Harewood	UK	44 113 218 1010	Humboldt
Paradise Park and Jungle Barn	Hayle, Cornwall	UK	44 1736 751020	Humboldt
Paradise Wildlife Park	Herts	UK	44 1992 470490	Humboldt
Hunstanton Sea Life Sanctuary	Hunstanton, Norfolk	UK	44 1485 533576	Humboldt
Flamingo Land	Kirby Misperton, Malton	UK	44 871 9118000	Humboldt
Drayton Manor Theme Park	near Tamworth	UK	44 844 472 1950	African
Newquay Zoo	Newquay, Cornwall	UK	44 844 474 2244	Humboldt
Sea Life Scarborough	Scarborough, North Yorkshire	UK	44 871 423 2110	Humboldt
Sewerby Hall and Gardens	Sewerby, Bridlington	UK	44 1262 673769	Humboldt
Natureland Seal Sanctuary	Skegness, Lincolshire	UK	44 1754 764 345	African
Birdworld	Surrey	UK	44 1420 22992	Humboldt
Living Coasts	Torquay, Devon	UK	44 1803 202470	African, Macaroni
Sea Life Weymouth	Weymouth, Dorset	UK	44 871 423 2110	Humboldt
Marwell Wildlife	Winchester	UK	44 1962 777407	Humboldt
Blackbrook Zoo	Winkhill	UK	44 1538 308293	Humboldt

野生のペンギンに会える場所

アルゼンチン	
本土	
Cabo Virgenes	Magellanic 100,000s
Caleta Interna	Magellanic 10,000s
Peninsula Valdés; San Lorenzo and Smaller Colonies	Magellanic 100,000s
Punta Tumbo	Magellanic 100,000s
Tierra del Fuego; Several Locations	Magellanic 10,000s
アルゼンチン沿岸の島々	
Isla de los Estados（Staten Island）	Magellanic 100,000s; Rockhopper（Southern）100,000s
Isla Pingüino	Magellanic 1,000s; Rockhopper（Southern）100,000s
Isla Vernacci	Magellanic 10,000s
Martillo Island, near Ushaia in Tierra del Fuego	Magellanic 1,000s; Gentoo 10s

チリ	
本土	
Punta Lengua de Vaca	Humboldt 10s; Magellanic 100s
Seno Otway; near Punta Arenas Tierra del Fuego	Magellanic 1,000s
Southern Coast; Several Locations	Humboldt 100s; Magellanic 1,000s
チリ沿岸の島々	
Barnevelt Island	Rockhopper（Southern）10,000s
Diego Ramirez	Rockhopper（Southern）10,000s; Macaroni 10,000s
Isla Chañaral	Humboldt 10,000s
Isla Ildefanso	Rockhopper（Southern）100,000s; Macaroni 10,000s
Isla Noir	Rockhopper（Southern）100,000s; Macaroni 1,000s
Isla Recalada	Rockhopper（Southern）10,000s
Isla Terhalten	Rockhopper（Southern）1,000s
Magdalena Island	Magellanic 10,000s
Metalqui Island	Magellanic 100s
Punihuil Islands	Magellanic 100s; Humboldt 100s

歩き回るマゼランペンギン（プンタトンボ）

遊び回るクレイシのヒナ（スノーヒル島）

ペルー	
本土	
Punta Caleta	Humboldt 100s
Punta Coles	Humboldt 100s
Punta San Juan	Humboldt 1,000s
Tres Puertas	Humboldt 100s
ペルー沿岸の島々	
Hormillios Island	Humboldt 100s
Islas Ballestas	Humboldt 100s
La Foca Island	Humboldt 10s
Pachamac Island	Humboldt 100s
Punta San Fernando	Humboldt 100s
San Juanito Islet	Humboldt 100s

エクアドル（本土には生息していない）	
ガラパゴス諸島（本土から西へ 800km）	
Isabela	Galapagos 1,000 or less
Bartolome and Santiago	Galapagos 10s
Fernandina	Galapagos 100s

フォークランド諸島（英領とされるが未確定）	
Barren Island	Gentoo 100s; Magellanic 1,000s
Beauchene Island	Rockhopper (Southern) 100,000s; Gentoo 100s
Beaver Island	Gentoo 1,000s
Bird Island	Rockhopper (Southern) 1,000s
Bleaker Island	Rockhopper (Southern) 1,000s; Magellanic 1,000s; Gentoo 1,000s
Carcass Island	Magellanic 1,000s; Gentoo 100s
East Island	King 1,000s; Gentoo 10,000s; Magellanic 1,000s
Jason Islands including Steeple Jason Island	Rockhopper (Southern) 100,000s; Gentoo 10,000s
Kidney Island	Magellanic 1,000s; Gentoo 1,000s; Rockhopper (Southern) 100s
Lively Island	Magellanic 1,000s; Gentoo 1,000s
New Island	Rockhopper (Southern) 10,000s; Gentoo 1,000s
Northern Island	Rochopper (Southern) 10,000s
Pebble Island	Rockhopper (Southern) 10,000s; Gentoo 1,000s; Magellanic 1,000s
Saunders Island	Rockhopper (Southern) 10,000s; Gentoo 1,000s; Magellanic 1,000s
Sea Lion Island	Rockhopper (Southern 0 100s; Magellanic 1,000s; Gentoo 1,000s
Speedwell Island	Gentoo 1,000s
Weddell Island	Gentoo 1,000s; Magellanic 1,000s
West Island	Gentoo 1,000s; Magellanic 1,000s

走り去るフンボルトペンギン

考えるキングペンギン

アフリカ	
南アフリカ本土	
Boulders Beach	African 1,000s
Stony Point	African 1,000s
南アフリカ沿岸の島々	
Dassen Island	African 1,0000s
Dyer Island	African 1,000s
Robben Island	African 1,000s
St. Croix Islad	African 10,000s
ナミビア沿岸の島々	
Halifax Island	African 100s
Ichaboe Island	African 1,000s
Mercury Island	African 1,000s
Possession Island	African 100s

オーストラリア	
本土	
Sydney（Victor Harbor）	Little 1,000s
オーストラリア沿岸の島々	
Bowen Island	Little 1,000s
Curtis Island	Little 1,000s
Gabo Island	Little 10,000s
Granite Island	Little 100s
Hogan Island Group（e.g., Long Island, Round Island, East Island）	Little 100s
Kent Island Group（e.g., Eirth Island, Deal Island, Dover Island）	Little 1,000s
Lady Julia Percy Island	Little 1,000s
Montague Island	Little 1,000s
Penguin Island	Little 100s
Phillip Island	Little 1,000s
Rodondo Island Group（e.g., Rodondo Island, East Moncoer Island）	Little 100s

ニュージーランド	
本土北島	
Bay of Plenty	Little 100s
Hauraki Gulf	Little 10s
Wellington (Tarakena Bay)	Little 100s
本土南島	
Banks Peninsula	Little 100s
Haast	Little 100s
Jackson Head	Fiordland 100s
Lake Moeaki Beach	Fiordland 10s
Nelson	Little 100s
Oamaru	Little 1,000s; Yellow-eyed 10s
Otago Peninsula	Little 100s; Yellow-eyed 100s
Preservation Point	Fiordland 10s
Wekakura	Little 100s
Yaet Point	Fiordland 10s
ニュージーランド沿岸の島々	
Chatham Islands	Little 1,000s
Motuara Island	Little 100s
Open Bay Island	Fiordland 100s
Solander Island	Fiordland 100s
Stewart Islands	Fiordland 100s; Yellow-eyed 100s

オーストラリアとニュージーランドの亜南極の島々	
Antipodes Islands	Erect-crested 100,000s; Rockhopper (Southern) 1,000s
Auckland Islands (e.g., Disappointment Island, Enderby Island)	Yellow-eyed 100s; Rockhopper (Southern) 1,000s
Bounty Islands	Erect-crested 10,000s; Rockhopper (Southern) 1,000s
Campbell Island	Yellow-eyed 100s; Rockhopper (Southern) 10,000s
Macquarie Island	Royal 1,000,000s; King 100,000s; Rockhopper (Southern) 10,000s; Gentoo 10,000s
Snares Islands	Snares 10,000s

インド洋の南緯 60° 以北	
島々	
Amsterdam Island	Rockhopper (Northern) 10,000s; Gentoo 100s
Crozet Islands (e.g., Possession, Penguin, Pig, and East Islands)	Macaroni 1,000,000s; King 100,000s; Gentoo 1,000s; Rockhopper (Southern) 100,000s
Heard and McDonald Islands	Macaroni 1,000,000s; King 10,000s; Gentoo 10,000s; Rockhopper (Southern) 10,000s; Rockhopper (Northern) 10,000s
Kerguelen Islands	Macaroni 1,000,000s; King 100,000s; Gentoo 10,000s; Rockhopper (Southern) 10,000s
Prince Edward Islands (Marion Islands)	King 100,000s; Gentoo 1,000s; Rockhopper (Southern) 100,000s; Macaroni 100,000s; African 1,000s
Saint Paul Island	Rockhopper (Northern) 1,000s
Possession Island	African 100s

大西洋の南緯 60° 以北	
島々	
Bouvet Island	Chinstrap 1,000s; Macaroni 1,000s
South Georgia Island	Macaroni 1,000,000s; Chinstrap 100,000s; Gentoo 1,000s; King 100,000s; Adélie 10,000s
South Orkney Islands	Adélie 1,000s; Chinstrap 100,000s; Gentoo 1,000s
South Sandwich Islands	Chinstrap 1,000,000s; Gentoo 1,000s; Macaroni 100,000s; Adélie 10,000s
トリスタン・ダ・クーニャ諸島	
Gough Island	Rockhopper (Northern) 100,000s
Inaccessible Island	Rockhopper (Northern) 10,000s
Middle Island	Rockhopper (Northern) 100,000s
Nightingale Island	Rockhopper (Northern) 10,000s
Tristan da Cunha Island	Rockhopper (Northern) 100,000s
フォークランド諸島（別項参照）	

巣材を集めるイワトビペンギン

キガシラペンギンのポートレート

南極圏南緯 60° 以南	
南極大陸	
Adélie Land (Terre Adélie) (Including Point Géologie)	Adélie 100,000s; Emperor 1,000s
Amundsen Bay	Emperor 1,000s
Auster	Emperor 10,000s
Ellsworth Land	Adélie 1,000s
Enderby Land	Adélie 1,000s
Lützow-Holm Bay	Adélie 10,000s
MacRobertson Land	Adélie 100,000s
Marie Byrd Land	Adélie 100,000s
Princess Elizabeth Land	Adélie 100,000s
Ross Sea (e.g., Cape Roget, Cape Crozier, Cape Washington, Cape Adare, Cape Hallett, Cape Cotter, Cape Bird, Cape Royd, and Cape Colbeck)	Emperor 10,000s; Adélie 1,000,000s
Taylor Glacier	Emperor 10,000s
Victoria Land	Adélie 1,000,000s; Emperor 10,000s
Wilkes Land	Adélie 100,000s; Emperor 1,000s
上記近傍の氷上にエンペラーペンギンのコロニーがある	
大陸沿岸近傍の島々	
Balleny Islands	Adélie 1,000s; Chinstrap 100s
Beaufort Island	Adélie 100,000s; Emperor 1,000s
Christine Island	Adélie 1,000s
Coulman Island	Emperor 10,000s
Dellbridge Island	Chinstrap 1,000s
Donovan Islands (e.g., Chappel, Grinnel, and Glaspal Islands)	Adélie 10,000s; Emperors 100s
Franklin Island	Adélie 100,000s; Emperor 10s
Frazier Islands (e.g., Chariton, Dewart, and Nelly Islands)	Adélie 10,000s
Ross Island	Adélie 100,000s
Windmill Islands	Adélie 1,000,000s
上記近傍の氷上にエンペラーペンギンのコロニーがある	
南極半島	
Cape Kater	Adélie 100,000s
Errera Channel Area	Chinstrap 1,000s
Graham land	Adélie 100,000s; Chinstrap 100,000s
North Bay	Gentoo 1,000s
Palmer Land	Adélie 100,000s
南極半島周辺の島々	
Anvers Island	Adélie 1,000s; Chinstrap 1,000s; Gentoo 100s
Christine Island	Adélie 1,000s
Cuverville Island	Gentoo 1,000s

D'Urville Island (in Joinville Island Group)	Emperor 1,000s; Adélie 10,000s
Danco Island	Gentoo 1,000s
Dion Island	Emperor 1,000s
Gourdin Island	Adélie 1,000s; Chinstrap 1,000s; Gentoo 1,000s
Hope Bay (Esperanza Base)	Gentoo 1,000s; Adélie 100,000s
Paulet Island	Adélie 100,000s
Seymour Island	Adélie 10,000s
サウスシェトランド諸島	
Clearance Island	Gentoo 1,000s; Chinstrap 1,000s
Deception Island	Adélie 10,000s; Chinstrap 10,000s
Elephant Island	Chinstrap 1,000s; Gentoo 1,000s
Half Moon Island	Chinstrap 1,000s
King George Island	Chinstrap 100,000s; Gentoo 10,000s
Livingston Island	Gentoo 100s; Chinstrap 1,000s
Nelson Island	Chinstrap 100s
Penguin Island	Gentoo 1,000s; Chinstrap 1,000s; Adélie 10,000s
Peterman Island	Adélie 100s; Gentoo 1,000s
Seal Island	Gentoo 10,000s; Chinstrap 10,000s

海から戻ったマゼランペンギンの群れ

参考文献

Adélie

Ainley, D. G., G. Ballard, K. J. Barton, B. J. Karl, G. H. Rau, C. A. Ribic, and R. P. Wilson. 2003. "Spatial and Temporal Variation of Diet within Presumed Metapopulation of Adélie Penguins." *The Condor* 105:95–106.

Ainley, D. G. and D. P. Demaster. 1980. "Survival and Mortality in a Population of Adélie Penguins, Pygoscelis adeliae." *Ecology* 61:522–30.

Ainley, D. G. and R. P. Schlatter. 1972. "Chick Raising Ability in Adélie Penguins." The *Auk* 89:559–66.

Angelier, F., C. A. Bost, M. Giraudeau, G. Bouteloup, S. Dano, and O. Chastel. 2008. "Corticosterone and Foraging Behavior in a Diving Seabird: The Adélie Penguin, Pygoscelis adeliae." *Journal and Comparative Endocrinology* 156:134–44.

Barbosa, A., S. Merino, J. Benzal, J. Martínez, and S. García-Fraile. 2007. "Population Variability in Heat Shock Proteins Among Three Antarctic Penguin Species." *Polar Biology* 30:1239–44.

Beaulieu, M., A. Dervaux, A. M. Thierry, D. Lazin, Y. Le Maho, Y. Ropert-Coudert, M. Spée, T. Raclot, and A. Ancel. 2010. "When Sea-Ice Clock Ahead of Adélie Penguins' Clock." *Functional Ecology* 24:93–102.

Beaulieu, M., A. M. Thierry, Y. Le Maho, Y. Ropert-Coudert, and A. Ancel. 2009. "Alloparental Feeding in Adélie Penguins: Why is it Uncommon?" *Journal of Ornithology* 150:637–43.

Boersma, P. D. and L. S. David. 1997. "Feeding Chases and Food Allocation in Adélie Penguins, Pygoscelis adeliae." *Animal Behavior* 54:1047–52.

Boersma, P. D. and G. Guncay. 2009. "Adélie Penguin." The Penguin Project. Penguin Sentinels. Accessed 28 Oct 2010. http://mesh.biology.washington.edu.

Borboroglu, P. G. 2010. "Adélie Penguin Pygoscelis adeliae." *The Global Penguin Society.* Accessed 8 Dec 2010. http://www.globalpenguinsociety.org/.

Bricher, P. K., A. Lucieer, and E. J. Woehler. 2008. "Population Trends of Adélie Penguin (*Pygoscelis adeliae*) Breeding Colonies: a Apatial Analysis of the Effects of Snow Accumulation and Human Activities." *Polar Biology* 31:1397–407.

Carlini, A. R., N. R. Coria, M. M. Santos, M. M. Libertelli, and G. Donini. 2007. "Breeding Success and Population Trends in Adélie Penguins in Areas with Low and High Levels of Human Disturbance." *Polar Biology* 30:917–24.

Chappell, M. A., D. N. Janes, V. H. Shoemaker, T. L. Bucher, and S. K. Maloney. 1993. "Reproductive Effort in Adélie Penguins." *Behavioral Ecology and Sociobiology* 33:173–82.

Cherel, Y. 2008. "Isotopic Niches of Emperor and Adélie Penguins in Adélie Land, Antarctica." *Marine Biology* 154:813–21.

Clarke, J. R. 2001. "Partitioning of Foraging Effort in Adélie Penguins Provisioning Chicks at Béchervaise Island, Antarctica." *Polar Biology* 24:16–20.

Clarke, J., B. Manly, K. Kerry, H. Gardner, E. Franchi, S. Corsolini, and S. Focardi. 1998. "Sex Differences in Adélie Penguin Foraging Strategies." *Polar Biology* 20:248–58.

Clarke, J., K. Kerry, C. Fowler, R. Lawless, S. Eberhard, and R. Murphy. 2003. "Post-Fledging and Winter Migration of Adélie Penguins Pygoscelis adeliae in the Mawson Region of East Antarctica." *Marine Ecology Progress Series* 248:267–78.

Clarke, J., K. Kerry, L. Irvine, and B. Phillips. 2002. "Chick Provisioning and Breeding Success of Adélie Penguins at Béchervaise Island over Eight Successive Seasons." *Polar Biology* 25:21–30.

Clarke, J., L. M. Emmerson, A. Townsend, and K. R. Kerry. 2003. "Demographic Characteristics of the Adélie Penguin Population on Béchervaise Island after 12 Years of Study." *CCAMLR Science* 10:53–74.

Davis, L. S. 1988. "Coordination of Incubation Routines and Mate Choice in Adélie Penguins (*Pygoscelis adeliae*)." *The Auk* 105:428–32.

Giese, M. 1996. "Effects of Human Activity on Adélie Penguin Pygoscelis adeliae Breeding Success." *Biological Conservation* 75:157–64.

Hunter, F. M., R. Harcourt, M. Wright, and L. S. Davis. 2000. "Strategic Allocation of Ejaculates by Male Adélie Penguins." *Proceedings: Biological Sciences* 267:1541–45.

Irvine, L. G., J. R. Clarke, and K. R. Kerry. 2000. "Low Breeding Success of the Adélie Penguin at Béchervaise Island in the 1998–1999 Season." *CCAMLR Science* 7:151-167.

Jenouvrier, S., C. Barbraud, and H. Weimerskirch. 2006. "Sea Ice Affects the Population Dynamics of Adélie Penguins in Terre Adélie." *Polar Biology* 29:413–23.

Kato, A., A. Yoshioka, and K. Sato. 2009. "Foraging Behavior of Adélie Penguins During Incubation Period in Lützow-Holm Bay." *Polar Biology* 32:181–86.

Kato, A., Y. Watanuki, and Y. Naito. 2003. "Annual and Seasonal Changes in Foraging Site and Diving Behavior in Adélie Penguins." *Polar Biology* 26:389–95.

Kerry, K. R., J. R. Clarke, S. Eberhard, H. Gardner, R. M. Lawless, R. Trémont, and B. C. Wienecke. 1997. "The Foraging Range of Adélie Penguins—Implications for CEMP and Interactions with the Krill Fishery." *CCAMLR Science* 4:75–87.

Lynnes, A. S., K. Reid, and J. P. Croxall. 2004. "Diet and Reproductive Success of Adélie and Chinstrap Penguins: Linking Response of Predators to Prey Population Dynamics." *Polar Biology* 27:544–54.

Marion, R. 1999. Penguins: A Worldwide Guide. 103–5. New York, New York: Sterling Publishing Company.

Marks, E. J., A. G. Rodrigo, and D. H. Brunton. 2010. "Using Logistic Regression Models to Predict Breeding Success in Male Adélie Penguins (*Pygoscelis adeliae*)." *Polar Biology* 33:1083–94.

Meyer-Rochow, V. B. and J. Gal. 2003. "Pressures Produced when Penguins Pooh—Calculations on Avian Dafaecation." *Polar Biology* 27:56–58.

Norman, F. I. and S. J. Ward. 1993. "Foraging Group Size and Dive Duration of Adélie Penguins Pygoscelis adeliae at Sea off Hop Island, Rauer Group, East Antarctica." *Marine Ornithology* 21:37–47.

Olsen, M. A., R. Mykleburst, T. Kaino, V. S. Elbrond, and S. D. Mathiesen. 2002. "The Gastrointestinal Tract of Adélie Penguins—Morphology and Function." *Polar Biology* 25:641–49.

Penney, R. L. 1967. "Molt in the Adélie Penguin." *The Auk* 84:61–71.

Rodary, D., B. C. Wienecke, and C. A. Bost. 2000. "Diving Behaviour of Adélie Penguins (*Pygoscelis adeliae*) at Dumont D'Urville, Antarctica: Nocturnal Patterns of Diving and Rapid Adaptations to Changes in Sea-Ice Condition." *Polar Biology* 23:113–20.

Rombolá, E., E. Marschoff, and N. Coria. 2003. "Comparative Study of the Effects of the Late Pack-Ice Break-Off on Chinstrap and Adélie Penguins' Diet and Reproductive Success at Laurie Island, South Orkney Islands, Antarctica." *Polar Biology* 26:41–48.

Ropert-Coudert, Y., R. P. Wilson, K. Yoda, and A. Kato. 2007. "Assessing Performance Constraints in Penguins with Externally-Attached Devices." *Marine Ecology Progress Series* 333:281–89.

Sladen, W. J. L. 1958. "The Pygoscelid Penguins." Falkland Islands Dependencies Survey: *Scientific Reports* 17:1–122.

Salihoglu, B., W. R. Fraser, and E. E. Hofmann. 2001. "Factors Affecting Fledging Weight of Adélie Penguin (*Pygoscelis adeliae*) Chicks: a Modeling Study." *Polar Biology* 24:328–37.

Takahashi, A., K. Sato, J. Nishikawa, Y. Watanuki, and Y. Naito. 2005. "Synchronous Diving Behavior of Adélie Penguins." *Journal of Ethology* 22:5–11.

Takahashi, A., Y. Watanuki, K. Sato, A. Kato, N. Arai, J. Nishikawa, and Y. Naito. 2003. "Parental Foraging Effort and Offspring Growth in Adélie Penguins: Does Working Hard Improve Reproductive Success?" *Functional Ecology* 17:590–97.

Tierney, M., L. Emmerson, and M. Hindell. 2009. "Temporal Variation in Adélie Penguin Diet at Béchervaise Island, East Antarctica and its Relationship to Reproductive Performance." *Marine Biology* 156:1633–45.

Vleck, C. M. and D. Vleck. 2002. "Physiological Condition and Reproductive Consequences in Adélie Penguins." *Integrative and Comparative Biology* 42:76–83.

Watanuki, Y., A. Kato, K. Sato, Y. Niizuma, C. A. Bost, Y. Le Maho, and Y. Naito. 2002. "Parental Mass Change and Food Provisioning in Adélie Penguins Rearing Chicks in Colonies with Contrasting Sea-Ice Conditions." *Polar Biology* 25:672–81.

Watanuki, Y., A. Kato, Y. Naito, G. Robertson, and S. Robinson. 1997. "Diving and Foraging Behaviour of Adélie Penguins in Areas with and without Fast Sea-Ice." *Polar Biology* 17:296–304.

Whitehead, M. S. 1989. "Maximum Diving Depths of the Adélie Penguin, Pygoscelis adeliae, During the Chick Rearing Period." *Polar Biology* 9:329-332.

Williams, T. D. 1995. In The Penguins, 169–178. New York: Oxford University Press.

Wilson, R. P. 1989. "Diving Depths of Gentoo Pygoscelis papua and Adélie P. adeliae Penguins at Esperanza Bay, Antarctic Peninsula." *An International Journal of Marine Ornithology* 17:1–8.

Yoda, K., and Y. Ropert-Coudert. 2007. "Temporal Changes in Activity Budgets of Chick-Rearing Adélie Penguins." *Marine Biology* 151:1951–57.

African

Adams, N. J., and C. R. Brown. 1990. "Energetics of Molt in Penguins." In Penguin Biology. edited by L. S. Davis, J. T. Darby. San Diego: Academic Press.

Boersma, D. and J. Banfill. 2009. "African Penguin." The Penguin Project. Penguin Sentinels, 2009. <http://mesh.biology.washington.edu>. Accessed 28 Oct 2010.

Cooper, J. 1977. "Energetic Requirements for Growth of the Jackass Penguin." *African Zoology* 12:20–23.

Cordes, I., R. J. M. Crawford, A. J. Williams, and B. M. Dyer. 1999. "Decrease of African Penguins at the Possession Island Group, 1956–1995: Contrasting Trends for Colonial and Solitary Breeders." *Marine Ornithology* 27:129–38.

Crawford, R. J. M. 2007. "Food, Fishing and Seabirds in the Benguela Upwelling System." *Journal of Ornithology* 48:253–60.

Crawford, R. J. M. and H. G. V. D. Boonstra. 1994. "Counts of Moulting and Breeding Jackass Penguins Spheniscus demersus: a Comparison at Robben Island, 1988–1993." *Marine Ornithology* 22:213–19.

Crawford, R. J. M., L. G. Underhill, L. Upfold, and B. M. Dyer. 2007. "An Altered Carrying Capacity of the Benguela Upwelling Ecosystem for African Penguins (*Spheniscus demersus*)." *ICES Journal of Marine Science* 64:570–76.

Crawford, R. J. M., L. J. Shannon, and P. A. Whittington. 1999. "Population Dynamics of the African Penguin Spheniscus demersus at Robben Island, South Africa." *Marine Ornithology* 27:139–47.

Crawford, R. J. M., M. Hemming, J. Kemper, N. T. W. Klages, R. M. Randall, L. G. Underhill, A. D. Venter, V. L. Ward, and A. C. Wolfaardt. 2006. "Molt of the African Penguin, Spheniscus demersus, in Relation to its Breeding Season and Food Availability." *Acta Zoologica Sinica* 52:444–47.

Crawford, R. J. M., P. J. Barham, L. G. Underhill, L. J. Shannon, J. C. Coetzee, B. M. Dyer, T. M. Leshoro, and L. Upfold. 2006. "The Influence of Food Availability on Breeding Success of African Penguins Spheniscus demersus at Robben Island, South Africa." *Biological Conservation* 132:119–25.

Cunninghan, G. B., V. Strauss, and P. G. Ryan. 2008. "African Penguins (*Spheniscus demersus*) can Detect Dimethyl Sulphide, a Prey Related Odour." *Journal of Experimental Biology* 211:3123–27.

Hockey, P. A. R., W. R. J. Dean, and P. G. Ryan, eds. 2005. Roberts—Birds of Southern Africa, VIIth ed. Cape Town: The Trustees of the John Voelcker Bird Book Fund.

International Union for Conservation of Nature and Natural Resources. 2010. "Spheniscus demersus." In: IUCN 200. IUCN Red List of Threatened Species. Version 2010.4. Accessed 1 November 2010. www.iucnredlist.org.

Kemper, J., J. P. Roux, and L. G. Underhill. 2008. "Effect of Age and Breeding Status on Molt Phenology of Adult African Penguins (*Spheniscus demersus*) in Namibia." *The Auk* 125:809–19.

La Cock, G. D. and C. Hanel. 1987. "Survival of African Penguins Spheniscus demersus at Dyer Island, Southern Cape, South Africa." *Journal of Field Ornithology* 58(3):284–87.

Marion, R. 1999. Penguins: A Worldwide Guide. New York, New York: Sterling Publishing Company. 103–5.

Nimon, A. J., R. C. Schroter, and K. C. Oxenham. 1996. "Artificial Eggs: Measuring Heart Rate and Effects of Disturbance in Nesting Penguins." *Physiology & Behavior* 60:1019–22.

Owre, O. T. 1987. Untitled. *The Wilson Bulletin* 99:298–301.

Peterson, S. L., P. G. Ryan, and D. Gremillet. 2006. "Is Food Availability Limiting African Penguins Spheniscus demersus at Boulders? A Comparison of Foraging Effort at Mainland and Island Colonies." *Ibis* 48:14–26.

Randall, R. M. 1983. "Biology of the Jackass Penguin Spheniscus demersus (L.) at St. Croix Island, South Africa." PhD diss., University Port Elizabeth.

———. 1989. "Jackass Penguins." in Payne, A.I.L., Crawford RJM (Eds). *Oceans of Life off Southern Africa*, 244–56. Cape Town: Vlaeberg Publishers.

Randall, R. M. and B. M. Randall. 1981. "The Annual Cycle of the Jackass Penguin Spheniscus demersus at St Croix Island, South Africa." in Proc. Symp. *Birds of the Sea & Shore*, ed. by J. Cooper, 427–50. Cape Town: African Seabird Group.

Randall, R. M., B. M. Randall, J. Cooper, G. D. La Cock, and G. J. B. Ross. 1987. "Jackass Penguin Spheniscus demersus Movements, Inter-Island Visits, and Settlement." *Journal of Field Ornithology* 58:445–55.

Roux, J. P., J. Kemper, P. A. Bertlett, B. M. Dyer, and B. L. Dundee. 2003. "African Penguins Spheniscus demersus Recolonise a Formerly Abandoned Nesting Locality in Namibia." *Marine Ornithology* 31:203–5.

Seddon, P. J. and Y. van Heezik. 1991. "Effects of Hatching Order, Sibling Asymmetries, and Nest Site on Survival Analysis of Jackass Penguin Chicks." *The Auk* 108:548–55.

———. 1993. "Parent-Offspring Recognition in the Jackass Penguin." *Journal of Field Ornithology* 64:27–31.

Seddon, P. J., Y. van Heezik, and J. Cooper. 1991. "Observations of Within-Colony Breeding Synchrony in Jackass Penguins." *The Wilson Bulletin* 103:480–485.

Thumser, N. N. and M. S. Ficken. 1998. "A Comparison of Vocal Repertoires of Captive Spheniscus Penguins." *Marine Ornithology* 26:41–48.

Whittington, P. A. 1999. "The Contribution Made by Cleaning Oiled African Penguins Spheniscuz demersus to Population Dynamics and Conservation of the Species." *Marine Ornithology* 27:177–80.

Whittington, P. A., B. M. Dyer, and N. T. W. Klages. 2000. "Maximum Longevities of African Penguins Spheniscus demersus Based on Banding Records." *Marine Ornithology* 28:81–82.

Whittington, P. A., N. Klages, R. Crawford, A. Wolfarrdt, and J. Kemper. 2005. "Age at First Breeding of the African Penguin." *Ostrich* 76:14–20.

Wilkinson, C. P., D. A. Esmonde-White, L. G. Underhill, and P. A. Whittington. 1999. "African Penguins Spheniscus dermsus along with KwaZulu–Natal Coast, 1981–1999." *Marine Ornithology* 27:111–13.

Williams, A. J. and J. Cooper. 1984. "Aspects of the Breeding Biology of the Jackass Penguin Spheniscus demersus." *Proceedings of the Fifth Pan-African Ornithological Congress.* South African Ornithological Society, Johannesburg, South Africa. 84–853.

Williams, T. D. 1995. In The Penguins, 238–45. New York: Oxford University Press.

Wilson, R. P. 1985. "The Jackass Penguin (*Spheniscus demersus*) as a Pelagic Predator." *Marine Ecology Progress Series* 25:219–27.

Wilson, R. P. and D. Grémillet. 1996. "Body Temperatures of Free-Living African Penguins (*Spheniscus demersus*) and Bank Cormorants (*Palacrocorax neglectus*)." *The Journal of Experimental Biology* 199:2215–23.

Wolfaardt, A. C., L. G. Underhill, and R. J. M. Crawford. 2009. "Comparison of Moult Phenology of African Penguins, Spheniscus demersus at Robben Island and Dassen Islands." *African Journal of Marine Science* 3:9–29.

Wolfaardt, A. C., L. G. Underhill, R. J. M. Crawford, and P. A. Whittington. 2009. "Review of the Rescue, Rehabilitation and Restoration of Oiled Seabirds in South Africa, Especially African Penguins Spheniscus demersus and Cape Gannets Morus capensis, 1983–2005." *African Journal of Marine Science* 31:31–54.

Chinstrap

Amat, J. A., L. M. Carrascal, and J. Moreno. 1996. "Nest Defence by Chinstrap Penguins Pygoscelis antarctica in Relation to Offspring Number and Age." *Journal of Avian Biology* 27:177–79.

Amat, J. A., J. Viñuela, and M. Ferrer. 1993. "Sexing Chinstrap Penguins (*Pygoscelis antarctica*) by Morphological Measurements." *Colonial Waterbirds* 16:213–15.

Barbosa, A., S. Merino, J. Benzal, J. Martínez, and S. García-Fraile. 2007. "Population Variability in Heat Shock Proteins among Three Antarctic Penguin Species." *Polar Biology* 30:1239–44.

Barbosa, A., J. Moreno, J. Potti, and S. Merino. 1997. "Breeding Group Size, Nest Position and Breeding Success in the Chinstrap Penguin." *Polar Biology* 18:410–14.

Boersma, D., and C. Gentry. 2009. "Chinstrap Penguin." The Penguin Project. Penguin Sentinels. Accessed 28 Oct 2010. http://mesh.biology.washington.edu.

Borboroglu, P. G. 2010. "Chinstrap Penguin Pygoscelis antarctica." The Global Penguin Society. Accessed 8 Dec 2010. http://www.globalpenguinsociety.org.

Bustamante, J., and R. Márquez. 1996. "Vocalizations of the Chinstrap Penguin Pygoscelis antarctica." *Colonial Waterbirds* 19:101–10.

Croll, D. A., D. A. Demer, R. P. Hewitt, J. K. Jansen, M. E. Goebel, and B. R. Tershy. 2005. "Effects of Variability in Prey Abundance on Reproduction and Foraging in Chinstrap Penguins (*Pygoscelis antarctica*)." *Journal of Zoology* 269:506–13.

Croll, D. A., J. K. Jansen, M. E. Goebel, P. L. Boveng, and J. L. Bengtson. 1996. "Foraging Behavior and Reproductive Success in Chinstrap Penguins: The Effects of Transmitter Attachment." *Journal of Field Ornithology* 67:1–9.

Croll, D. A., S. D. Osmek, and J. L. Bengston. 1991. "An Effect of Instrument Attachment on Foraging Trip Duration in Chinstrap Penguins." *The Condor* 93:777–79.

Croxall, J. P. 1982. "Energy Costs of Incubation and Moult in Petrels and Penguins." *Journal of Animal Ecology* 51:177–94.

Culik, B. M., and R. P. Wilson. 1994. "Underwater Swimming at Low Energetic Cost by Pygoscelid Penguins." *Journal of Experimental Biology* 197:65–78.

Fargallo, J. A., J. A. Dávila, J. Potti, A. de León, and V. Polo. 2004. "Nest Size and Hatchling Sex Ratio Chinstrap Penguins." *Polar Biology* 27:339–43.

Fargallo, J. A., V. Polo, L. de Neve, J. Martín, J. A. Dávila, and M. Soler. 2006. "Hatching Order and Size-dependent Mortality in Relation to Brood Sex Ratio Composition in Chinstrap Penguins." *Behavioral Ecology* 17:772–78.

Forcada, J., P. N. Trathan, K. Reid, E. J. Murphy, and J. P. Croxall. 2006. "Contrasting Population Changes in Sympatric Penguin Species in Association with Climate Warming." *Global Change Biology* 12:411–23.

Golombek, D. A., J. A. Calcagno, and C. M. Luquet. 1991. "Circadian Activity Rhythm of the Chinstrap Penguin of Isla Media Luna, South Shetland Islands, Argentine Antarctica." *Journal of Field Ornithology* 62:293–98.

Hinke, J. T., K. Salwicka, S. G. Trivelpiece, G. M. Watters, and W. Z. Trivelpiece. 2007. "Divergent Responses of Pygoscelis Penguins Reveal a Common Environmental Driver." *Oecologia* 153:645–855.

Jansen, J. K., R. W. Russell, and W. R. Meyer. 2002. "Seasonal Shifts in the Provisioning Behavior of Chinstrap Penguins, Pygoscelis antartica." *Oecologia* 131:306–18.

Lipsky, Jessica D., ed. 2007. *AMLR 2006/2007 Field Season Report.* La Jolla, California: National Oceanic and Atmospheric Administration.

Lishman, G. S., and J. P. Croxall. 1983. "Diving Depths of Chinstrap Penguins Pygoscelis antarctica." *British Antarctic Survey Bulletin* 61:21–25.

Lynnes, A. S., K. Reid, and J. P. Croxall. 2004. "Diet and Reproductive Success of Adélie and Chinstrap Penguins: Linking Response of Predators to Prey Population Dynamics." *Polar Biology* 27:544–54.

Marion, R. 1999. *Penguins: A Worldwide Guide.* New York, New York: Sterling Publishing Company. 82–85.

Martín, J., L. de Neve, V. Polo, J. A. Fargallo, and M. Soler. 2006. "Health-dependent Vulnerability to Predation Affects Escape Responses of Unguarded Chinstrap Penguin Chicks." *Behavioral Ecology and Sociobiology* 60:778–84.

Metcheva, R., L. Yurukova, S. Teodorova, and E. Nikolova. 2006. "The Penguin Feathers as Bioindicator of Antarctica Environmental State." *Science of the Total Environment* 362:259–65.

Meyer, W. R., J. L. Bengston, J. K. Jansen, and R. W. Russell. 1997. "Relationships between Brood Size and Parental Performance in Chinstrap Penguins during the Chick Guard Phase." *Polar Biology* 17:228–34.

Meyer-Rochow, V. B., and J. Gal. 2003. "Pressures Produced when Penguins Pooh—Calculations on Avian Defaecation." *Polar Biology* 27:56–58.

Miller, A. K., and W. Z. Trivelpiece. 2008. "Chinstrap Penguins Alter Foraging and Diving Behavior in Response to the Size of Their Principal Prey, Antarctic Krill." *Marine Biology* 154:201–08.

Mínguez, E., J. Belliure, and M. Ferrer. 2001. "Bill Size in Relation to Position in the Colony in the Chinstrap Penguin." *Waterbirds: The International Journal of Waterbird Biology* 24:34–38.

Mínguez, E., J. A. Fargallo, A. de León, J. Moreno, and E. Moreno. 1998. "Age-related Variations in Bill Size of Chinstrap Penguins." *Colonial Waterbirds* 21:66–68.

Moreno, J., A. Barbosa, A. de León, and J. A. Fargallo. 1999. "Phenotypic Selection on Morphology at Independence in the Chinstrap Penguin Pygoscelis antarctica." *Journal of Evolutionary Biology* 12:507–13.

Moreno, J., L. Boto, J. A. Fargallo, A. de León, and J. Potti. 2000. "Absence of Extra-pair Fertilization in the Chinstrap Penguin Pygoscelis antarctica." Journal of Avian Biology 31:580–83.

Moreno, J., A. de León, J. A. Fargallo, and E. Moreno. 1998. "Breeding Time, Health and Immune Response in the Chinstrap Penguin Pygoscelis antartica." Oecologia 115:312–19.

Moreno, J., and J. J. Sanz. 1996. "Field Metabolic Rates of Breeding Chinstrap Penguins (*Pygoscelis antarctica*)." Physiological Zoology 69:586–98.

Moreno, J., J. Viñuela, J. Belliure, and M. Ferrer. 1998. "Effect of Brood Size on Growth in the Chinstrap Penguin: A Field Experiment." *Journal of Field Ornithology* 69:269–75.

Mori, Y. 1997. "Dive Bout Organization in the Chinstrap Penguin at Seal Island, Antarctica." *Journal of Ethology* 15:9–15.

Mori, Y. 2001. "Individual Diving Behavior, Food Availability and Chick Growth Rates in Chinstrap Penguins." *Waterbirds: The International Journal of Waterbird Biology* 24:443–45.

Penteriani, V., J. Viñuela, J. Belliure, J. Bustamante, and M. Ferrer. 2003. "Causal and Functional Correlates of Brood Amalgamation in the Chinstrap Penguin Pygoscelis antarctica: Parental Decision and Adult Aggressiveness." *Polar Biology* 26:538–44.

Reidarson, T. H., J. F. McBain, and D. Denton. 1999. "The Use of Medroxyprogesterone Acetate to Induce Molting in Chinstrap Penguins (*Pygoscelis antarctica*)." *Journal of Zoo and Wildlife Medicine* 30:278–80.

Rombolá, E., E. Marschoff, and N. Coria. 2006. "Interannual Study of Chinstrap Penguin's Diet and Reproductive Success at Laurie Island, South Orkney Islands, Antarctica." *Polar Biology* 29:502–09.

Sander, M., T. C. Balbão, E. S. Costa, C. R. dos Santos, and M. V. Petry. 2006. "Decline of the Breeding Population of Pygoscelis antarctica and Pygoscelis adeliae on Penguin Island, South Shetland, Antarctica." *Polar Biology* 30:651–54.

Sander, M., T. C. Balbão, M. J. Polito, E. S. Costa, and A. P. B. Carneiro. 2007. "Recent Decrease in Chinstrap Penguin (*Pygoscelis antarctica*) Populations of Two of Admirality Bay's Islets on King George Island, South Shetland Islands, Antarctica." *Polar Biology* 30:659–61.

Takahashi, A., M. J. Dunn, P. N. Trathan, J. P. Croxall, R. P. Wilson, K. Sato, and Y. Naito. 2004. "Krill-feeding Behaviour in a Chinstrap Penguin Pygoscelis antarctica Compared with Fish-eating in Magellanic Penguins Spheniscus magellanicus: A Pilot Study." *Marine Ornithology* 32:47–54.

Trivelpiece, W. Z., J. L. Bengtson, S. G. Trivelpiece, and N. J. Volkman. 1986. "Foraging Behavior of Gentoo and Chinstrap Penguins as Determined by New Radiotelemetry Techniques." *The Auk* 103:777–81.

Trivelpiece, W. Z., S. Buckelew, C. Reiss, and S. G. Trivelpiece. 2007. "The Winter Distribution of Chinstrap Penguins from Two Breeding Sites in the South Shetland Islands of Antarctica." *Polar Biology* 30:1231–37.

Trivelpiece, W., and N. J. Volkman. 1979. "Nest-Site Competition between Adélie and Chinstrap Penguins: An Ecological Interpretation." *The Auk* 96:675–81.

Van Cise, Amy M., ed. *2008. AMLR 2007/2008 Field Season Report.* La Jolla, California: National Oceanic and Atmospheric Administration.

Williams, T. D. 1995. *The Penguins.* New York: Oxford University Press. 178–85.

Wilson, R. P., and G. Peters. 1999. "Foraging Behaviour of the Chinstrap Penguin Pygoscelis antarctica at Ardley Island, Antarctica." *Marine Ornithology* 27:69–79.

Woehler, E. J., and J. P. Croxall. 1997. "The Status and Trends of Antarctic and Sub-Antarctic Seabirds." *Marine Ornithology* 25:43–66.

Emperor

Ancel, A., M. Beaulieu, Y. Le Maho, and C. Gilbert. 2009. "Emperor Penguin Mates: Keeping Together in the Crowd." *Proceedings of the Royal Society* 276:2163–69.

Angelier, F., C. Barbraud, H. Lormée, F. Prud'homme, and O. Chastel. 2006. "Kidnapping of Chicks in Emperor Penguins: a Hormonal By-Product?" *Journal of Experimental Biology* 209:1413–20.

Barber-Meyer, S. M., G. L. Kooyman, and P. J. Ponganis. 2007. "Estimation of the Relative Abundance of Emperor Penguins at Inaccessible Colonies Using Satellite Imagery." *Polar Biology* 30:1565–70.

Boersma, D., D. Richards. "Emperor Penguin." The Penguin Project. Penguin Sentinels. Accessed 28 Oct 2010. http://mesh.biology.washington.edu.

Bried, J., D. Pontier, and P. Jouventin. 2003. "Mate Fidelity in Monogamous Birds: a re-Examination of the Procellariiformes." *Animal Behaviour* 65:235–46.

Burger, J. and M. Gochfeld. 2007. "Responses of Emperor Penguins (*Aptenodytes forsteri*) to Encounters with Ecotourists while Commuting to and from their Breeding Colony." *Polar Biology* 30:1303–13.

Burns, J. M. and G. L. Kooyman. 2001. "Habitat Use by Weddell Seals and Emperor Penguins Foraging in the Ross Sea, Antarctica." *American Zoology* 41:90–98.

Cherel, Y. 2008. "Isotopic Niches of Emperor and Adélie Penguins in Adélie Land, Antarctica." *Marine Biology* 154:813–21.

Cherel, Y. and G. Kooyman. 1998. "Food of Emperor Penguins (*Aptenodytes forsteri*) in the Western Ross Sea, Antarctica." *Marine Biology* 130:335–44.

Davis, L. S., and M. Renner. 2003. Penguins. New Haven: Yale University Press.

Gilbert, C., G. Robertson, Y. Le Maho, and A. Ancel. 2008. "How do Weather Conditions Affect the Huddling Behaviour of Emperor Penguins?" *Polar Biology* 31:163–69.

Gilbert, C., S. Blanc, Y. Le Maho, and A. Ancel. 2008. "Review: Energy Saving Processess in Huddling Emperor Penguins; From Experiments to Theory." *Journal of Experimental Biology* 211:1–8.

Gilbert, C., Y. Le Maho, M. Perret, and A. Ancel. 2006. "Body Temperature Changed Induced by Huddling in Breeding Male Emperor Penguins." *The American Journal of Physiology—Regulatory, Integrative and Comparative Physiology* 292:176–85.

Groscolas, R., and Y. Cherel. 1992. "How to Molt while Fasting in the Cold: The Metabolic and Hormonal Adaptations of Emperor and King Penguins." *Ornis Scandinavica* 23: 328–334.

Jenouvrier, S., H. Caswell, C. Barbraud, M. Holland, J. Strœve, and H. Weimerskirch. 2009. "Demographic Models and IPCC Climate Projections Predict the Decline of an Emperor Penguin Population." *Proceedings of the National Academy of Science of the United States of America* 106:1844–47.

Jouventin, P., C. Barbraud, and M. Rubin. 1995. "Adoption in the Emperor Penguin, Apenodytes forsteri." *Animal Behavior* 50:1023–29.

ouventin, P., K. J. McGraw, M. Morel, and Célerier. 2007. "Dietary Carotenoid Supplementation Affects Orange Beak but not Foot Coloration in Gentoo Penguins., Pygoscelis papua." *Waterbirds* 30:573–78.

Jouventin, P., P. M. Nolan, J. Örnborg, and F. S. Dobson. 2005. "Ultraviolet Beak Spots in King and Emperor Penguins." *The Condor* 107:144–50.

Kirkwood, R. and G. Robertson. 1997. "The Foraging Ecology of Female Emperor Penguins in Winter." *Ecological Monographs* 67:155–76.

Kooyman, G. L., D. B. Siniff, I. Stirling, and J. L. Bengston. 2004. "Moult Habitat, pre- and post-Moult Diet and post-Moult Travel of Ross Sea Emperor Penguins." *Marine Ecology Progress Series* 267:281–90.

Kooyman, G. L. and J. L. Mullins. 1990. "Ross Sea Emperor Penguin Breeding Populations Estimated by Aerial Photography." *In Antarctic Ecosystems: Ecological Change and Conservation*, edited by K. R. Kerry and G. Hempel, 169–76, Berlin: Springer-Verlag.

Kooyman, G. L. and P. J. Ponganis. 2008. "The Initial Journey of Juvenile Emperor Penguins." Aquatic Conservation: *Marine and Freshwater Ecosystems* 17:37–43.

Meir, J. U., T. K. Stockard, C. L. Williams, K. V. Ponganis, and P. J. Ponganis. 2008. "Heart Rate Regulation and Extreme Bradycardia in Diving Emperor Penguins." *Journal of Experimental Biology* 211:1169–79.

Ponganis, P. J., L. N. Starke, M. Horning, and G. L. Kooyman. 1999. "Development of Diving Capacity in Emperor Penguins." *Journal of Experimental Biology* 202:781–86.

Ponganis, P. J., M. L. Costello, L. N. Starke, O. Mathieu-Costello, and G. L. Kooyman. 1997. "Structural and Biochemical Characteristics of Locomotory Muscles of Emperor Penguins, Aptenodytes forsteri." *Respiration Physiology* 109:73–80.

Ponganis, P. J., T. K. Stockard, J. U. Meir, C. L. Williams, K. V. Ponganis, R. P. van Dam, and R. Howard. 2007. "Returning on Empty: Extreme Blood O2 Depletion Underlies Dive Capacity of Emperor Penguins." *Journal of Experimental Biology* 210:4279–85.

Robertson, G., R. Williams, K. Green, and L. Robertson. 1994. "Diet Composition of Emperor Penguin Chicks Aptenodytes forsteri at two Mawson Coast Colonies, Antarctica." *Ibis* 136:19–31.

St. Clair, C. C. and M. S. Boyce. 2009. "Icy Insights from Emperor Penguins." *Proceedings of the Nation Academy of Sciences of the United States of America* 106:1691–92.

Sato, K., P. J. Ponganis, Y. Habara, and Y. Naito. 2005. "Emperor Penguins Adjust Swim Speed According to the Above-Water Height of Ice Holes Through Which They Exit." *Journal of Experimental Biology* 208:2549–54.

Tamburrini, M., S. G. Condò, G. di Prisco, and B. Giardina. 1994. "Adaption to Extreme Environments: Structure-Function Relationships in Emperor Penguin Haemoglobin." *Journal of Molecular Biology* 237:615–21.

Van Dam, R. P., P. J. Ponganis, K. V. Ponganis, D. H. Levenson, and G. Marshall. 2002. "Stroke Frequencies of Emperor Penguins Diving Under Sea Ice." *Journal of Experimental Biology* 205:3769–74.

Wienecke, B., G. Robertson, R. Kirkwood, and K. Lawton. 2007. "Extreme Dives by Free-Ranging Emperor Penguins." *Polar Biology* 30:133–42.

Wienecke, B., R. Kirkwood, and G. Robertson. 2004. "Pre-Moult Foraging Trips and Moult Locations of Emperor Penguins at the Mawson Coast." *Polar Biology* 27:83–91.

Williams, T. D. 1995. *In The Penguins*, 152–60. New York: Oxford University Press.

Zimmer, I., R. P. Wilson, C. Gilbert, M. Beaulieu, A. Ancel, and J. Plötz. 2008. "Foraging Movements of Emperor Penguins at Point Géologie, Antarctica." *Polar Biology* 31:229–43.

Erect-Crested

Boersma, D. "Erect-Crested Penguin." The Penguin Project. Penguin Sentinels. Accessed 28 Oct 2010. http://mesh.biology.washington.edu.

Richdale, L. E. 1941. "The Erect-Crested Penguin (*Eudyptes sclateri*) Buller." *Emu* 41:25–53.

Warham, J. 1972. "Aspects of the Biology of the Erect-Crested Penguin Eudyptes sclateri." *Ardea* 60:145–84.

Warham, J. and B. D. Bell. 1979. "The Birds of Antipodes Island, New Zealand." *Notornis* 26:121–69.

Williams, T. D. 1995. *In The Penguins,* 206–11. New York: Oxford University Press.

Williams, T. D. and S. Rodwell. 1992. "Annual Variation in Return Rate, Mate and Nest-Site Fidelity in Breeding Gentoo and Macaroni Penguins." *The Condor* 94:636–45.

Fiordland-Crested

Boersma, D. "Fiordland Crested Penguin." The Penguin Project. Penguin Sentinels. Accessed 28 Oct 2010. http://mesh.biology.washington.edu.

Croxall, J. P. 1982. "Energy Costs of Incubation and Moult in Petrels and Penguins." *Journal of Animal Ecology* 51:177–94.

———. 1995. "Sexual Dimorphism in Seabirds." *Oikos* 73:399–403.

Desser, S. S. and F. B. Allison. 1979. "Aspects of the Sporogonic Development of Leucocytozoon tawaki of the Fiordland Crested Penguin in Its Primary Vector, Austrosimulium ungulatum: An Ultrastructural Study." *The Journal of Parasitology* 65:737–44.

Dubois, F., F. Cézilly, and M. Pagel. 1998. "Mate Fidelity and Coloniality in Waterbirds: A Comparative Analysis." *Oecologia* 116:433–40.

Grau, C. R. 1982. "Egg Formation in Fiordland Crested Penguins (*Eudyptes pachyrhynchus*)." *Condor* 84:172–77.

Johnson, K., J. C. Bednarz, and S. Zack. 1987. "Crested Penguins: Why Are First Eggs Smaller?" *Oikos* 49:347–49.

McLean, I. G. 2000. "Breeding Success, Brood Reduction and the Timing of Breeding in the Fiordland Crested Penguin (*Eudyptes pachyrhynchus*)." *Notornis* 47:57–60.

McLean, I. G. and S. D. Kayes. 2000. "Genetic Monogamy Mirrors Social Monogamy in the Fiordland Crested Penguin."

Murie, J. O., L. S. David, and I. G. McLean. 1991. "Identifying the Sex of Fiordland crested Penguins by Morphometric Characters." *Notornis* 38:233–38.

St. Clair, C. C. 1992. "Incubation Behavior, Brood Patch Formation and Obligate Brood Reduction in Fiordland Crested Penguins." *Behavioral Ecology and Sociobiology* 31:409–16.

St. Clair, C. C., I. McLean, J. O. Murie, S. M. Phillipson, and B. J. S. Studholme. 1999. "Fidelity to Nest Site and Mate in Fiordland Crested Penguins Eudyptes pachyrhynchus." *Marine Ornithology* 27:37–41.

St. Clair, C. C. and R. C. St. Clair. 1992. "Weka Predation on Eggs and Chicks of Fiordland Crested Penguins." *Notornis* 39:60–63.

Studholme, B. J. S., R. B. Russ, and I. G. McLean. 1994. "The Fiordland Crested Penguin Survey: Stage IV, Stewart and Offshore Islands and Solander Island." *Notornis* 41:133–43.

Van Heezik, Y. M. 1989. "Diet of the Fiordland Crested Penguin During the Post-Guard Phase of Chick Growth." *Notoris* 36:151–56.

Warham, J. 1974. "The Fiordland Crested Penguin Eudyptes pachyrhynchus." *Ibis* 116:1–27.

Williams, T. D. 1995. In *The Penguins*, 195–200. New York: Oxford University Press.

Galapagos

Beck, R. H. 1904. "Bird Life Among the Galapagos Islands." *The Condor* 6:5–11.

Boersma, D. "Galapagos Penguin." The Penguin Project. Penguin Sentinels. Accessed 28 Oct 2010. http://mesh.biology.washington.edu.

Boersma, P. D. 1974. "The Galapagos Penguin: A Study of Adaptations for Life in an Unpredictable Environment." PhD diss., Ohio State University.

———. 1976. "An Ecological and Behavioral Study of the Galápagos Penguin." *Living Bird* 15:43–93.

———. 1978. "Breeding Patterns of the Galápagos Penguins as an Indicator of Oceanographic Conditions." *Science* 200:1481–83.

———. 1998. "Population Trends of the Galápagos Penguin: Impacts of El Niño and La Niña." *The Condor* 100:245–53.

———. 2000. "Penguins as Marine Sentinels." *BioScience* 58:597–607.

Boersma, P. D., H. Vargas, and G. Merlen. 2005. "Living Laboratory in Peril." *Science* 308:925.

Harris, M. P. 1973. "The Galápagos Avifauna." *The Condor* 75:265–78.

Marion, R. 1999. *Penguins: A Worldwide Guide.* New York, New York: Sterling Publishing Company. 109–12.

Mills, K. 1998. "Multispecies Seabird Feeding Flocks in the Galápagos Islands." *The Condor* 100:277–85.

———. 2000. "Diving Behaviour of two Galápagos Penguins Spheniscus mendiculus." *Marine Ornithology* 28:75–79.

Nims, B. D., F. H. Vargas, J. Merkel, and P. G. Parker. 2008. "Low Genetic Diversity and Lack of Population Structure in the Endangered Galápagos Penguin (*Spheniscus mendiculus*)." *Conservation Genetics* 9:1413–20.

Palacios, D. M. 2004. "Seasonal Patterns of Sea-Surface Temperature and Ocean Color Around the Galápagos: Regional and Local Influences." *Deep-Sea Res* II 51:43–57.

Parque Nacional Galapagos. 2005. "Analysis of the Population Viability and the Galapagos Penguin Habitat (*Spheniscus mendiculus*)." Workshop. Santa Cruz, Ecuador.

Rosenberg, D. K., C. A. Valle, M. C. Coulter, and S. A. Harcourt. 1990. "Monitoring Galapagos Penguins and Flightless Cormorants in the Galapagos Islands." *The Wilson Bulletin* 102:525–32.

Schreer, J. F., K. M. Kovacs, R. H. O. Hines. 2001. "Comparative Diving Patterns of Pinnipeds and Seabirds." *Ecological Monographs* 71:137–62.

Steinfurth, A., F. H. Vargas, R. P. Wilson, M. Spindler, and D. W. Macdonald. 2008. "Space Use by Foraging Galápagos Penguins During Chick Rearing." *Endangered Species Research* 4:105–12.

Townsend, C. H. 1927. "The Galapagos Penguin in Captivity." *The Auk* 44:509–12.

Travis, E. K., F. H. Vargas, J. Merkel, N. Gottdenker, R. E. Miller, and P. G. Parker. 2006. "Hematology, Serum Chemistry, and Serology of Galapagos Penguins (*Spheniscus mendiculus*) in the Galapagos Islands, Ecuador." *Journal of Wildlife Disease* 42: 625–632

Valle, C. A. and M. C. Coulter. 1987. "Present Status of the Flightless Cormorant, Galapagos Penguin and Greater Flamingo Populations in the Galapagos Islands, Ecuador, after the 1982–83 El Niño." *The Condor* 89:276–81.

Vargas, H., C. Lougheed, and H. Snell. 2005. "Population Size and Trends of the Galápagos Penguin Spheniscus mendiculus." *Ibis* 147:367–74.

Vargas, F. H., R. C. Lacy, P. J. Johnson, A. Steinfurth, R. J. M. Crawford, P. D. Boersma, and D. W. Macdonald. 2007. Biological Conservation 137:138–48.

Vargas, F. H., S. Harrison, S. Rea, and D. W. Macdonald. 2006. "Biological Effects of El Niño on the Galapagos Penguin." *Biological Conservation* 127:107–14.

Williams, T. D. 1995. In *The Penguins*, 258–63. New York: Oxford University Press.

Gentoo

Adams, N. J. and C. R. Brown. 1983. "Diving Depths of the Gentoo Penguin (*Pygoscelis papua*)." *The Condor* 85:503–4.

Barbosa, A., S. Merino, J. Benzal, J. Martínez, and S. García-Fraile. 2007. "Population Variability in Heat Shock P among Three Antarctic Penguin Species." *Polar Biology* 30:1239–44.

Bevan, R. M., P. J. Butler, A. J. Woakes, and I. L. Boyd. 2002. "The Energetic of Gentoo Penguins, Pygoscelis papua, during the Breeding Season." *Functional Ecology* 16:175–90.

Bingham, M. 1998. "The Distribution, Abundance and Population Trends of Gentoo, Rockhopper and King Penguins at the Falkland Islands." *ORYX* 32:223–32.

Boersma, D. "Gentoo Penguin." The Penguin Project. Penguin Sentinels. Accessed 28 Oct 2010. http://mesh.biology.washington.edu.

Bost, C. A., K. Pütz, and J. Lage. 1994. "Maximum Diving Depth and Diving Patterns of the Gentoo Penguin Pygoscelis papua at the Crozet Islands." *Marine Ornithology* 22:237–44.

Clausen, A., A. I. Arkhipkin, V. V. Laptikhovsky, and N. Huin. 2005. "What is Out There: Diversity in Feeding of Gentoo Penguins (*Pygoscelis papua*) around the Falkland Islands (Southwest Atlantic)." *Polar Biology* 28:653–62.

Clausen, A. P. and K. Pütz. 2002. "Recent Trends in Diet Composition and Productivity of Gentoo, Magellanic and Rockhopper Penguins in the Falkland Islands." *Aquatic Conservation: Marine and Freshwater Ecosystems* 12:51–61.

———. 2003. "Winter Diet and Foraging Range of Gentoo Penguins (*Pygoscelis papua*) from Kidney Cove, Falkland Islands." Polar Biology 26:32–40.

Cobley, N. D. and J. R. Shears. 1999. "Breeding Performance of Gentoo Penguins (*Pygoscelis papua*) at a Colony Exposed to High Levels of Human Disturbance." *Polar Biology* 21:355–60.

Copeland, K. E. 2008. "Concerted Small-Group Foraging Behavior in Gentoo Penguins Pygoscelis papua." *Marine Ornithology* 36:193–94.

Coria, N., M. Libertelli, R. Casaux, and C. Darrieu. 2000. "Inter-Annual Variation in the Autumn Diet of the Gentoo Penguin at Laurie Island, Antarctica." *The International Journal of Waterbird Biology* 23:511–17.

Crosbie, K. 1999. "Interactions Between Skuaas Catharacta sp. and Gentoo Penguins Pygoscelis papua in Relation to Tourist Activities at Cuverville Island, Antarctic Peninsula." Marine Ornithology 27:195–97.

Cuervo, J. J., M. J. Palacios, and A. Barbosa. 2009. "Beak Colouration as a Possible Sexual Ornament in Gentoo Penguins: Sexual Dichromatism and Relationship to Body Condition." *Polar Biology* 32:1305–14.

Culik, B., R. Wilson R, and R. Bannasch. 1994. "Underwater Swimming at Low Energetic Cost by Pygoscelid Penguins." *Journal of Experimental Biology* 197:65–78.

Davis, R. W., J. P. Croxall, and M. J. O'Connell. 1989. "The Reproductive Energetics of Gentoo (*Pygoscelis papua*) and Macaroni (*Eudyptes chrysolophus*) Penguins at South Georgia." *Journal of Animal Ecology* 58:59–74.

Ghys, M. I., A. R. Rey, and A. Schiavini. 2008. "Population Trend and Breeding Biology of Gentoo Penguin in Martillo Island, Tierra Del Fuego, Argentina." *Waterbirds* 31:625–31.

Hinke, J. T., K. Salwicka, S. G. Trivelpiece, G. M. Watters, and W. Z. Trivelpiece. 2007. "Divergent Responses of Pygoscelis Penguins Reveal a Common Environmental Driver." *Oecologia* 153:645–55.

Holmes, N. D. 2007. "Comparing King, Gentoo, and Royal Penguin Responses to Pedestrian Visitation." *The Journal of Wildlife Management* 71:2575–82.

Holmes, N. D., M. Giese, H. Achurch, S. Robinson, and L. K. Kriwoken. 2006. "Behaviour and Breeding Success of Gentoo Penguins Pygoscelis papua in Areas of Low and High Human Activity." *Polar Biology* 29:399–412.

Lescroël, A., C. Bajzak, and C. A. Bost. 2009. "Breeding Ecology of the Gentoo Penguin Pygoscelis papua at Kerguelen Archipelago." *Polar Biology* 32:1495–1505.

Lescroël, A., V. Ridoux, and C. A. Bost. 2004. "Spatial and Temporal Variation in the Diet of Gentoo Penguin (*Pygoscelis papua*) at Kerguelen Islands." *Polar Biology* 27:206–16.

Lynch, H. J. 2011. "The Gentoo Penguin." in *Biology and Conservation of the World's Penguins* edited by P.D. Boersma and P.G. Borboroglu, Seattle: University of Washington Press.

Metcheva, R., V. Bezrukov, S. E. Teodorova, and Y. Yankov. 2008. " 'Yellow Spot'—A New Trait of Gentoo Penguins Pygoscelis papua ellsworthii in Antarctica." *Marine Ornithology* 36:47–51.

Meyer-Rochow, V. B. and A. Shimoyama. 2008. "UV-Reflecting and Absorbing Body Regions in Gentoo and King Penguins: Can They Really be Used by the Penguins as Signals for Conspecific Recognition?" *Polar Biology* 31:557–60.

Nimon, A. J., R. C. Schroter, and R. K. C. Oxenham. 1996. "Artificial Eggs: Measuring Heart Rate and Effects of Disturbance in Nesting Penguins." *Physiology and Behavior* 60:1019–22.

Otley, H. M., A. P. Clausen, D. J. Christe, and K. Pütz. 2005. "Aspects of the Breeding Biology of the Gentoo Penguin Pygoscelis papua at Volunteer Beach, Falkland Islands, 2001/01." *Marine Ornithology* 33:167–71.

Peterson, S. L., G. M. Branch, D. G. Ainley, P. D. Boersma, J. Cooper, and E. Woehler, 2005. "Is Flipper Banding of Penguins a Problem?" *Marine Ornithology* 33:75–79.

Polito, M. J. and W. Z. Trivelpiece. 2008. "Transition to Independence and Evidence of Extended Parental Care in the Gentoo Penguin (*Pygoscelis papua*)." *Marine Biology* 154:231–40.

Pütz, K., J. Ingham, J. G. Smith, and J. P. Croxall. 2001. "Population Trends, Breeding Success and Diet Composition of Gentoo Pygoscelis papua, Magellanic Spheniscus magellanicus and Rockhopper Eudyptes chrysocome Penguins in the Falkland Islands." *Polar Biology* 24:793–807.

Quintana, R. D. and V. Cirelli. 2000. 'Breeding Dynamics of a Gentoo Penguin Pygoscelis papua Population at Cierva Point, Antarctic Peninsula." *Marine Ornithology* 28:29–35.

Reid, K. 1995. "Oiled Penguins Observed at Bird Island, South Georgia." *Marine Ornithology* 23:53–57.

Reilly, P. N., and J. A. Kerle. 1981. "A Study of the Gentoo Penguin Pygoscelis papua." *Notornis* 28: 189–202.

Renner, M., J. Valencia, L. S. Davis, D. Saez, and O. Cifuentes. 1998. "Sexing of Adult Gentoo Penguins in Antarctica Using Morpohmetrics." *Colonial Waterbirds* 21:444–49.

Stonehouse, B. 1970. "Geographic Variation in Gentoo Penguins." *Ibis* 112:52–57.

Takahashi, A., N. Kokubun, Y. Mori, and H. C. Shin. 2008. "Krill-Feeding Behaviour of Gentoo Penguins as Shown by Animal-Borne Camera Loggers." *Polar Biology* 31:1291–94.

Tanton, J. L., K. Reid, J. P. Croxall, and P. N. Trathan. 2004. "Winter Distribution and Behavior of Gentoo Penguins Pygoscelis papua at South Georgia." *Polar Biology* 27:299–303.

Trivelpiece, W. Z., J. L. Bengtson, S. G. Trivelpiece, N. J. Volkman. 1986. "Foraging Behavior of Gentoo and Chinstrap Penguins as Determined by New Radiotelemetry Techniques." *The Auk* 103:777–81.

Williams, T. D. 1995. In *The Penguins*, 160–69. New York: Oxford University Press.

Wilson, R. P. 1989. "Diving Depths of Gentoo Pygoscelis papua and Adélie P.adeliae Penguins at Esperanza Bay, Antarctic Peninsula." *An International Journal of Marine Ornithology* 17:1–8.

Wilson, R. P., B. Alvarrez, L. Latorre, D. Adelung, B. Culik, and R. Bannasch. 1998. "The Movements of Gentoo Penguins Pygoscelis papua from Ardley Island, Antarctica." *Polar Biology* 19:407–13.

Glossary

"About IUCN." IUCN. International Union for Conservation of Nature, July 30, 2010. Accessed 16 November 2010. http://www.iucnredlist.org.

———. IUCN Red List of Threatened Species. International Union for Conservation of Nature, October, 2010. Accessed 16 November 2010. http://www.iucnredlist.org.

McGlone, J. J. 1986. "Agonistic Behavior in Food Animals: Review of Research and Technique." *Journal of Animal Science* 62:1130–39.

Humboldt

Araya, B. 1988. "Status of the Humboldt Penguin in Chile following the 1982–83 El Niño." *Spheniscus Penguin Newsletter* 1:8–10.

BirdLife International 2011. IUCN Red List for birds. Accessed 2 February 2011. http://www.birdlife.org.

Boersma, D. "Humboldt Penguin." The Penguin Project. Penguin Sentinels. Accessed 28 Oct 2010. http://mesh.biology.washington.edu.

Bunting, E. M., N. A. Madi, S. Cox, T. Martin-Jimenez, H. Fox, and G. V. Kollias. 2009. "Evaluation of Oral Itraconazole Administration in Captive Humboldt Penguins (*Spheniscus humboldti*)." *Journal of Zoo and Wildlife Medicine* 40:508–18.

Cooper, J., A. J. Williams, and P. L. Britton. 1984. "Distribution, Population Sizes and Conservation of Breeding Seabirds in the Afrotropical Region." *In Status and Conservation of the World's Seabirds*, edited by J. P, Croxall, P. G. H. Evans, and R. W. Schreiber, 403–19. Cambridge: ICBP.

Costantini, V., A. C. Guaricci, P. Laricchiuta, F. Rausa, and G. M. Lacalandra. 2008. "DNA Sexing in Humboldt Penguins (*Spheniscus humboldti*) from Feather Samples." *Animal Reproduction Science* 106:162–67.

Culik, B. M., and G. Luna-Jorquera. 1997a. "Satellite Tracking of Humboldt Penguins (*Spheniscus humboldti*) in Northern Chile." *Marine Biology* 128:547–56.

———. 1997b. "The Humboldt Penguin Spheniscus humboldti: a Migratory Bird?" *Journal für Ornithologie* 138:325–30.

Culik, B. M., J. Hennicke, and T. Martin. 2000. "Humboldt Penguins Outmaneuvering El Niño." *The Journal of Experimental Biology* 203:2311–22.

Ellenberg, U., T. Mattern, P. J. Seddon, G. L. Jorquera. 2006. "Physiological and Reproductive Consequences of Human Disturbance in Humboldt Penguins: The Need for Species-Specific Visitor Management." *Biological Conservation* 133:95–106.

Hall, H. D. (Director) 2008. Endangered and Threatened Wildlife and Plants; 12-Month Finding on a Petition to List Five Penguin Species Under the Endangered Species Act, and Proposed Rule To List the Five Penguin Species. Arlington, Virginia.

Herling, C., B. M. Culik, and J. C. Henniche. 2005. "Diet of the Humboldt Penguin (*Spheniscus humboldti*) in Northern and Southern Chile." *Marine Biology* 147:13–25.

Jouventin, P., C. Couchoux, and F. S. Dobson. 2009. "UV Signals in Penguins." *Polar Biology* 31:513–414.

Luna-Jorquera, G. and B. M. Culik. 1999. "Diving Behaviour of Humboldt Penguins Spheniscus humboldti in Northern Chile." *Marine Ornithology* 27:67–76.

Luna-Jorquera, G., B. M. Culik, and R. Aguilar. 1996. "Capturing Humboldt Penguins Spheniscus humboldti with the Use of an Anaesthetic." *Marine Ornithology* 24:47–50.

Mattern, T., U. Ellenburg, G. Luna-Jorquera, and L. S. Davis. 2004. "Humboldt Penguin Census on Isla Chañaral Chile: Recent Increase or Past Underestimate of Penguin Numbers?" *Waterbirds* 27:368–76.

Paredes, R. and C. B. Zavalaga. 2001. "Nesting Sites and Nest Types as Important Factors for the Conservation of Humboldt Penguins (*Spheniscus humboldti*)." *Biological Conservation* 100:199–205.

Paredes, R., C. B. Zavalaga, and D. J. Boness. 2002. "Patterns of Egg Laying and Breeding Success in Humboldt Penguins (*Spheniscus humboldti*) at Punta San Juan, Peru." *The Auk* 119:244–50.

Paredes, R., C. B. Zavalaga, G. Battistini, P. Majluf, and P. McGill. 2003. "Status of the Humboldt Penguin in Peru, 1999–2000." *Waterbirds* 26:126–38.

Schlosser, J. A., J. M. Dubach, T. W. J. Garner, B. Araya, M. Bernal, A. Simeone, K. A. Smith, and R. S. Wallace. 2009. "Evidence for Gene Flow Differs from Observed Dispersal Patterns in Humboldt Penguin, Spheniscus humboldti." *Conservation Genetics* 10:839–49.

Scholten, C. J. 1999. "Iris Colour of Humboldt Penguins Spheniscus humboldti." *Marine Ornithology* 27:187–94.

Schwartz, M. K., D. J. Boness, C. M. Schaeff, P. Majluf, E. A. Perry, and R. C. Fleischer. 1999. "Female-Solicited Extra-Pair Matings in Humboldt Penguins Fail to Produce Extrapair Fertilizations." *Behavioral Ecology* 10:242–50.

Skewgar, E., A. Simeone, and P. D. Boersma. 2009. "Marine Reserve in Chile would Benefit Penguins and Ecotourism." *Ocean and Coastal Management* 52:487–91.

Simeone, A., B. Araya, M. Bernal, E. N. Biebold, K. Grzybowski, M. Michaels, H. A. Teare, R. S. Wallace, and M. J. Willis. 2002. "Oceanographic and Climatic Factors Influencing Breeding and Colony Attendance Patterns of Humboldt Penguins Spheniscus humboldti in Central Chile." *Marine Ecology Progress Series* 227:43–50.

Simeone, A., G. Luna-Jorquera, and R. P. Wilson. 2004. "Seasonal Variations in the Behavioural Thermoregulation of Roosting Humboldt Penguins (*Spheniscus humboldti*) in North-Central Chile." *Journal of Ornithology* 145:35–40.

Simeone, A., L. Hiriart-Bertrand, R. Reyes-Arriagada, M. Halpern, J. Dubach, R. Wallace, K. Pütz, and B. Lüthi. 2009. "Heterospecific Pairing and Hybridization between Wild Humboldt and Magellanic Penguins in Southern Chile." *The Condor* 111:544–550.

Smith, K. M., W. B. Karesh, P. Majluf, R. Paredes, C. Zavalaga, A. H. Reul, M. Stetter, W. E. Braselton, H. Puche, and R. A. Cook. 2008. "Health Evaluation of Free-Ranging Humboldt Penguins (*Spheniscus humboldti*) in Peru." *Avian Diseases* 52:130–35.

Taylor, S. S. and M. L. Leonard. 2001. "Foraging Trip Duration Increases for Humboldt Penguins Tagged with Recording Devices." *Journal of Avian Biology* 32:369–71.

Taylor, S. S., M. L. Leonard, and D. J. Boness. 2001. "Aggressive Nest Intrusions by Male Humboldt Penguins." *The Condor* 103:162–65.

Taylor, S. S., M. L. Leonard, D. J. Boness, and P. Majluf. 2002. "Foraging by Humboldt Penguins (*Spheniscus humboldti*) during the Chick-Rearing Period: General Patterns, Sex Differences, and Recommendations to Reduce Incidental Catches in Fishing Nets." *Canadian Journal of Zoology* 80:700–7.

———. 2004. "Humboldt Penguins Spheniscus humboldti Change Their Foraging Behaviour Following Breeding Failure." *Marine Ornithology* 32:63–67.

Teare, J. A., E. N. Diebold, K. Grzybowski, M. G. Michaels, R. S. Wallace, and M. J. Willis. 1998. "Nest Site Fidelity in Humboldt Penguins (*Spheniscus humboldti*) at Algarrobo, Chile." *Penguin Conservation* 11:22–23.

UNEP &WCMC. 2003. "Report on the Status and Conservation of the Humboldt Penguin." *UNEP World Conservation Monitoring Centre* 1:1–13.

Van Buren, A. N. and P. D. Boersma. 2007. "Humboldt Penguins (*Spheniscus humboldti*) in the Northern Hemisphere." *The Wilson Journal of Ornithology* 119:284–88.

Villouta, G., R. Hargreaves, and V. Rtveros. 1997. "Haematological and Clinical Biochemistry Findings in Captive Humboldt Penguins (*Spheniscus humboldti*)." *Avian Pathology* 26:851–58.

Wallace, R. S., J. Dubach, M. G. Michaels, N. S. Keuler, E. D. Diebold, K. Grzybowski, J. A. Teare, and M. J. Willis. 2008. "Morphometric Determination of Gender in Adult Humboldt Penguins (*Spheniscus humboldti*)." *Waterbirds* 31:448–53.

Weichler, T., S. Garthe, G. Luna-Jorquera, and J. Moraga. 2004. "Seabird Distribution on the Humboldt Current in Northern Chile in Relation to Hydrography, Productivity, and Fisheries." *Journal of Marine Science* 61:148–54.

Williams, T. D. 1995. In *The Penguins*, 245–49. New York: Oxford University Press.

Zavalaga, C. B. and R. Paredes. 1997. "Sex Determination of Adult Humboldt Penguins Using Morphometric Characters." *Journal of Field Ornithology* 68:102–12.

King

Bried, J., F. Jiguet, and P. Jouventin. 1999. "Why do Aptenodytes Penguins have High Divorce Rate?" *The Auk* 116:504–12.

Brodin, A., O. Olsson, and C. W. Clark. 1998. "Modeling the Breeding Cycle of Long-lived Birds: Why Do King Penguins Try to Breed Late?" *The Auk* 115:767–71.

Cherel, Y., J. C. Stahl, Y. Le Maho. 1987. "Ecology and Physiology of King Penguin Chicks." *The Auk* 104:254–62.

Cherel, Y., K. A. Hobson, F. Bailleul, and R. Groscolas. 2005. "Nutrition, Physiology, and Stable Isotopes: New Information from Fasting and Molting Penguins." *Ecology* 86:2881–88.

Cherel, Y. and Y. Le Maho. 1985. "Five Months of Fasting in King Penguin Chicks: Body Mass Loss and Fuel Metabolism." *American Journal of Physiology* 249:387–92.

Corbel, H., F. Morlon, S. Geiger, R. Groscolas. 2009. "State-Dependent Decisions during the Fledging Process of King Penguin Chicks." *Animal Behavior* 78:829–38.

Côté, S. 2000. "Aggressiveness in King Penguins in Relation to Reproductive Status and Territory Location." *Animal Behaviour* 59:813–21.

Croxall, J. P. 1982. "Energy Costs of Incubation and Moult in Petrels and Penguins." *Journal of Animal Ecology* 51:177–94.

Culik, B. M., K. Pütz, R. P. Wilson, D. Allers, J. Lage, C. A. Bost, and Y. L. Maho. 1996. "Diving Energetics in King Penguins (*Aptenodytes patagonicus*)." *The Journal of Experimental Biology* 199:973–83.

Delord, K., C. Barbraud, and H. Weimerskirch. 2004. "Long-Term Trends in the Population Size of King Penguins at Crozet Archipelago: Environmental Variability and Density Dependence?" *Polar Biol.* 27:793–800.

Descamps, S., C. Le Bohec, Y. Le Maho, J. P. Gendner, and M. Gauthier-Clerc. 2009. "Relating Demographic Performance to Breeding-Site Location in the King Penguin." *The Condor* 111:81–87.

Descamps, S., M. Gauthier-Clerc, J. P. Gendner, and Y. Le Maho. 2002. "The Annual Breeding Cycle of Unbanded King Penguins Aptenodytes patagonicus on Possession Island (Crozet)." *Avian Science* 2:87–98.

Dobson, S. F., P. M. Nolan, M. Nicolaus, C. Bajzak, A. S. Coquel, and P. Jouventin. 2008. "Comparison of Color and Body Condition Between Early and Late Breeding King Penguins." *Ethology* 114:925–33.

Froget, G., P. J. Butler, A. J. Woakes, A. Fahlman, G. Kuntz, Y. Le Maho, and Y. Handrich. 2004. "Heart Rate and Energetics of Free-Ranging King Penguins (*Aptenodytes patagonicus*)." *Journal of Experimental Biology* 207:3917–26.

Gauthier-Clerc, M., Y. Le Maho, J. P. Gendner, J. Durant, and Y. Handrich. 2001. "State-Dependent Decisions in Long-Term Fasting King Penguins, Aptenodytes patagonicus, During Courtship and Incubation." *Animal Behaviour* 62:661–669.

Halsey, L. G., C. R. White, A. Fahlman, Y. Handrich, and P. J. Butler. 2007. "Onshore Energetic in Penguins: Theory, Estimation and Ecological Implications." *Comparative Biochemistry and Physiology* 147:1009–14.

Jouventin, P., D. Capdeville, F. Cuenot-Chillet, and C. Boiteau. 1994. "Exploitation of Pelagic Resources by a Non-Flying Seabird: Satellite Tracking of the King Penguin Throughout the Breeding Cycle." *Marine Ecology Progress Series* 106:11–19.

Kooyman, G. L., Y. Cherel, Y. Le Maho, J. P. Croxall, P. H. Thorson, V. Ridoux, and C. A. Kooyman. 1992. "Diving Behavior and Energetics During Foraging Cycles in King Penguins." *Ecological Monographs* 62:143–63.

Le Bohec, C., M. Gauthier-Clerc, and Y. Le Maho. 2005. "The Adaptive Significance of Crèches in the King Penguin." *Animal Behaviour* 70:527–38.

Marion, R. 1999. In *Penguins: A Worldwide Guide*, 32–37. New York, New York: Sterling Publishing Company.

Moore, G. J., B. Wienecke, and G. Robertson. 1999. "Seasonal Change in Foraging Areas and Dive Depths of Breeding King Penguins at Heard Island." *Polar Biology* 21:376–84.

Olsson, O. 1996. "Seasonal Effects of Timing and Reproduction in the King Penguin: A Unique Breeding Cycle." *Journal of Avain Biology* 27:7–14.

———. 1998. "Divorce in King Penguins: Asynchrony, Expensive Fat Storing and Ideal Free Mate Choice." *OIKOS* 83:574–81.

Olsson, O. and A. Brodin. 1997. "Changes in King Penguin Breeding Cycle in Response to Food Availability." *The Condor* 99:994–97.

Olsson, O. and A. W. North. 1997. "Diet of King Penguins Aptenodytes patagonicus during Three Summers at South Georgia." *Ibis* 139:504–12.

Olsson, O. and H. P. van der Jeugd. 2002. "Survival in King Penguins Aptenodytes patagonicus: Temporal and Sex-Specific Effects of Environmental Variability." *Oecologia* 132:509–26.

Olsson, O., J. Bonnedehl, and P. Anker-Nilssen. 2001. "Mate Switching and Copulation Behavior in King Penguins." *Journal of Avian Biology* 32:139–45.

Punt, S. and D. Boersma. "King Penguin." The Penguin Project. Penguin Sentinels. Accessed 28 Oct 2010. http://mesh.biology.washington.edu.

Pütz, K. 2002. "Spatial and Temporal Variability in the Foraging Areas of Breeding King Penguins." *The Condor* 104:528–38.

Pütz, K. and C. A. Bost. 1994. "Feeding Behaviour of Free-Ranging King Penguins Aptenodytes patagonicus." *Ecology* 75:489–97.

Stonehouse, B. 1956. "The King Penguin of South Georgia." *Nature* 178:1424–26.

———. 1960. "The King Penguin Aptenodytes patagonicus of South Georgia I. Breeding Behaviour and Development." *Scientific Report of the Falkland Islands Dependencies Survey* 23:1–81.

Surai, P. F., B. K. Speake, F. Decrock, and R. Groscolas. 2001. "Transfer of Vitamins E and A from Yolk to Embryo during Development of the King Penguin (*Aptenodytes patagonicus*)." *Physiological and Biochemical Zoology* 74:928–36.

Van Der Hoff, J., R. J. Kirkwood, and P. B. Copley. 1993. "Aspects of the Breeding Cycle of King Penguins Aptenodytes patagonicus at Heard Island." *Marine Ornithology* 21:49–55.

Weimerskirch, H., J. C. Stahl, P. Jouventin. 1992. "The Breeding Biology and Population Dynamics of King Penguins Aptenodytes patagonicus on the Crozet Islands." *Ibis* 134:107–17.

Williams, T. D. 1995. In *The Penguins*, 143–52. New York: Oxford University Press.

Little

Arnould, J. P. Y., P. Dann, and J. M. Cullen. 2004. "Determining the Sex of Little Penguins (*Eudyptula minor*) in Northern Bass Strait Using Morphometric Measurements." *Emu* 104:261–65.

Banks, J. C., A. D. Mitchell, J. R. Waas, and A. M. Paterson. 2002. "An Unexpected Pattern of Molecular Divergence within the Blue Penguin (*Eudyptula minor*) Complex." *Notornis* 49:29–38.

Banks, J. C., R. H. Cruickshank, G. M. Srayton, and A. M. Paterson. 2008. "Few Genetic Differences Between Victorian and Western Australian Blue Penguins, Eudyptula minor." *New Zealand Journal of Zoology* 25:265–70.

Bethge, P., S. Nicol, B. M. Culik, R. P. Wilson. 1997. *Journal of Zoology London* 242:483–502.

Billing, T. M., P. J. Guay, A. J. Peucker, and R. A. Mulder. 2007. "Isolation and Characterization of Polymorphic Microsatellite Loci for the Study of Paternity and Population Structure in the Little Penguin Eudyptula minor." *Molecular Ecology Notes* 7:425–27.

Boggs, D. F., R. V. Baudinette, P. B. Frappell, and P. J. Butler. 2001. "The Influence of Locomotion on Air-Sac Pressures in Little Penguins." *The Journal of Experimental Biology* 204:3581–86.

Bull, L. 2000. "Fidelity and Breeding Success of the Blue Penguin Eudyptula minor on Matiu-Somes Island, Wellington, New Zealand." *New Zealand Journal of Zoology* 27:291–98.

Chiaradia, A. F. and K. R. Kerry. 1999. "Daily Nest Attendance and Breeding Performance in the Little Penguin Eudyptula minor at Phillip Island, Australia." *Marine Ornithology* 27:13–20.

Chiaradia, A., J. McBride, T. Murray, and P. Dann. 2007. "Effect of Fog on the Arrival Time of Little Penguins Eudyptula minor: a Clue for Visual Orientation?" *Journal of Ornithology* 148:229–33.

Chiaradia, A. F., Y. Ropert-Coudert, A. Kato, T. Mattern, and J. Yorke. 2007. "Diving Behaviour of Little Penguins from Four Colonies across Their Whole Distribution Range: Bathymetry Affecting Diving Effort and Fledging Success." *Marine Biology* 151:1535–42.

Choong, B., G. Allinson, S. Salzman, R. Overeem. 2007. "Trace Metal Concentrations in the Little Penguin (*Eudyptula minor*) from Southern Victoria, Australia." *Bulletin of Environmental Contamination and Toxicology.* 78:48–52.

Collins, M., J. M. Cullen, and P. Dann. 1999. "Seasonal and Annual Foraging Movements of Little Penguins from Phillip Island, Victoria." *Wildlife Research* 26:705–21.

Croxall, J. P. 1982. "Energy Costs of Incubation and Moult in Petrels and Penguins." *Journal of Animal Ecology* 51:177–94.

Cullen, J. M., L. E. Chambers, P. C. Coutin, and P. Dann. 2009. "Predicting Onset and Success of Breeding in Little Penguins Eudyptula minor from Ocean Temperatures." *Marine Ecology Progress Series* 378:269–78.

Daniel, T. A., A. Chiaradia, M. Logan, G. P. Quinn, and R. D. Reina. 2007. "Synchronized Group Association in Little Penguins, Eudyptula minor." *Animal Behaviour* 74:1241–48.

Dann, P. 1988. "An Experimental Manipulation of Clutch Size in the Little Penguin Eudyptula minor." *Emu* 88:101–3.

———. 1994. "The Abundance, Breeding Distribution, and Nest Sites of Blue Penguins in Otago, New Zealand." *Notornis* 41:157–66.

Dann, P. and F. I. Norman. 2006. "Population Regulation in Little Penguins (*Eudyptula minor*): The Role of Intraspecific Competition for Nesting Sites and Food during Breeding." *Emu* 106:289–96.

Dann, P., I. Norman, and P. Reily. 1995. In *The Penguins: Ecology and Management*, 39–55. NSW, Australia: Surrey Beatty & Sons Pty Limited.

Dann, P., M. Carron, B. Chambers, L. Chambers, T. Dornom, A. McLaughlin, B. Sharp, M. E. Talmage, R. Thoday, and S. Unthank. 2005. "Longevity in Little Penguins." *Marine Ornithology* 33:71–72.

Department of Environment and Climate Change. 2007. *Status of the Endangered Population of Little Penguins, Eudyptula minor at Manly.* Government of New South Wales, Australia. 1–21.

Gales, R. 1985. "Breeding Seasons and Double Brooding of the Little Penguin Eudyptula minor in New Zealand." *Emu* 85:127–130.

Gales, R. and B. Green. 1990. "The Annual Energetics Cycle of Little Penguins (*Eudyptula minor*)." Ecology 71:2297–2312.

Grabski, V. and D. Boersma. "Little Penguin." The Penguin Project. Penguin Sentinels. Accessed 28 Oct 2010. http://mesh.biology.washington.edu.

Green, J. A., P. B. Frappel, T. D. Clark, and P. J. Butler. 2006. "Physiological Response to Feeding in Little Penguins." *Physiological and Biochemical Zoology* 79:1088–97.

———. 2008. "Predicting Rate of Oxygen Consumption from Heart Rate while Little Penguins Work, Rest and Play." *Comparative Biochemistry and Physiology* 150:222–30.

Heber, S., K. J. Wilson, and L. Molles. 2008. "Breeding Biology and Breeding Success of the Blue Penguin (*Eudyptula minor*) on the West Coast of New Zealand's South Island." *New Zealand Journal of Zoology* 35:63–71.

Hocken, A. G. 2000a. "Cause of Death on Blue Penguins (*Eudyptula m. minor*) in North Otago, New Zealand." *New Zealand Journal of Zoology* 27:305–9.

———. 2000b. "Internal Organ Weights of the Blue Penguin Eudyptula minor." *New Zealand Journal of Zoology* 27:299–304.

Hocken, A. G. and J. J. Russell. 2002. "A Method for Determination of Gender from Bill Measurements in Otago Blue Penguins (*Eudyptula minor*)." *New Zealand Journal of Zoology* 29:63–69.

Hoskins, A. J., P. Dann, Y. Ropert-Coudert, A. Kato, A. Chiaradia, D. P. Costa, and J. P. Y. Arnould. 2008. "Foraging Behaviour and Habitat Selection of the Little Penguin Eudyptula minor during Early Chick Rearing in Bass Strait, Australia." *Marine Ecology Progress Series* 366:293–303.

Hull, C. L., M. A. Hindell, R. P. Gales, R. A. Meggs, D. I. Moyle, and N. P. Brothers. 1998. "The Efficacy of Translocating Little Penguins Eudyptula minor during an Oil Spill." *Biological Conservation* 86:393–400.

Kato, A., Y. Ropert-Coudert, and A. Chiaradia. 2008. "Regulation of Trip Duration by an Inshore Forager, the Little Penguin (*Eudyptula minor*), during Incubation." *The Auk* 125:588–93.

Kemp, A. and P. Dann. 2001. "Egg Size, Incubation Periods and Hatching Success of Little Penguins Eudyptula minor." *Emu* 101:249–53.

Miyazaki, M. and J. R. Waas. 2003. "Acoustic Properties of Male Advertisement and Their Impact on Female Responsiveness in Little Penguins Eudyptula minor." *Journal of Avian Biology* 34:229–32.

Morgan, I. R., H. A. Westbury, and J. Campbell. 1985. "Viral Infections of Little Blue Penguins (*Eudyptula minor*) Along the Southern Coast of Australia." *Journal of Wildlife Diseases* 21:193–98.

Nisbet, I. C. T. and P. Dann. 2009. "Reproductive Performance of Little Penguins Eudptula minor in Relation to Year, Age, Pair-Bond Duration, Breeding Date and Individual Quality." *Journal of Avian Biology* 40:296–308.

Numata, M., L. S. Davis, and M. Renner. 2000. "Prolonged Foraging Trips and Egg Desertion in Little Penguins (*Eudyptula minor*)." *New Zealand Journal of Zoology* 27:277–89.

———. 2004. "Growth and Survival of Chicks in Relation to Best Attendance Patterns of Little Penguins (*Eudyptula minor*) at Oamaru and Motuara Island, New Zealand." *New Zealand Journal of Zoology* 31:263–69.

Overseem, R. L., A. J. Peucker, C. M. Austin, P. Dann, and C. P. Burridge. 2008. "Contrasting Genetic Structuring between Colonies of the World's Smallest Penguin, *Eudyptula minor* (*Aves: Spheniscidae*)." *Conservation Genetics* 9:893–905.

Perriman, L., D. Houston, H. Steen, and E. Johannesen. 2000. "Climate Fluctuation Effects on the Breeding of Blue Penguins (*Eudyptula minor*)." *New Zealand Journal of Zoology* 27:261–67.

Perriman, L. and H. Steen. 2000. "Blue Penguin (*Eudyptula minor*) Nest Distribution and Breeding Success on Otago Peninsula, 1992 to 1998." *New Zealand Journal of Zoology* 27:269–275.

Peucker, A. J., P. Dann, and C. P. Burridge. 2009. "Range-Wide Phylogeography of the Little Penguin (*Eudyptula minor*): Evidence of Long-Distance Dispersal." *The Auk* 126:397–408.

Preston, T. J., Y. Roper-Coudert, A. Kato, A. Chiaradia, R. Kirkwood, P. Dann, and R. D. Reina. 2008. "Foraging Behaviour of Little Penguins Eudyptula minor in an Artificially Modified Environment." *Endangered Species Research* 4:95–103.

Reilly, P. N. and J. M. Cullen. 1981. "The Little Penguin Eudyptula minor in Victoria, II: Breeding." *Emu* 81:1–19.

Rogers, T. and C. Knight. 2006. "Burrow and Mate Fidelity in the Little Penguin Eudyptula minor at Lion Island, New South Wales, Australia." *Ibis* 148:801–806.

Ropert-Coudert, Y., A. Chiaradia, and A. Kato. 2006. "An Exceptionally Deep Dive by a Little Penguin Eudyptula minor." *Marine Ornithology* 34:71–74.

Sidhu, L. A., E. A. Catchpole, and P. Dann. 2007. "Mark-Recapture-Recovery Modeling and Age-Related Survival in Little Penguins (*Eudyptula minor*)." The Auk 124:815–827.

Stevenson, C. and E. J. Woehler. 2007. "Population Decrease in Little Penguins Eudyptula minor in Southeastern Tasmania, Australia, Over the Past 45 years." Marine Ornithology 35:71–76.

VGDSE (Victorian Government Department of Sustainability and Environment). 2009. "Baywide Little Penguin Monitoring Program: Quarterly Report(Jan–Mar 2009)." Victoria Island: VGDSE.

Watanuki, Y., S. Wanless, M. Harris, J. R. Lovvorn, M. Miyazaki, H. Tanaka, and K. Sato. 2006. *The Journal of Experimental Biology* 209:1217–1230.

Williams, T. D. 1995. In *The Penguins*, 230–238. New York: Oxford University Press.

Macaroni

Bernstein, N. P. and P. C.Tirrell. 1981. "New Southerly Record for the Macaroni Penguin (*Eudyptes chrysolophus*) on the Antarctic Peninsula." *The Auk* 98:398–99.

Boersma, D. "Macaroni Penguin." The Penguin Project. Penguin Sentinels. Accessed 28 Oct 2010. http://mesh.biology.washington.edu.

Bost, C. A., J. B. Thiebot, D. Pinaud, Y. Cherel, and P. N. Trathan. 2009. "Where do Penguins go during the Inter-Breeding Period? Using Geolocation to Track the Winter Dispersion of the Macaroni Penguin." *Biology Letters* 5:473–76.

Brown, C. R. 1987. "Traveling Speed and Foraging Range of Macaroni and Rockhopper Penguins at Marion Island." *Journal of Field Ornithology* 58:118–25.

Cherel, Y. and K. A. Hobson. 2007. "Geographical Variation in Carbon Stable Isotope Signatures of Marine Predators: A Tool to Investigate their Foraging Areas in the Southern Ocean." *Marine Ecology Progress Series* 329:281–87.

Cherel, Y., K. A. Hobson, C. Guinet, and C. Vanpe. 2007. "Stable Isotopes Document Seasonal Changes in Trophic Niches and Winter Foraging Individual Specialization in Diving Predators from the Southern Ocean." *Journal of Animal Ecology* 76:826–36.

Clark, B. D. and W. Bemis. 1979. "Kinematics of Swimming Penguins at the Detroit Zoo." *Journal of Zoology London* 188:411–28.

Cresswell, K. A., J. Wiedenmann, and M. Mangel. 2008. "Can Macaroni Penguins Keep up with Climate- and Fishing-Induced Changes in Krill?" *Polar Biology* 31:641–49.

Croxall, J. P. 1982. "Energy Costs of Incubation and Moult in Petrels and Penguins." *Journal of Animal Ecology* 51:177–94.

Croxall, J. P., R. W. Davis, and M. J. O'Connell. 1988. "Diving Patterns in Relation to Diet of Gentoo and Macaroni at South Georgia." *The Condor* 90:157–67.

Davis, L. S. and M. Renner. 2003. Penguins. New Haven: Yale University Press.

Davis, R. W., J. P. Croxall, and M. J. O'Connell. 1989. "The Reproductive Energetics of Gentoo (*Pygoscelis papua*) and Macaroni (*Eudyptes chrysolophus*) Penguins at South Georgia." *Journal of Animal Ecology* 58:59–74.

Dobson, S. F. and P. Jouventin. 2003. "Use of the Nest Site as a Rendezvous in Penguins." *Waterbirds* 26:409–15.

Green, J. A., C. R. White, and P. J. Butler. 2005. "Allometric Estimation of Metabolic Rate from Heart Rate in Penguins." *Comparative Biochemistry and Physiology* 142:478–484.

Green, J. A., P. J. Butler, A. J. Woakes, and I. L. Boyd. 2002. "Energy Requirements of Female Macaroni Penguins Breeding at South Georgia." *Functional Ecology* 16:671–81.

———. 2003. "Energetics of Diving Macaroni Penguins." *The Journal of Experimental Biology* 206:43–57.

Green, J. A., P. J. Butler, A. J. Woakes, and I. L. Boyd. 2004. "Energetics of the Moult Fast in Female Macaroni Penguins Eudyptes chrysolophus." *Journal of Avian Biology* 35:153–61.

Green, J. A., R. Williams, and M. G. Green. 1998. "Foraging Ecology and Diving Behaviour of Macaroni Penguins Eudyptes chrysolophus at Heard Island." *Marine Ornithology* 26:27–34.

Green, J. A., R. P. Wilson, I. L. Boyd, A. J. Woakes, C. J. Green, and P. J. Butler. 2009. "Tracking Macaroni Penguins during Long Foraging Trips Using 'Behavioural Geolocation'." *Polar Biology* 32:645–53.

Gwynn, A. M. 1953. "The Egg-Laying and Incubation Periods of Rockhopper, Macaroni and Gentoo Penguins." *Australian National Antarctic Research Expedition Report*, Ser. B 1:1–19.

Lynnes, A. S., K. Reid, and J. P. Croxall. 2004. "Diet and Reproductive Success of Adélie and Chinstrap Penguins: Linking Response of Predators to Prey Population Dynamics." *Polar Biology* 27:544–54.

Lynnes, A. S., K. Reid, J. P. Croxall, and P. N. Trathan. 2002. "Conflict or Co-Existence? Foraging Distribution and Competition for Prey Between Adélie and Chinstrap Penguins." *Marine Biology* 141:1165–74.

Oehler, D. A., S. Pelikan, W. R. Fry, L. Weakley Jr., A. Kusch, and M. Marin. 2008. "Status of Crested Penguin (*Eudyptes spp.*) Populations on Three Islands in Southern Chile." *The Wilson Journal of Ornithology* 120:575–81.

Ropert-Coudert, Y., A. Kato, R. P. Wilson, and M. Kurita. 2002. "Short Underwater Opening of the Beak Following Immersion in Seven Penguin Species." *The Condor* 104:444–48.

Sato, K., K. Shiomi, Y. Watanabe, Y. Watanuki, A. Takahashi, and P. J. Ponganis. 2010. "Scaling of Swim Speed and Stroke Frequency in Geometrically Similar Penguins: They Swim Optimally to Minimize Cost of Transport." *Proceeding of the Royal Society of Britain* 277:707–14.

Williams, A. J., W. R. Siegfried, A. E. Burger, and A. Berruti. 1977. "Body Composition and Energy Metabolism of Moulting Eudyptid Penguins." Comp. Biochem. *Physiol.* 56:27–30.

Williams, T. D. 1980. "Offspring Reduction in Macaroni and Rockhopper Penguins." *The Auk* 97:754–59.

———. 1989. "Aggression, Incubation Behavior and Egg-Loss in Macaroni Penguins, Eudyptes chrysolophus, at South Georgia." *Oikos* 55:19–22.

———. 1990. "Growth and Survival in Macaroni Penguin, Eudyptes chrysolophus, A- and B-Chicks: Do Females Maximise Investments in the Large B-Egg?" *Oikos* 59:349–54.

———. 1995. In The Penguins, 211–20. New York: Oxford University Press.

Williams, T. D. and S. Rodwell. 1992. "Annual Variation in Return Rate, Mate and Nest-Site Fidelity in Breeding Gentoo and Macaroni Penguins." *The Condor* 94:636–45.

Woehler, E. J. 1993. "The Distribution and Abundance of Antarctic and sub-Antarctic Penguins." Cambridge: Scientific Committee on Antarctic Research.

Wyk, J. C. P. 1995. "Unusually Coloured Penguins at Marion Island, 1993–1994." *Marine Ornithology* 23:58–60.

Magellanic

Akst, E. P., P. D. Boersma, and R. C. Fleischer. 2002. "A Comparison of Genetic Diversity between the Galápagos Penguin and the Magellanic Penguin." *Conservation Genetics* 3:375–83.

Bertellotti, M., J. L. Tella, J. A. Godoy, G. Blanco, M. G. Forero, J. A. Donázar, and O. Ceballos. 2002. "Determining Sex of Magellanic Penguins Using Molecular Procedures and Discriminant Functions." *Waterbirds* 25:479–84.

Boersma, D. "Magellanic Penguin." The Penguin Project. Penguin Sentinels. Accessed 28 Oct 2010. http://mesh.biology.washington.edu.

Boersma, P. D. 2008. "Penguins as Marine Sentinels." *Bioscience* 58:597–607.

Boersma, P. D., D. L. Stokes, and P. M. Yorio. 1990. "Reproductive Variability and Historical Change of Magellanic Penguins (*Spheniscus magellanicus*) at Punta Tombo, Argentina." In *Penguin Biology*, edited by L. S. Davis and J. T. Darby, 15–43. San Diego: Academic Press.

Boersma, P. D., G. A. Rebstock, and D. L. Stokes. 2004. "Why Penguin Eggshells are Thick." *The Auk* 121:148–55.

Boersma, P. D., G. A. Rebstock, E. Frere, and S. E. Moore. 2009. "Following the Fish: Penguins and Productivity in the South Atlantic." *Ecological Monographs* 79:59–76.

Borboroglu, P. G., P. D. Boersma, V. Ruoppolo, L. Reyes, G. A. Rebstock, K. Griot, S. R. Heredia, A. C. Adornes, and R. P. de Silva. 2006. "Chronic Oil Pollution Harms Magellanic Penguins in the Southwest Atlantic." *Marine Pollution Bulletin* 52:193–98.

Borboroglu, P. G., P. Yurio, P. D. Boersma, H.D. Valle, and M. Bertellotti. 2002. "Habitat Use and Breeding Distribution of Magellanic Penguins in Northern San Jorge Gulf, Patagonia, Argentina." *The Auk* 119:233–39.

Bouzat, J. L., B. G. Walker, and P. D. Boersma. 2009. "Regional Genetic Structure in the Magellanic Penguin (*Spheniscus magellanicus*) Suggests Metapopulation Dynamics." *The Auk* 126:326–34.

Clausen, A. P. and K. Pütz. 2002. "Recent Trends in Diet Composition and Productivity of Gentoo, Magellanic and Rockhopper Penguins in the Falkland Islands." Aquatic Conservation: *Marine and Freshwater Ecosystems* 12:51–61.

Fonseca, V. S. D. S., M. V. Petry, and A. H. Jost. 2001. "Diet of Magellanic Penguin on the Coast of Rio Grande do Sul, Brazil." *Waterbirds* 24:290–93.

Forero, M. G., J. L. Tella, K. A. Hobson, M. Bertellotti, and G. Blanco. 2002. "Conspecific Food Competition Explains Variability in Colony Size: A Test in Magellanic Penguins." *Ecology* 83:3466–75.

Fowler, G.s 1999. "Behavioral and Hormonal Responses of Magellanic Penguins (*Spheniscus magellanicus*) to Tourism and Nest Site Visitation." *Biological Conservation* 90:143–49.

Frere, E., P. Gandini, and P. D. Boersma. 1992. "Effects of Nest Type and Location on Reproductive Success of the Magellanic Penguin Spheniscus magellanicus." *Marine Ornithology* 20:1–6.

Green, J. A., I. L. Boyd, A. J. Woakes, C. J. Green, and P. J. Butler. 2005. "Do Seasonal Changes in Metabolic Rate Facilitate Changes in Diving Behaviour?" *The Journal of Experimental Biology* 208:2581–93.

Otley, H. M., A. P. Clausen, D. J. Christie, and K. Pütz. 2004. "Aspects of the Breeding Biology of the Magellanic Penguin in the Falkland Islands." *Waterbirds* 27:396–405.

Peters, G., R. P. Wilson, A. Scolaro, S. Laurenti, J. Upton, and H. Galleli. 1998. "The Diving Behavior of Magellanic Penguins at Punta Norte, Peninsula Valdés, Argentina." *Colonial Waterbirds* 21:1–10.

Pinto, M. B. L. C., S. Siciliano, A. P. M. Beneditto. 2007. "Stomach Contents of the Magellanic Penguin Spheniscus magellanicus from the Northern Distribution Limit on the Atlantic Coast of Brazil." *Marine Ornithology* 35:77–78.

Potti, J., J. Moreno, P. Yorio, V. Briones, P. G. Borboroglu, S. Villar, and C. Ballesteros. 2002. "Bacteria Divert Resources from Growth for Magellanic Penguin Chicks." *Ecology Letters* 5:709–14.

Pütz, K., A. Schiavini, A. R. Rey, B. H. Lüthi. 2007. "Winter Migration of Magellanic Penguins (*Spheniscus magellanicus*) From the Southernmost Distributional Range." *Marine Biology* 152:1227–35.

Radl, A. and B. M. Culik. 1999. "Foraging Behaviour and Reproductive Success in Magellanic Penguins (*Spheniscus magellanicus*): A Comparative Study of Two Colonies in Southern Chile." *Marine Biology* 133:381–93.

Rafferty, N. E., P. D. Boersma, and G. A. Rebstock. 2005. "Intraclutch Egg-Size Variation in Magellanic Penguins." *The Condor* 107:921–26.

Renison, D., P. D. Boersma, A. N. Van Buren, M. B. Martella. 2006. "Agonistic Behavior in Wild Male Magellanic Penguins: When and How do They Interact?" *Journal of Ethology* 24:189–93.

Renison, D., D. Boersma, and M. Martella. 2002. "Winning and Losing: Causes for Variability in Outcome of Fights in Male Magellanic Penguins (*Spheniscus magellanicus*)." *Behavioral Ecology* 13:462–66.

———. 2003. "Fighting in Female Magellanic Penguins: When, Why, and Who Wins?" *Wilson Bull* 115:58–63.

Scolaro, J. A. and A. M. Suburo. 1995. "Timing and Duration of Foraging Trips in Magellanic Penguins Spheniscus magellanicus." *Marine Ornithology* 23:231–35.

Scolaro, J. A., M. A. Hall, and I. M. Ximénez. 1983. "The Magellanic Penguin (*Spheniscus magellanicus*): Sexing Adults by Discriminant Analysis of Morphometric Characters." *The Auk* 100:221–24.

Simeone, A., L. Hiriart-Bertrand, R. Reyes-Arriagada, M. Halpern, J. Dubach, R. Wallace, K. Pütz, and B. Lüthi. 2009. "Heterospecific Pairing and Hybridization between Wild Humboldt and Magllanic Penguins in Southern Chile." *The Condor* 111:544–50.

Simeone, A. and R. P. Wilson. 2003. "In-Depth Studies of Magellanic Penguin (*Spheniscus magellanicus*) Foraging: Can We Estimate Prey Consumption by Perturbations in the Dive Profile?" *Marine Biology* 143:825–31.

Stokes, D. L. and P. D. Boersma. 1999. "Where Breeding Magellanic Penguins Spheniscus magellanicus Forage: Satellite Telemetry Results and Their Implications for Penguin Conservation." *Marine Ornithology* 27:59–65.

———. 2000. "Nesting Density and Reproductive Success in a Colonial Seabird, the Magellanic Penguin." *Ecology* 81:2878–91.

Takahashi, A., M. J. Dunn, P. N. Trathan, J. P. Croxall, R. P. Wilson, K. Sato, and Y. Naito. 2004. "Krill-Feeding Behavior in a Chinstrap Penguin (*Pygoscelis antarctica*) Compared with Fish-Eating in Magellani Penguins (*Spheniscus magellanicus*): A Pilot Study." *Marine Ornithology* 32:47–54.

Walker, B. G., J. C. Wingfield, and P. D. Boersma. 2005. "Age and Food Deprivation Affects Expression of the Glucocorticosteroid Stress Response in Magellanic Penguin (*Spheniscus magellanicus*) Chicks." *Physiological and Biochemical Zoology* 78:78–89.

Walker, B. G. and P. D. Boersma. 2003. "Diving Behavior of Magellanic Penguins (*Spheniscus magellanicus*) at Punta Tombo, Argentina." *Canadian Journal of Zoology* 81:1471–83.

Walker, B. G., P. D. Boersma, and J. C. Wingfield. 2004. "Physiological Condition in Magellanic Penguins: Does it Matter if you Have to Walk a Long Way to your Nest?" *The Condor* 106:696–701.

Walker, B. G., P. D. Boersma, and J. C. Wingfield. 2005a. "Field Endocrinology and Conservation Biology." *Integrative Comparative Biology* 45:12–18.

———. 2005b. "Physiological and Behavioral Differences in Magellanic Penguin Chicks in Undisturbed and Tourist-Visited Locations of a Colony." *Conservation Biology* 19:1571–77.

———. 2006. "Habituation of Adult Magellanic Penguins to Human Visitation as Expressed through Behavior and Corticosterone Secretion." *Conservation Biology* 20:146–54.

Williams, T. D. 1995. In *The Penguins*, 249–58. New York: Oxford University Press.

Wilson, R. P. 1996. "Foraging and Feeding Behaviour of a Fledgling Magellanic Penguin Spheniscus magellanicus." *Marine Ornithology* 24:55–56.

Wilson, R. P., J. A. Scolaro, D. Grémillet, M. A. M. Kierspel, S. Laurenti, J. Upton, H. Gallelli, F. Quintana, E. Frere, G. Müller, M. T. Straten, and I. Zimmer. 2005. "How Do Magellanic Penguins Cope with Variability in Their Access to Prey?" *Ecological Monographs* 75:379–401.

Wilson, R. P., J. A. Scolaro, F. Quintana, U. Siebert, M. thor Straten, K. Mills, I. Zimmer, N. Liebsch, A. Steinfurth, G. Spindler, and G. Müller. 2004. "To the Bottom of the Heart: Cloacal Movement as an Index of Cardiac Frequency, Respiration and Digestive Evacuation in Penguins." *Marine Biology* 144:813–27.

Wilson, R. P., J. M. Kreye, K. Lucke, and H. Urquhart. 2004. "Antennae on Transmitters on Penguins: Balancing Energy Budgets on the High Wire." *The Journal of Experimental Biology* 207:2649–62.

Wilson, R. P. and N. Liebsch. 2003. "Up-Beat Motion in Swinging Limbs: New Insight into Assessing Movement in Free-Living Aquatic Vertebrates." *Marine Biology* 142:537–47.

Wilson, R. P., S. Jackson, and M. T. Straten. 2007. "Rate of Food Consumption in Free-Living Magellanic Penguins Spheniscus magellanicus." *Marine Ornithology* 35:109–11.

Yorio, P., P. G. Borboroglu, J. Potti, and J. Moreno. 2001. "Breeding Biology of Magellanic Penguins Spheniscus magellanicus at Golfo San Jorge, Patagonia, Argentina." *Marine Ornithology* 29:75–79.

Penguin History and Research

Baker, A. J., S. L. Pereira, O. P. Haddrath, and K. A. Edge. 2006. "Multiple Gene Evidence for Expansion of Extant Penguins out of Antarctica Due to Global Cooling." *Proceedings of the Royal Society* 273:11–17.

Jenkins, R. J. F. 1974. "A New Giant Penguin From the Eoceme of Australia." *Paleontology* 17:291–310.

Lowe, P. R. 1939. "Some Additional Notes on Miocene Penguins in Relation to Their Origin and Systematic." *Ibis* 3:281–94.

O'Hara, R. J. 1989. "Systematics and the Study of Natural History with an Estimate of the Phylogeny of the Living Penguins (*Aves: Spheniscidae*)." PhD diss., Harvard University.

Simpson, G. G. 1976. *Penguins Past and Present, Here and There.* New Haven, Connecticut: Yale University Press.

Slack, K. E., C. M. Jones, T. Andos, G. L. Harrison, R. E. Fordyce, U. Arnason, and D. Penny. 2006. "Early Penguin Fossils, Plus Mitochondrial Genomes, Calibrate Avian Evolution." *Molecular Biology and Evolution* 26:1144–55.

Rockhopper

Birdlife International 2010. "Rockhopper Penguins: A Plan for Research and Conservation Action to Investigate and Address Population Changes." *Proceedings of an International Workshop, Edinburgh* 2008. 1–126.

Boersma, D. "Northern Rockhopper Penguin." The Penguin Project. Penguin Sentinels. Accessed 28 Oct 2010. http://mesh.biology.washington.edu.

———. "Southern Rockhopper." The Penguin Project. Penguin Sentinels. Accessed 28 Oct 2010. http://mesh.biology.washington.edu.

Brown, C. R. 1987. "Traveling Speed and Foraging Range of Macaroni and Rockhopper Penguins at Marion Island." *Journal of Field Ornithology* 58:118–25.

Clausen, A. P. and K. Putz. 2002. "Recent Trends in Diet Composition and Productivity of Gentoo, Magellanic and Rockhopper Penguins in the Falkland Islands." *Aquatic Conservation* 12:51–61.

Clausen, A. P. and N. Huin. 2003. "Status and Numerical Trends of King, Gentoo, and Rockhopper Penguins Breeding in the Falkland Islands." *Waterbirds* 26:389–402.

De Dinechin, M., G. Pincemy, and P. Jouventin. 2007. "A Northern Rockhopper Penguin Unveils Dispersion Pathways in the Southern Ocean." *Polar Biology* 31:112–15.

De Dinechin, M., R. Ottvall, P. Quillfeldt, and P. Jouventin. 2009. "Speciation Chronology of Rockhopper Penguins Inferred from Molecular, Geological and Palaeoceanographic Data." *Journal of Biogeography* 36:693–702.

Guinard, E., H. Weimerskirch, and P. Jouventin. 1998. "Population Changes and Demography of the Northern Rockhopper Penguin on Amsterdam and Saint Paul Islands." *Waterbirds* 21:222–28.

Huin, N. 2007. *Falkland Islands Penguin Census* 2005/2006. Falkland Islands, Falkland Conservation. 1–31.

Hull, C. L., M. Hindell, K. Le Mar, P. Scofield, J. Wilson, and M. A. Lea. 2004. "The Breeding Biology and Factors Affecting Reproductive Success in Rockhopper Penguins Eudyptes chrysocome at Macquarie Island." *Polar Biology* 27:711–20.

Jackson, A. L., S. Bearhop, and D. R. Thompson. 2005. "Shape Can Influence the Rate of Colony Fragmentation in Ground Nesting Seabirds." *Oikos* 111:473–78.

Jouventin, P., R. J. Cuthbert, and R. Ottvall. 2006. "Genetic Isolation and Divergence in Sexual Traits: Evidence for the Northern Rockhopper Penguin Eudyptes moseleyi Being a Sibling Species." *Molecular Ecology* 15:3413–23.

Kirkwood, R., K. Lawton, C. Moreno, J. Valencia, R. Schlatter, and G. Robertson. 2007. "Estimates of Southern Rockhopper and Macaroni Penguins Numbers at the Ildefonso and Diego Ramírez Archipelagos, Chile, Using Quadrat and Distance-Sampling Techniques." *Waterbirds* 30:259–67.

Lamey, T. C. 1993. "Territorial Aggression, Timing of Egg Loss, and Egg Size Differences in Rockhopper Penguins, Eudyptes c. chrysocome, on New Island, Falkland Islands." *Oikos* 66:293–97.

Liljesthröm, M., S. D. Emslie, D. Frierson, and A. Schiavini. 2008. "Avian Predation at a Southern Rockhopper Penguin colony on Staten Island, Argentina." *Polar Biology* 31:465–74.

Oehler, D. A., S. Pelikan, W. R. Fry, L. Weakley Jr., A. Kusch, and M. Marin. 2008. "Status of Crested Penguin (*Eudyptes spp.*) Populations on Three Islands in Southern Chile." *The Wilson Journal of Ornithology* 120:575–81.

Oehler, D. A., W. R. Fry, L. A. Weakley Jr., and M. Marin. 2007. "Rockhopper and Macaroni Penguin Colonies Absent from Isla Recalada, Chile." *The Wilson Journal of Ornithology* 119:502–6.

Poisbleau, M., L. Demongin, F. Angelier, S. Dano, A. Lacroix, and P. Quillfeldt. 2009. "What Ecological Factors Can Affect Albumen Corticosterone Levels in the Clutches of Seabirds? Timing of Breeding, Disturbance and Laying Order in Rockhopper Penguins (*Eudyptes chrysocome chrysocome*)." *General and Comparative Endocrinology* 162:139–45.

Poisbleau, M., L. Demongin, I. J. Strange, H. Otley, and P. Quillfeldt. 2008. "Aspects of the Breeding Biology of the Southern Rockhopper Penguin Eudyptes c. chrysocome and New Consideration on the Intrinsic Capacity of the A-Egg." *Polar Biology* 31:925–32.

Pütz, K., A. P. Clausen, N. Huin, and J. P. Croxall. 2003. "Re-evaluation of Historical Rockhopper Penguin Population Data in the Falkland Islands." *Waterbirds* 26:169–75.

Pütz, K., A. R. Rey, N. Huin, A. Schiavini, A. Pütz, and B. H. Lüthi. 2006. "Diving Characteristics of Southern Rockhopper Penguins (*Eudyptes c. chrysocome*) in the Southwest Atlantic." *Marine Biology* 149:125–37.

Pütz, K., A. R. Rey, A. Schiavini, A. P. Clausen, and B. H. Lüthi. 2006. "Winter Migration of Rockhopper Penguins (*Eudyptes c. chrysocome*) Breeding in the Southwest Atlantic: is Utilisation of Different Foraging Areas Reflected in Opposing Population Trends?" *Polar Biology* 29:735–44.

Rey, A. R. and A. Schiavini. 2005. "Inter-Annual Variation in the Diet of Female Southern Rockhopper Penguin (*Eudyptes chrysocome chrysocome*) at Tierra del Fuego." *Polar Biology* 28:132–41.

Rey, A. R., K. Pütz, G. Luna-Jorquera, B. Lüthi, and A. Schiavini. 2009. "Diving Patterns of Breeding Female Rockhopper Penguins (*Eudyptes chrysocome*): Noir Island, Chile." *Polar Biology* 32:561–68.

Schiavini, A., and R. A. Rey. 2004. "Long Days, Long Trips: Foraging Ecology of Female Rockhopper Penguins Eudyptes chrysocome chrysocome at Tierra del Fuego." *Marine Ecology Progress Series* 275: 251–262.

Searby, A. and P. Jouventin. 2005. "The Double Vocal Signature of Crested Penguins: is the Identity Coding System of Rockhopper Penguins Eudyptes chrysocome Due to Phylogeny or Ecology?" *Journal of Avian Biology* 36:449–60.

St. Clair, C. C. 1996. "Multiple Mechanisms of Reversed Hatching Asynchrony in Rockhopper Penguins." *Journal of Animal Ecology* 65:485–94.

Tremblay, Y. and Y. Cherel. 2000. "Benthic and Pelagic Dives: a New Foraging Behaviour in Rockhopper Penguins." *Marine Ecology Progress Series* 204:257–67.

Warham, J. 1963. "The Rockhopper Penguin, Eudyptes chrysocome, at Macquarie Island." *The Auk* 80:229–56.

Williams, T. D. 1995. In *The Penguins*, 185–94. New York: Oxford University Press.

Royal

Halsey, L. G., C. R. White, A. Fahlman, Y. Handrich, and P. J. Butler. 2007. "Onshore Energetic in Penguins: Theory, Estimation and Ecological Implications." *Comparative Biochemistry and Physiology* 147:1009–14.

Holmes, N. D. 2007. "Comparing King, Gentoo, and Royal Penguin Responses to Pedestrian Visitation." *The Journal of Wildlife Management* 71:2575–82.

Holmes, N. D., M. Giese, and L. K. Kriwoken. 2005. "Testing the Minimum Approach Distance Guidelines for Incubation Royal Penguins Eudyptes schlegeli." *Biological Conservation* 126:339–50.

Hull, C. L. 1997. "The Effect of Carrying Devices on Breeding Royal Penguins." *The Condor* 99:530–34.

———. 1999. "Comparison of the Diets of Breeding Royal (*Eudyptes schlegeli*) and Rockhopper (*Eudyptes chrysocome*) Penguins on Macquarie Island over Three Years."

———. 2000. "Comparative Diving Behaviour and Segregation of the Marine Habitat by Breeding Royal Penguins, Eudyptes schlegeli, and Eastern Rockhopper Penguins, Eudyptes chrysocome filholi, at Macquarie Island." *Canadian Journal of Zoology* 78:333–45.

Hull, C. L. and J. Wilson. 1996a. "The Effect of Investigators on the Breeding Success of Royal, Eudyptes schlegeli, and Rockhopper Penguins, E. chrysocome, at Macquarie Island." *Polar Biology* 16:335–37.

———. 1996b. "Location of Colonies in Royal Penguins Eudyptes schlegeli: Potential Costs and Consequences for Breeding Success." *Emu* 96:135–38.

Hull, C. L., J. Wilson, and K. Le Mar. 2001. "Moult in adult Royal Penguins, Eudyptes schlegeli." *Emu* 101:173–76.

Hull, C. L., M. A. Hindell, and K. Michael. 1997. "Foraging Zones of Royal Penguins during the Breeding Season, and Their Association with Oceanographic Features." *Marine Ecology Progress Series* 153:217–28.

Kooyman, G. L. 2002. "Evolutionary and Ecological Aspects of Some Antarctic and Sub-Antarctic Penguin Distributions." *Oecologia* 130:485–95.

Marchant, S. and P. J. Higgins. 1990. *Handbook of Australian, New Zealand and Antarctic Birds. Vol. 1.* Melbourne: Oxford University Press.

Shaughnessy, P. D. 1970. "Ontogeny of Haemoglobin in the Royal Penguin Eudyptes chrysolophus schlegeli." *Journal of Embryology and Experimental Morphology* 24:425–28.

Shirihai, H. 2002. *The Complete Guide to Antarctic Wildlife*. Princeton, New Jersey: Princeton University Press.

St. Clair, C. C., J. R. Waas, R. C. St. Clair, and P. T. Boag. 1995. "Unfit Mothers? Maternal Infanticide in Royal Penguins." *Animal Behavior* 50:1177–85.

Waas, J. R., M. Caulfield, P. W. Colgan, and P. T. Boag. 2000. "Colony Sound Facilitates Sexual and Agonistic Activities in Royal Penguins." *Animal Behaviour* 60:77–84.

Warham, J. 1971. "Aspects of Breeding Behaviour in the Royal Penguin." *Notornis* 18:91–115.

Williams, T. D. 1995. In *The Penguins*, 220–24. New York: Oxford University Press.

Snares

Banks, J. C. and A. M. Paterson. 2005. "Multi-Host Parasite Species in Cophylogenetic Studies." *International Journal for Parasitology* 35:741–46.

Beverly, Paul. 2009. *Implementation of the Marine Protected Areas Policy in the Territorial Seas of the Subantarctic Biogeographic Region of New Zealand.* New Zealand. Subantarctic Marine Protection Planning Forum.

Boersma, D. "Snares-Crested." The Penguin Project. Penguin Sentinels. Accessed 28 Oct 2010. http://mesh.biology.washington.edu.

Croxall, J. P. 1982. "Energy Costs of Incubation and Moult in Petrels and Penguins." *Journal of Animal Ecology* 51:177–94.

Cummings, B., A. Orahoske, and K. Siegel. 2006. *Before the Secretary of the Interior Petition to List 12 Penguin Species Under the Endangered Species Act.* Center for Biological Diversity. Joshua Tree, California.

Davis, L. S. and J. T. Darby. 1988. "First International Conference on Penguins: Abstracts of Presented Papers and Posters." *Cormorant* 16:120–37.

Ellis, S. 1999. "The Penguin Conservation Assessment and Management Plan: a Description of the Process." *Marine Ornithology* 27:163–69.

Houston, D. 2007. "Snares Crested." New Zealand Penguins. Accessed 9 Dec 2010. http://www.penguin.net.nz.

Massaro, M. and L. S. Davis. 2004. "Preferential Incubation Positions for Different Sized Eggs and Their Influence on Incubation Period and Hatching Asynchrony in Snares Crested (*Eudyptes robustus*) and the Yellow-Eyed Penguins (*Megadyptes antipodes*)." *Behavioral Ecology and Sociobiology* 56:426–34.

———. 2005. "Differences in Egg Size, Shell Thickness, Pore Density, Pore Diameter and Water Vapour Conductance between First and Second Eggs of Snares Penguins Eudyptes robustus and Their Influence on Hatching Asynchrony." *Ibis* 147:251–58.

Mattern, T. 2006. "Marine Ecology of Offshore and Inshore Foraging Penguins: the Snares Penguin Eudyptes robustus and Yellow-Eyed Penguin Megadyptes antipodes." PhD diss., University of Otago, Dunedin, New Zealand.

Mattern, T., D. M. Houston, C. Lalas, A. N. Setiawan, and L. S. Davis. 2009. "Diet Composition, Continuity in Prey Availability and Marine Habitat: Keystones to Population Stability in the Snares Penguin (*Eudyptes robustus*)." *Emu* 109:204–13.

McGraw, K. J., M. Massaro, T. J. Rivers, and T. Mattern. 2009. "Annual, Sexual, Size- and Condition-Related Variation in the Colour and Fluorescent Pigment Content of Yellow Crest-Feathers in Snares Penguins (*Eudyptes robustus*)." *Emu* 109:93–99.

Miskelly, C. M. 1997. "Biological Notes on the Western Chain, Snares Islands 1984–1985 and 1985–1985." *New Zealand Department of Conservation* 4–6.

Miskelly, C. M., A. J. Bester, and M. Bell. 2006. "Additions to the Chatham Islands' Bird List, with Further Records of Vagrant and Colonising Bird Species." *Notornis* 53:213–28.

Miskelly, C. M. and M. Bell. 2004. "An Unusual Influx of Snares Crested Penguins (*Eudyptes robustus*) on the Chatham Islands, with a Review of Other Crested Penguin Records from the Islands." *Notornis* 51:235–37.

Miskelly, C. M., P. M. Sagar, A. J. D. Tennyson, and R. Scofield. 2001. "Birds of the Snares Islands, New Zealand." *Notornis* 48:1–40.

Stonehouse, B. 1971. "The Snares Island Penguin Eudyptes Robustus." *Ibis* 113:1–7.

Warham, J. 1974. "The Breeding Biology and Behaviour of the Snares Crested Penguin." *Journal of the Royal Society of New Zealand* 4:63–108.

Williams, T. D. 1995. In *The Penguins*, 200–206. New York: Oxford University Press.

The Penguin Body: The Amazing Machine

Alterskjær, O. M., R. Myklebust, T. Kaino, V. S. Elbrønd, and S. Disch Mathiesen. 2002. "The Gastrointestinal Tract of Adélie Penguins: Morphology and Function." *Polar Biology* 25(9):641–49.

Barré, H. 1984. "Metabolic and Insulative Changes in Winter- and Summer-Acclimatized King Penguin Chicks." *Journal of Comparative Physiology* 154:317–24.

Beaune, D., C. Le Bohec, F. Lucas, M. Gauthier-Clerc, and Y. Le Maho. 2009. "Stomach Stones in King Penguin Chicks." *Polar Biology* 32:593–97.

Bowmaker, J. K. and G. R. Martin. 1985. "Visual Pigments and Oil Droplets in the Penguin, Spheniscus humboldti." *Journal of Comparative Physiology* 156:71–77.

Cherel, Y., J. C. Stahl, and Y. Le Maho. 1987. "Ecology and Physiology of King Penguin Chicks." *The Auk* 104:254–62.

Dawson, C., J. F. V. Vincenta, G. Jeronimidisa, G. Riceb, and P. Forshaw. 1999. "Heat Transfer through Penguin Feathers." *Journal of Theoretical Biology* 199:291–95.

Fahlman, A., A. Schmidt, Y. Handrich, A. J. Woakes, and P. J. Butler. 2005. "Metabolism and Thermoregulation During Fasting in King Penguins, Aptenodytes patagonicus, in Air and Water." *The American Journal of Physiology—Regulatory, Integrative and Comparative Physiology* 289:R680–R687.

Fahlman, A., Y. Handrich, A. J. Woakes, C. A. Bost, R. L. Holder, C. Duchamp, and P. J. Butler. 2004. "Effect of Fasting on the O2-fh Relationship in King Penguins, Aptenodytes patagonicus." *The American Journal of Physiology—Regulatory, Integrative and Comparative Physiology* 287:870–R877.

Gilbert, C., Y. Le Maho, M. Perret, and A. Ancel. 2006. "Body Temperature Change Induced by Huddling in Breeding Male Emperor Penguins." *The American Journal of Physiology—Regulatory, Integrative and Comparative Physiology* 292:176–85.

Hocken, A. G. 2002. "Post-Mortem Examination of Penguins." *DOC Science Internal Series* 65:5–25.

Howland, H. C. and J. G. Sivak. 1984. "Penguin Vision in Air and Water." *Vision Research* 24:1905–9.

Janes, D. N. 1997. "Energetics, Growth and Body Composition of Adélie Penguin Chicks, Pygoscelis adeliae." *Physiological Zoology* 70:237–43.

Lindeboom, H. J. 1984. "The Nitrogen Pathway in a Penguin Rookery." *Ecology* 65:269–77.

Luna-Jorquera, G. and B. M. Culik. 2000. "Metabolic Rates of Swimming Humboldt Penguins." *Marine Ecology Progress Series* 203:301–9.

Luna-Jorquera, G., B. M. Culik, and R. Aguilar. 1996. "Capturing Humboldt Penguins Spheniscus humboldti with the Use of an Anaesthetic." *Marine Ornithology* 24:47–50.

Meir, J. U., T. K. Stockard, C. L. Williams, K. V. Ponganis, and P. J. Ponganis. 2008. "Heart Rate Regulation and Extreme Bradycardia in Diving Emperor Penguins." *The Journal of Experimental Biology* 211:1169–79.

Paster, M. B. 1992. "A Brief Overview: The Avian Crop." *Journal of the Association of Avian Veterinarians* 6:229–30.

Thouzeau1, C., G. Peters, C. Le Bohec, and Y. Le Maho. 2004. "Adjustments of Gastric pH, Motility and Temperature during Long-Term Preservation of Stomach Contents in Free-Ranging Incubating King Penguins." *The Journal of Experimental Biology* 207:2715–24.

Williams, T. D. 1995. *The Penguins.* New York: Oxford University Press.

Yellow-eyed

Alexander, R. R., and D. W. Shields. 2003. "Using Land as a Control Variable in Density-Dependent Bioeconomic Models." *Ecological Modelling* 170:193–201.

Boessoenkool, S., T. M. Kning, P. J. Seddon, and J. M. Waters. 2008. "Isolation and Characterization of Microsatellite Loci from the Yellow-Eyed Penguin (*Megadyptes antipodes*)." *Molecular Ecology Resources* 8:1043–45.

Browne, T., C. Lalas, T. Mattern, and Y. Van Heezik. 2011. "Chick Starvation in Yellow-Eyed Penguins: Evidence for Poor Diet Quality and Selective Provisioning of Chicks from Conventional Diet Analysis and Stable Isotopes." *Austral Ecology* 36: 99–108.

Cummings, B., A. Orahoske, and K. Siegel. 2006. *Before the Secretary of the Interior Petition to List 12 Penguin Species Under the Endangered Species Act.* Center for Biological Diversity. Joshua Tree, California.

Darby, J. T. and S. M. Dawson. 2000. "Bycatch of Yellow-Eyed Penguins (*Megadyptes antipodes*) in Gillnets in New Zealand Waters 1979–1997." *Biological Conservation* 93:327–32.

Edge, K. A., I. G. Jamieson, and J. T. Darby. 1999. "Parental Investment and the Management of an Endangered Penguin." *Biological Conservation* 88:367–78.

Efford, M., J. Darby, and N. Spencer. 1996. *Population Studies of Yellow-Eyed Penguins, 1992–94 Progress Report.* Department of Conservation. Wellington, New Zealand.

Ellenburg, U., A. N. Setiawan, A. Cree, D. M. Houston, and P. J. Seddon. 2007. "Elevated Hormonal Response and Reduced Reproductive Output in Yellow-Eyed Penguins Exposed to Unregulated Tourism." *Genreal and Comparative Endocrinology* 152:54–63.

Ellenberg, U., T. Mattern, and P. J. Seddon. 2009. "Habituation Potential of the Yellow-Eyed Penguins Depends on Sex, Character and Previous Experience with Humans." *Animal Behaviour* 77:289–96.

Ellis, S. 1999. "The Penguin Conservation Assessment and Management Plan: a Description of the Process." *Marine Ornithology* 27:163–69.

Hubert, L. and D. Boersma. "Yellow-Eyed Penguin." The Penguin Project. Penguin Sentinels. Accessed 28 Oct 2010. http://mesh.biology.washington.edu.

Lalas, C., H. Ratz, K. McEwan, and S. McConkey. 2007. "Predation by New Zealand Sea Lions (*Phocarctos hookeri*) as a Threat to the Viability of Yellow-Eyed Penguins (*Megadyptes antipodes*) at Otago Peninsula, New Zealand." *Biological Conservation* 35:235–46.

Lalas, C., P. R. Jones, and J. Jones. 1999. "The Design and Use of a Nest Box for Yellow-Eyed Penguins Megadyptes antipodes—a Response to a Conservation Need." *Marine Ornithology* 27:199–204.

Massaro, M., A. N. Setiawan, and L. S. Davis. 2007. "Effects of Artificial Eggs on Prolactin Secreation, Steroid Levels, Brood Patch Development, Incubation Onset and Clutch Size in the Yellow-Eyed Penguin (*Megadyptes antipodes*)." *General and Comparative Endocrinology* 151:220–29.

———. 2002. "Investigation of Interacting Effects of Female Age, Laying Dates, and Egg Size in Yellow-eyed Penguins (*Megadyptes antipodes*)." *The Auk* 199:1137–41.

Massaro, M. and L. S. Davis. 2004a. "Preferential Incubation Positions for Different Sized Eggs and Their Influence on Incubation Period and Hatching Asynchrony in Snares Crested (*Eudyptes robustus*) and the Yellow-Eyed Penguins (*Megadyptes antipodes*)." *Behavioral Ecology and Sociobiology* 56:426–34.

————. 2004b. "The Influence of Laying Date and Maternal Age on Eggshell Thickness and Pore Density in Yellow-eyed Penguins." *The Condor* 106:496–505.

Massaro, M., L. S. Davis, and J. T. Darby. 2003. "Cartenoid-Derived Ornaments Reflect Parental Quality in Male and Female Yellow-Eyed Penguins (*Megadyptes antipodes*)." *Behavioral Ecology and Sociobiology* 55:169–75.

Massaro, M., L. S. Davis, J. T. Darby, G. J. Robertson, and A. N. Setiawan. 2004. "Intraspecific Variation of Incubation Periods in Yellow-Eyed Penguins Megadyptes antipodes: Testing the Influence of Age, Laying Date and Egg Size." *Ibis* 146:526–30.

Massaro, M., L. S. Davis, and R. S. Davidson. 2006. "Plasticity of Brood Patch Development and its Influence on Incubation Periods in the Yellow-Eyed Penguin Megadyptes antipodes: an Experimental Approach." *Journal of Avian Biology* 37:497–06.

McKay, E., R. Lalas, C. McKay, and S. McConkey. 1999. "Nest-Site Selection by Yellow-Eyed Penguins Megadyptes antipodes on Grazed Farmland." *Marine Ornithology* 27:29–35.

McKinlay, B. 2001. *Hoiho (Megadyptes antipodes) Recovery Plan: 2000–2025.* Department of Conservation. Wellington, New Zealand.

Moore, P. J. 1999. "Foraging Range of Yellow-Eyed Penguin Megadyptes antipodes." *Marine Ornithology* 27:49–58.

Moore, P. J. and M. D. Wakelin. 1997. "Diet of Yellow-eyed Penguin Megadyptes antipodes, South Island, New Zealand, 1991–1992." *Marine Ornithology* 25:17–29.

Ratz, H. and C. Thompson. 1999. "Who is Watching Whom? Check for Impacts of Tourists on Yellow-Eyed Penguins Megadyptes antipode." *Marine Ornithology* 27:205–10.

Reid, W. V. 1988. "Age Correlations within Pairs of Breeding Birds." *The Auk* 105:278–85.

Richdale, L. E. 1947. "Seasonal Fluctuations in Weights of Penguins and Petrels." *The Wilson Bulletin* 59:160–71.

———. 1949. "The Effect of Age on Laying Dates, Size of Eggs, and Size of Clutch in the Yellow-eyed Penguin." *The Wilson Bulletin* 61:91–98.

Seddon, P. J. and R. J. Seddon. 1991. "Chromosome Analysis and Sex Identification of Yellow-Eyed Penguins." *Marine Ornithology* 19:144–47.

Setiawan, A. N., J. T. Darby, and D. M. Lambert. 2004. "The Use of Morphometric Characteristics to Sex Yellow-Eyed Penguins." *Waterbirds* 27:96–101.

Setiawan, A. N., M. Massaro, J. T. Darby, and L. S. Davis. 2005. "Mate and Territory Retention in Yellow-Eyed Penguins." *The Condor* 107:703–9.

Van Heezik, Y. 1990. "Patterns and Variability of Growth in the Yellow-Eyed Penguins." *The Condor* 92:904–12.

Wakelin, M., M. E. Douglas, B. McKinlay, D. Nelson, and B. Murphy. 1995. "Yellow-Eyed Penguin Foraging Study, South-Eastern New Zealand. 1991–1993." Science and Research Series No. 83. Department of Conservation, New Zealand.

Williams, T. D. 1995. In *The Penguins*, 225–30. New York: Oxford University Press.

訳者あとがき

本書はデイビッド・サロモンのPenguin-Pedia（2011）の全訳である。

著者デイビッド・サロモンは、アメリカのテキサス州ダラスで不動産事業の傍ら写真家、著述家としても活躍している。

ペンギンに魅せられた著者が、世界中の野生のペンギンに会いにいき、ペンギン全17種を撮影した記録である。それだけでなく、膨大な資料を丹念に調べ、ペンギンという魅力的な鳥類に関する新旧さまざまな情報を本書で詳らかにしている。

何よりも魅力的なのは、全ページにわたってペンギンへの愛が溢れていることである。

野生のペンギンを見に行く旅は私も経験があるが、楽な旅ばかりではない。荒海での航海で船酔いに苦しめられたり、天候しだいで近くまで行ってもペンギンに会えずに引き返さないといけないことも頻繁にある。それだけに各章冒頭にあるデイビッドが見た各ペンギンについてのエッセイは興味深く、たいへん面白い。

本書は最近のペンギン学の進展をふまえて書かれているので、訳していていくつもの発見箇所があった。例えばおとなしいと思われていたジェンツーペンギンの意外な素顔、ペンギンはほんとうに飛翔性の鳥から進化したのか？　乳酸脱水素酵素を持っている、紫外線が見えている、など。

訳にあたって本書では、鳥類学の最新の用語を使うようにした。例えばケープペンギンはアフリカペンギンに、塩類腺、尾脂腺はそれぞれ塩腺、尾腺とした。英語の表記と日本語の意味との齟齬もあり、ヒナ、幼鳥、未成熟個体などは文中の表現を優先して使用した。

原著には、研究者には許されない擬人化的表現もたくさん見られるが、それがかえって著者のペンギンへの愛と臨場感を表していると思われるので、あえて擬人化的表現を残して訳した。

なお、巻末付録に掲載されている「ペンギンに会える動物園・水族館」「野生のペンギンに会える場所」はいずれも2011年現在のデータである。また日本の動物園・水族館も著者が調べた範囲に限られている点、お断りしたい。

本書の訳文を丁寧に読み、適切な助言をしてくださった菱沼徹臣さん、専門家の立場から不適切な用語や表現を指摘してくださった福田道雄さんに心から感謝いたします。

訳者2人が所属しているペンギン基金での日々の活動が翻訳にあたって非常に役立ったことも記しておきます。

この本をきっかけにたくさんの方々がペンギンの大ファンになってくださるよう祈っています。

2013年初夏　出原速夫・菱沼裕子

本書について

本書は2013年7月に刊行した『ペンギン・ペディア」（小社刊）のコンパクト版です。
刊行にあたり、『ペンギン大図鑑』と改題しました。

訳者プロフィール

出原速夫　Hayao Izuhara
ブックデザイナー。1986年12月23日、野生のペンギン保護を目的としたペンギン基金を故青柳昌宏と設立。
ニュージーランド南島、オークランド諸島、ガラパゴス諸島、タスマニアなどを訪れ、野生のペンギンを観察する。
共訳に『ウィロー教授のペンギン学特論』、共著に『ペンギンのABC』など。

菱沼裕子　Yuko Hishinuma
翻訳者。米国留学より帰国後、科学記事や学術論文の翻訳に従事。
共訳書に『ナイチンゲールとその時代』『真理の探求』『家庭内暴力の研究』など。
2007年、野生のペンギンたちに会うために、夫とともにニュージーランド南島を訪れた。
ペンギン基金メンバー。

ペンギン大図鑑

2019年9月20日　初版印刷
2019年9月30日　初版発行

著者｜デイビッド・サロモン
訳者｜出原速夫・菱沼裕子
装丁・組版｜出原速夫
発行者｜小野寺優
発行所｜株式会社河出書房新社
〒151-0051　東京都渋谷区千駄ヶ谷2-32-2
電話03-3404-1201(営業)/03-3404-8611(編集)
http://www.kawade.co.jp/
印刷・製本｜図書印刷株式会社
ISBN 978-4-309-25398-5

Printed in Japan
David Salomon
PENGUIN-PEDIA